西北旱区生态水利学术著作丛书

曝气池中气液两相流理论与实践

程 文 万 甜 任杰辉 著

U0311694

科学出版社

北 京

内 容 简 介

曝气池中气液两相流与氧传质效率密切相关，是污废水处理效率得以提高的关键因素。掌握曝气池中气液两相流的理论，并将其应用于工程实践中，是 21 世纪污废水处理工艺提标改造的重要环节。本书融合流体力学和环境工程学等多门学科的知识，系统阐述曝气池中气液两相流的基本理论、运动特性与基本研究方法。全书主要内容包括：曝气池中气液两相流，气液两相流理论基础，气液两相流流场测量方法，曝气池中气液两相流数学模型理论，曝气池中气泡羽流的运动特性，曝气池中气液两相流数值模拟以及基于气液两相流的曝气池体型优化等。

本书可供环境工程、给水排水工程、环境科学、水力学等学科研究人员学习参考，也可供相关专业的研究生和高年级本科生学习参考。

图书在版编目(CIP)数据

曝气池中气液两相流理论与实践 / 程文，万甜，任杰辉著. —北京：科学出版社，2019.2

（西北旱区生态水利学术著作丛书）

ISBN 978-7-03-059831-8

Ⅰ. ①曝… Ⅱ. ①程… ②万… ③任… Ⅲ. ①曝气池-气体-液体流动-研究 Ⅳ. ①X703

中国版本图书馆 CIP 数据核字（2018）第 276303 号

责任编辑：祝 洁 / 责任校对：郭瑞芝
责任印制：张 伟 / 封面设计：迷底书装

科学出版社 出版
北京东黄城根北街 16 号
邮政编码：100717
http://www.sciencep.com

北京中石油彩色印刷有限责任公司印刷
科学出版社发行 各地新华书店经销
*

2019 年 2 月第 一 版 开本：720×1000 B5
2019 年 2 月第一次印刷 印张：14 1/2 插页：3
字数：293 000

定价：98.00 元
（如有印装质量问题，我社负责调换）

总 序 一

水资源作为人类社会赖以延续发展的重要要素之一，主要来源于以河流、湖库为主的淡水生态系统。这个占据着少于1%地球表面的重要系统虽仅容纳了地球上全部水量的 0.01%，但却给全球社会经济发展提供了十分重要的生态服务，尤其是在全球气候变化的背景下，健康的河湖及其完善的生态系统过程是适应气候变化的重要基础，也是人类赖以生存和发展的必要条件。人类在开发利用水资源的同时，对河流上下游的物理性质和生态环境特征均会产生较大影响，从而打乱了维持生态循环的水流过程，改变了河湖及其周边区域的生态环境。如何维持水利工程开发建设与生态环境保护之间的友好互动，构建生态友好的水利工程技术体系，成为传统水利工程发展与突破的关键。

构建生态友好的水利工程技术体系，强调的是水利工程与生态工程之间的交叉融合，由此生态水利工程的概念应运而生，这一概念的提出是新时期社会经济可持续发展对传统水利工程的必然要求，是水利工程发展史上的一次飞跃。作为我国水利科学的国家级科研平台，西北旱区生态水利工程省部共建国家重点实验室培育基地（西安理工大学）是以生态水利为研究主旨的科研平台。该平台立足我国西北旱区，开展旱区生态水利工程领域内基础问题与应用基础研究，解决若干旱区生态水利领域内的关键科学技术问题，已成为我国西北地区生态水利工程领域高水平研究人才聚集和高层次人才培养的重要基地。

《西北旱区生态水利学术著作丛书》作为重点实验室相关研究人员近年来在生态水利研究领域内代表性成果的凝炼集成，广泛深入地探讨了西北旱区水利工程建设与生态环境保护之间的关系与作用机理，丰富了生态水利工程学科理论体系，具有较强的学术性和实用性，是生态水利工程领域内重要的学术文献。丛书的编纂出版，既是对重点实验室研究成果的总结，又对今后西北旱区生态水利工程的建设、科学管理和高效利用具有重要的指导意义，为西北旱区生态环境保护、水资源开发利用及社会经济可持续发展中亟待解决的技术及政策制定提供了重要的科技支撑。

中国科学院院士 王光谦

2016年9月

总 序 二

　　近 50 年来全球气候变化及人类活动的加剧，影响了水循环诸要素的时空分布特征，增加了极端水文事件发生的概率，引发了一系列社会-环境-生态问题，如洪涝、干旱灾害频繁，水土流失加剧，生态环境恶化等。这些问题对于我国生态本底本就脆弱的西北地区而言更为严重，干旱缺水（水少）、洪涝灾害（水多）、水环境恶化（水脏）等严重影响着西部地区的区域发展，制约着西部地区作为"一带一路"桥头堡作用的发挥。

　　西部大开发水利要先行，开展以水为核心的水资源-水环境-水生态演变的多过程研究，揭示水利工程开发对区域生态环境影响的作用机理，提出水利工程开发的生态约束阈值及减缓措施，发展适用于我国西北旱区河流、湖库生态环境保护的理论与技术体系，确保区域生态系统健康及生态安全，既是水资源开发利用与环境规划管理范畴内的核心问题，又是实现我国西部地区社会经济、资源与环境协调发展的现实需求，同时也是对"把生态文明建设放在突出地位"重要指导思路的响应。

　　在此背景下，作为我国西部地区水利学科的重要科研基地，西北旱区生态水利工程省部共建国家重点实验室培育基地（西安理工大学）依托其在水利及生态环境保护方面的学科优势，汇集近年来主要研究成果，组织编纂了《西北旱区生态水利学术著作丛书》。该丛书兼顾理论基础研究与工程实际应用，对相关领域专业技术人员的工作起到了启发和引领作用，对丰富生态水利工程学科内涵、推动生态水利工程领域的科技创新具有重要指导意义。

　　在发展水利事业的同时，保护好生态环境，是历史赋予我们的重任。生态水利工程作为一个新的交叉学科，相关研究尚处于起步阶段，期望以此丛书的出版为契机，促使更多的年轻学者发挥其聪明才智，为生态水利工程学科的完善、提升做出自己应有的贡献。

中国工程院院士

2016 年 9 月

总 序 三

  我国西北干旱地区地域辽阔、自然条件复杂、气候条件差异显著、地貌类型多样，是生态环境最为脆弱的区域。20世纪80年代以来，随着经济的快速发展，生态环境承载负荷加大，遭受的破坏亦日趋严重，由此导致各类自然灾害呈现分布渐广、频次显增、危害趋重的发展态势。生态环境问题已成为制约西北旱区社会经济可持续发展的主要因素之一。

  水是生态环境存在与发展的基础，以水为核心的生态问题是环境变化的主要原因。西北干旱生态脆弱区由于地理条件特殊，资源性缺水及其时空分布不均的问题同时存在，加之水土流失严重导致水体含沙量高，对种类繁多的污染物具有显著的吸附作用。多重矛盾的叠加，使得西北旱区面临的水问题更为突出，急需在相关理论、方法及技术上有所突破。

  长期以来，在解决如上述水问题方面，通常是从传统水利工程的逻辑出发，以人类自身的需求为中心，忽略甚至破坏了原有生态系统的固有服务功能，对环境造成了不可逆的损伤。老子曰"人法地，地法天，天法道，道法自然"，水利工程的发展绝不应仅是工程理论及技术的突破与创新，而应调整以人为中心的思维与态度，遵循顺其自然而成其所以然之规律，实现由传统水利向以生态水利为代表的现代水利、可持续发展水利的转变。

  西北旱区生态水利工程省部共建国家重点实验室培育基地（西安理工大学）从其自身建设实践出发，立足于西北旱区，围绕旱区生态水文、旱区水土资源利用、旱区环境水利及旱区生态水工程四个主旨研究方向，历时两年筹备，组织编纂了《西北旱区生态水利学术著作丛书》。

  该丛书面向推进生态文明建设和构筑生态安全屏障、保障生态安全的国家需求，瞄准生态水利工程学科前沿，集成了重点实验室相关研究人员近年来在生态水利研究领域内取得的主要成果。这些成果既关注科学问题的辨识、机理的阐述，又不失在工程实践应用中的推广，对推动我国生态水利工程领域的科技创新，服务区域社会经济与生态环境保护协调发展具有重要的意义。

中国工程院院士

2016 年 9 月

前　言

近年来，随着城市化进程的加快，工业及生活污废水排放量逐年增加，水环境问题日益突出，严重制约着我国社会和经济的可持续发展。污废水处理工艺的强化与改进是缓解水环境污染的有效对策之一。曝气池作为活性污泥法的主体构筑物，已被广泛应用于污废水生物处理工艺，而曝气池中气液两相流动与氧传质和水处理效能密切相关。因此，研究该流动特性对提高污废水处理效能有重要的理论与实践意义。

本书取材于作者研究团队 20 余年来在曝气池中气液两相流方面的研究成果，包括国家自然科学基金项目（50679071，51076130）、西安交通大学动力工程多相流国家重点实验室开放课题（液固两相流化床反应器中流体力学特性研究、液固两相流化床反应器中运动规律的研究、高空隙率条件下气液两相流图像处理研究）、中国博士后科学基金项目（20070410378）等研究成果。在撰写中结合教学科研实践，进行了一些尝试和探索，希望可以起到抛砖引玉的作用。全书共 7 章，按照内容可分为两大部分：第 1～4 章为本书主要内容的理论基础，第 5～7 章为曝气池气液两相流的实验研究、数值模拟以及曝气池设计优化。本书涉及的研究成果源于多项国家级和省部级纵向研究课题，处于国际同期研究水平。

本书的撰写得到许多同行专家和学者的指导与帮助，在此特别表示感谢。作者研究团队成员王敏、孟婷、师雯洁、张晓晗、李冬、何梦夏、张杏、刘吉开以及阮天鹏等多位研究生在数据处理、图表绘制及内容完善等方面付出了辛勤劳动！本书部分成果是在日本福井大学 Y. Murai 教授和 F. Yamamoto 教授的指导协助下完成的；同时，本书的出版得到国家自然科学基金项目（51679192）、陕西省重点研发计划（2017SF-392）及陕西水利科技计划（2014slkj-12、2016slkj-08）的联合资助。本书的撰写和出版还得到西安理工大学科技处和科学出版社的大力支持，在此一并深致谢意！

鉴于作者水平有限，书中难免存在不足之处，敬请读者批评指正。

目　录

第1章　曝气池中气液两相流

1.1　引　　言

  水环境是构成环境的基本要素之一，是人类社会赖以生存和发展最重要的场所，也是受人类干扰和破坏最严重的领域。随着工业化与城市化进程不断加剧，人口不断增加，水环境问题日益突出，如水体富营养化、城市内河黑臭现象等，已成为社会发展的巨大阻碍。我国是一个人口众多的发展中国家，也是世界上最缺水的国家之一，人均水资源占有量不足 2300 m^3，仅为世界平均水平的 1/4。《2016 年中国水资源公报》显示，2016 年全国供用水总量为 6040.2 亿 m^3，较 2015 年减少 63.0 亿 m^3（中华人民共和国水利部，2017）。然而，目前水环境现状令人担忧，主要表现为地表水与地下水的严重污染。2016 年，全国 1940 个国家地表水考核断面中 V 类和劣 V 类水质占 15.5%（图 1.1）。在七大流域、浙闽片河流、西北诸河、西南诸河共设 1617 个国考断面，监测发现其中 IV 类占 16.8%，V 类占 6.9%，劣 V 类 8.6%，主要分布在海河、淮河、辽河和黄河流域，主要污染指标为化学需氧量、总磷和五日生化需氧量，断面超标率分别为 17.6%、15.1% 和 14.2%。2016 年，国土资源部对全国 31 个省（自治区、直辖市）225 个地市级行政区的 6124

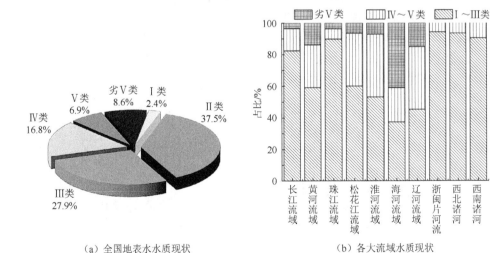

（a）全国地表水水质现状　　　　　　（b）各大流域水质现状

图 1.1　2016 年全国地表水污染状况

个监测点（其中国家级监测点 1000 个）开展了地下水水质监测，评价结果显示：水质为优良级、良好级、较好级、较差级和极差级的监测点分别占 10.1%、25.4%、4.4%、45.4% 和 14.7%，主要超标指标有锰、铁、总硬度、溶解性总固体、"三氮"（亚硝酸盐氮、硝酸盐氮和氨氮）、硫酸盐和氟化物等，个别监测点存在砷、铅、汞、六价铬以及镉等重（类）金属超标现象（中华人民共和国环境保护部，2017）。尽管水环境现状较 2015 年之前有所改善，但水环境问题仍不容忽视。"水污染防治行动计划"中明确指出要全面控制污染排放，切实加强水环境管理，全力保障水生态环境安全，因此水环境污染综合整治逐渐成为中国水环境研究的热点问题之一。

水环境科学工作者普遍认为，有效的污水处理是缓解水环境恶化最重要的途径之一。改革开放以来，我国对环境保护日益重视，污水处理工作得到突飞猛进的发展，城市污水厂建设及发展状况见图 1.2。1985 年以前，仅有 38 座城市污水处理厂，日处理污水规模为 0.4 万～26 万 m^3；到 1990 年底，已经建成污水处理厂 80 多座，日处理能力为 400 万 m^3；自 2000 年开始，污水处理厂建设规模快速增长，2000 年底建成城市污水处理厂 427 座，设计日处理能力为 3123 万 m^3（马腾，2008）；截至 2014 年底，污水处理厂共有 3622 座，其中城市污水厂共 2051 座，日处理量 1.35 亿 m^3。污水处理规模发展如此迅猛，为什么水环境状况还是令人担忧呢？随着经济建设的快速发展，污水排放量飞速增长，给污水处理厂带来巨大压力，1988 年污水排放总量仅有 268 亿 m^3，1998 年已经增至 395.3 亿 m^3，2007 年总量达 556.7 亿 m^3，而 2014 年废污水排放总量约 800 亿 m^3（中华人民共和国环境保护部，2017）。污水排放量的剧增与污水处理事业发展相对滞后之间的矛盾，部分污水得不到有效的处理而直接排放到外部环境，直接或间接污染地表水与地下水，水环境逐渐恶化。因此，进一步完善污水处理厂的建设，对水环境现状的改善具有重要意义。

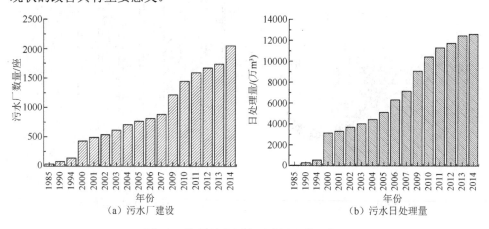

图 1.2　全国城市污水厂建设及发展状况

　　活性污泥法是以活性污泥为主体的污水生物处理技术，始于 20 世纪初，迄今已有百年历史，是一种高效、经济的污水处理技术，在世界各国污水处理工艺中得到广泛应用。尽管现已开发了多种污水处理工艺，但是对大型，尤其超大型污水处理厂，活性污泥法的位置仍难以替代。目前，我国大部分城镇污水处理厂采用以活性污泥法为主体的生物处理工艺，如厌氧-好氧（anaerobic-oxic，A/O）工艺、厌氧-缺氧-好氧（anaerobic-anoxic-oxic，A²/O）工艺、氧化沟工艺以及序批式活性污泥法（sequencing batch reactor activated sludge process，SBR）等。活性污泥法处理系统如图 1.3 所示。在人工充氧条件下，对污水和各种微生物群体进行连续混合培养，形成活性污泥；利用活性污泥的生物凝聚、吸附与氧化作用以分解去除污水中的有机污染物；在沉淀池中污泥与水分离，部分污泥再回流到曝气池以补充足够的生物量，多余部分则排出活性污泥系统。曝气池作为活性污泥法系统的核心处理单元，不仅为污水与污泥充分混合提供动力，而且为活性污泥絮体中微生物的生长代谢提供充足的氧气，实现了污水高效处理的目的。活性污泥系统的净化效果很大程度上取决于曝气池是否高效、正常地发挥其功能，而曝气池功能的发挥，则主要取决于曝气效果的好坏（张自杰等，2000）。曝气技术对污水处理效率起着关键作用，同时也是污水厂能耗的重要因素，从而直接影响氧的利用效率。目前，城市污水处理厂大部分采用各种类型的鼓风曝气工艺，曝气工艺过程所用能耗占整个污水处理厂总用电量的 50%～70%，是污水处理厂能耗最大的部分。曝气环节的能耗问题一直是制约活性污泥法更广泛应用的关键因素，如何有效地降低能耗，是目前国内外迫切需要解决的问题之一。

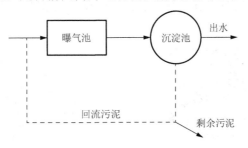

图 1.3　活性污泥法处理系统

　　曝气池作为活性污泥法中污水处理的中心环节，不仅影响污水处理效果，而且决定污水的处理成本，因此得到国内外众多水处理研究者的广泛关注。曝气池在运行过程中，由于曝气作用使得污水与污泥在流动中充分混合，在混合过程中空气和泥水混合物间发生相互作用，在流体力学中称该流动问题为气液两相流动（空气作为气相，泥水混合物作为物相）。气液两相之间的流动规律影响空气中的氧气向液相中转移的效率，而氧的转移效率与微生物的生长代谢密切相关，最终达到污水处理的目的（Liu et al.，2017；Albuquerque et al.，2012）。探究曝气池中气液两相流动问题，有利于从流体力学的角度深入揭示污水处理机制，而且可有效地优化污水处理效能（Eusebi et al.，2017；Moullec et al.，2010）。因此，明晰曝气池中气液两相流动规律，对优化曝气池结构和曝气效果具有重要意义，对提高污水处理效率尤为重要。

1.2 曝 气 池

曝气池作为活性污泥法污水处理工艺的主体构筑物，如 A^2/O 工艺中的好氧阶段、氧化沟工艺的曝气区域等，直接影响污水处理效率的高低。曝气池中具备多种曝气方式，也可分为不同类别，不同曝气方式或曝气池类别，具有不同的特征及优缺点。掌握曝气池的定义、曝气方法及曝气池的类别，是进一步研究曝气池的理论基础。

1.2.1 曝气池定义

曝气池是活性污泥法污水处理系统的核心构筑物，实质就是一个承载活性污泥与污水之间相互作用的反应器，一方面它将空气中的氧溶解到泥水混合物内，为活性污泥中的好氧菌所利用，另一方面使活性污泥处于悬浮状态更好地与污水接触，实现污水高效处理的目的（张自杰等，2000）。曝气池由池体、曝气系统和进出水口三个部分组成，池体一般用钢筋混凝土做成，平面形状多为是方形和圆形，如图 1.4 所示。曝气系统作为曝气池的核心组件，直接关系到活性污泥与污水的充分混合，同时也决定活性污泥反应器对污水的处理效率及运行费用。

（a）平流式曝气池

（b）氧化沟

（c）圆形曝气盘系统

（d）曝气转盘系统

图 1.4　曝气池及曝气系统

曝气池内污泥混合物的组分主要有三种：活性污泥、曝气气体和污水（张自杰等，2000）。活性污泥是活性污泥处理系统中的主体作用物质，活性污泥上栖息着大量的好氧细菌，也存在着真菌、放线菌、酵母菌以及原生动物、后生动物等微生物，这些微生物群体在活性污泥上组成了一个相对稳定的小生态系统，在活性污泥中以游离状和絮凝体状两种状态存在。正常运行的活性污泥系统中细菌主要呈菌胶团状态存在，其中的原生动物捕食细菌和其他微生物，在一定程度上它起到了有效控制活性污泥系统中微生物量的作用。活性污泥絮凝体的形成有利于对废水中有机物的吸附和活性污泥的沉降，保证了处理工艺的连续进行。但从物质的传递过程来看，絮凝体对营养物质的吸收、氧的传递和有毒代谢产物的排泄起阻碍作用的。因此，如何充分发挥曝气池作用，使污水处理达到高效、节能的目的，是国内外活性污泥系统研究的热点问题。

1.2.2 曝气池中的曝气方式

曝气是把空气通过空气扩散装置（又称曝气装置）分散成气泡，使气泡中的氧溶解到混合物中，提供微生物生化反应所需要的溶解氧，同时保证污水的充分混合，使活性污泥处于悬浮状态，通过泥、水、气三相的充分接触，保证活性污泥充分利用水中溶解氧来分解有机污染物和含氮、磷的营养物。因此，曝气的效果对五日生物化学需氧量（BOD_5）、悬浮固体物质的去除率起重要作用（肖浩飞，2010）。

空气扩散装置是活性污泥系统中至关重要的设备之一，主要作用有：①充氧，将空气（或纯氧）转移到混合液中的活性污泥絮凝体上，以供微生物呼吸消耗所用；②搅拌、混合，使曝气池内的混合物处于剧烈的混合状态，使活性污泥、溶解氧、污水中的有机污染物三者充分接触，同时也起到防止活性污泥在曝气池内沉淀的作用。目前，广泛应用于活性污泥系统的空气扩散装置分为鼓风曝气和机械曝气两大类，两种常用曝气方法见图1.5。

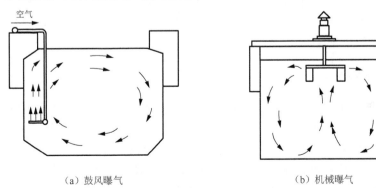

（a）鼓风曝气　　　　　　　　　　　　（b）机械曝气

图 1.5 两种常用曝气方法

1. 鼓风曝气

鼓风曝气也称为压缩空气曝气，该系统主要由空压机、空气扩散装置和空气输配管系统组成。空压机将空气通过一系列管道输送到安装在曝气池底部的空气扩散装置，经过空气扩散装置使空气形成不同尺寸的气泡。气泡在扩散装置出口处形成，尺寸则取决于空气扩散装置的形式，气泡经过上升和随水循环流动，最后在液面处破裂，在这一过程中促进氧向混合物中转移。

2. 机械曝气

机械曝气通常是利用装在池内的机械叶轮转动实现曝气，曝气装置安装在曝气池水面上下，在动力的驱动下进行转动，通过以下三方面的作用使空气转移到污水中去。

（1）曝气装置（曝气器）转动，水面上的污水不断地以水幕状由曝气器周边向四周，形成水跃，液面呈剧烈的搅动状，使空气卷入。

（2）曝气器转动，具有提升液体作用，是混合液连续地上、下循环流动，气液接触截面不断更新，不断地使空气中的氧向液体中转移。

（3）曝气器转动，其后侧形成负压区，能吸入部分空气。

1.2.3 曝气池分类

曝气池是活性污泥反应器，是活性污泥系统的核心设备，活性污泥系统的净化效果在很大程度上取决于曝气池的功能是否能够正常发挥。从平面形状方面上，可将曝气池分为长方廊道形、圆形、方形以及环状跑道形等四种类型；从平面曝气方法方面上，可将曝气池分为鼓风曝气池、机械曝气池以及两者联合使用的机械-鼓风曝气池三种类型；从曝气池与二次沉淀池之间的关系上，可将曝气池分为曝气-沉淀合建式和分建式两种类型；从混合液流动形态方面上，可将曝气池分为推流式、完全混合式和推流-完全混合组合式三种类型（张自杰等，2000）。

本小节按混合液流动形态方面分类，分别对推流式曝气池、完全混合式曝气池和推流-完全混合组合式曝气池的特征进行阐述。

1. 推流式曝气池

推流式曝气池是指污水（混合液）从池的一端流入，在曝气作用下后继水流推动污水沿池长方向流动，并从池的另一端流出池外，如图 1.6 所示。曝气池呈长条廊道形，长宽比为 5~10，宽度比（有效宽度与有效水深）为 1~2，有效水深为 3~9m；长池可以折流，污水从一端进，另一端出；进水方式不限，出水多为溢流堰，通常多采用鼓风曝气，但也可考虑采用表面机械曝气。

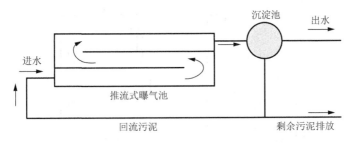

图 1.6　推流式曝气池工艺

按曝气池中横断面的水流情况，可将推流式曝气池分为平移推流式和旋转推流式曝气池两类。平移推流式曝气池底密布曝气器，池中污水主要沿池长方向流动，横断面方向的混合不太剧烈，这种池型的宽深比可以大些；旋转推流曝气池的曝气器装在池长边的一侧，气泡上升带动混合液形成旋流，污水除了沿池长方向流动外，还有横断面上的旋转运动，形成旋转推流（张自杰等，2000）。

1）推流式曝气池的分类

按曝气池的曝气装置类别，又可将推流式曝气池分为推流式鼓风曝气池和推流式表层机械曝气池。

（1）推流式鼓风曝气池。采用鼓风曝气系统时，传统的做法是将空气扩散装置安装在曝气池廊道底部的一侧，如图 1.7（a）所示，可使水流在池内呈旋转状流动，提高气泡与混合物的接触时间。因此，曝气池廊道的宽深比一般要小于 2，多介于 1.0～1.5。当曝气池的宽度较大时，则需将空气扩散装置安设在廊道的两侧，如图 1.7（b）所示。

（2）推流式表层机械曝气池。采用表层机械曝气装置时，混合物在曝气池内的流态，就每台曝气装置的服务面积来讲是完全混合的，但就整个廊道而言又属于推流，因此相邻两台曝气装置的旋转方向应相反，否则两台装置之间的水流相互冲突，可能形成短路。如图 1.8（a）所示，沿池长在池中心线每隔一定距离设置一台曝气装置，其间距取决于每台曝气装置的服务面积。如图 1.8（b）所示，当沿曝气池廊道长度按每台曝气装置的服务面积设隔墙，将曝气池分为若干室，则每个曝气室内的混合物都保持着独立的完全混合流态，与相邻曝气室的水流互相不干扰，在这种情况下，曝气装置都可以保持统一转向。

2）推流式曝气池的布设

曝气池数目随污水处理厂的规模而定，一般在结构上分成若干单元，每个单元包括一座或几座曝气池，每座曝气池常由 1 个廊道或 2～5 个廊道组成，如图 1.9 所示。当廊道数为单数时，污水的进出口分别位于曝气池的两端；当廊道数为偶数时，则位于廊道的同一侧。

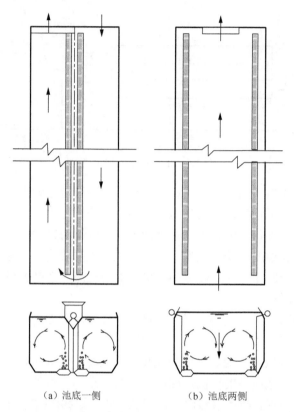

（a）池底一侧 （b）池底两侧

图 1.7 推流式鼓风曝气池空气扩散装置布置形式与水流在横断面的流态

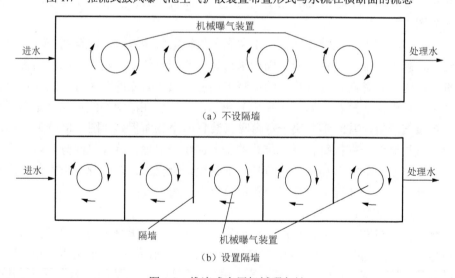

图 1.8 推流式表层机械曝气池

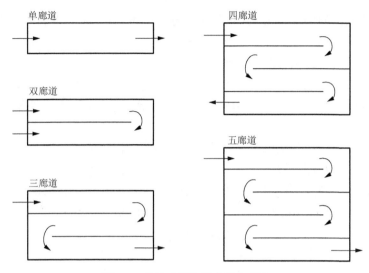

图 1.9　推流式曝气池布设与组合

2. 完全混合式曝气池

完全混合式曝气池多采用表面机械曝气装置，但也可以采用鼓风曝气系统，其中鼓风曝气比较灵活，对水深和池型要求不严，而表面机械曝气装置一般只用于小型池子。曝气池形状可以是圆形、方形或矩形，水深一般为 3～5m。圆形池污水从底部中心进入，周边出水；正方形池可从中心进水，周边出水，也可从一边进水，对边出水；长方形池从一长边进水，另一长边出水。曝气池中的污水一进入曝气池，立即与池中混合物混合，因此混合物各质点性质基本相同。

完全混合式曝气池的主要特点是曝气反应与沉淀固液分离在同一处理构筑物内完成。曝气沉淀池具有多种分类，按曝气池与沉淀池的位置，可将其分为合建式曝气沉淀池和分建式曝气沉淀池两种。合建式完全混合式曝气池是指将曝气池与二沉池合在一起建成一个池子，使该池同时具备曝气和沉淀的双重功能，具有结构紧凑、流程短、占地少、无须回流设备以及易于管理等优点，在国内外得到部分应用；分建式完全混合式曝气池是指曝气池与二沉池分开设置，有专门的污泥回流系统，便于控制，应用较多。在完全混合式曝气池中，应首推合建式完全混合式曝气池，简称曝气沉淀池，也称加速曝气池。

1）合建式完全混合式曝气池

曝气沉淀池中的曝气机或曝气器提升混合物形成上下环流，一部分环流从导流窗进入导流区和沉降区，沉淀污泥在环流的作用下从回流缝回到曝气区，清水从溢流堰排出。为消除曝气机引起的水平旋流对沉降区的干扰，应在导流区设置径向整流板；回流窗大小可以调节，以调整回流量和曝气区水位；窗口总堰长与曝气区周长之比为 1/2.5～1/3.5。曝气沉淀池有多种结构形式,在表面上多呈圆形,偶见方形或多边形,因此可分为圆形曝气沉淀池、方形曝气沉淀池和长方形曝气沉淀池三种,具体结构如图 1.10 所示。

圆形曝气沉淀池是我国 20 世纪 70 年代广泛使用的一种形式,主要由曝气区、导流区和沉淀区三部分组成,如图 1.10(a)所示。污水从池底部进入,并立即与池内原有混合物完全混合,并与从沉淀区回流缝回流的活性污泥充分混合、接触,经过曝气反应后的污水从位于顶部四周的回流窗流出并流入导流区;导流区阻止从回流窗流入的水流在惯性作用下的旋流,并释放混合液中气泡,使水流平稳进入沉淀区,为固液分离创造良好条件;进入沉淀区的泥水混合物得以泥水分离,上部为澄清区,下部为污泥区,澄清处理水沿设于四周的出流堰流出进入排水槽。

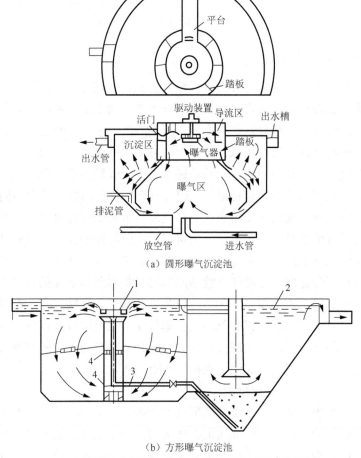

(a)圆形曝气沉淀池

(b)方形曝气沉淀池

1-曝气区;2-沉淀区;3-抽吸回流污泥管;4-污水进水管

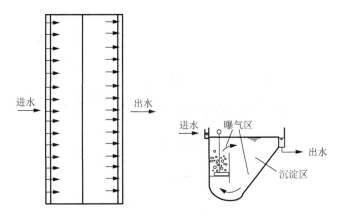

（c）长方形曝气沉淀池

图 1.10　合建式完全混合式曝气池

方形曝气沉淀池结构见图 1.10（b），在曝气池内设中心管，表面机械曝气器设于中心管上侧，在它的转动作用下，混合液在中心管内呈上升流，并从上口外溢，在池内形成循环流，处理水经设于上测的出水管进入沉淀区的中心管，混合液由中心管下部溢出进行沉淀固液分离。在沉淀区与曝气区中心管之间有回流污泥管连接，在表面机械曝气器形成的抽升力的作用下，回流污泥被抽升，与污水同步进入曝气区的中心管。这种类型的曝气沉淀池适用于规模较小的污水处理站。

长方形曝气沉淀池结构见图 1.10（c），一侧为曝气区，另一侧为沉淀区，采用鼓风曝气系统。原污水从曝气区的一侧均匀地进入，处理水均匀地从沉淀池溢出。

2）分建式完全混合式曝气池

在工程实践中，还存在曝气池与沉淀池分建式的完全混合式曝气池，曝气池采用表面机械曝气装置，具体结构见图 1.11。将曝气池分为一系列相互衔接的方形单元，每个单元设一台表面机械曝气装置，污水与回流污泥沿曝气池长方向均匀引入，并均匀地排出混合物进入二次沉淀池，但需要设置污泥回流系统。

3. 推流-完全混合组合式曝气池

在推流式曝气池中采用表曝机，即形成组合式曝气池。每个表曝机的影响范围内为完全混合，整个曝气池为近似推流；相邻表曝机的旋转方向相反，否则水流抵消，混合效果下降；也可用隔板将各个曝气机隔开，避免干扰。这种池型一般容积较大，对一些用地紧张的工程不太适用，但其综合了推流式和完全混合式曝气池的优点，有利于污水更高效地处理（张自杰等，2000）。

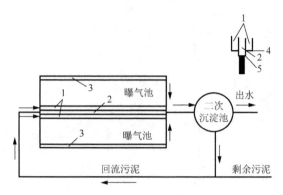

图 1.11   分建式完全混合式曝气池

1-进水槽；2-进泥槽；3-出水槽；4-进水孔口；5-进泥孔口

1.3   曝气池运行原理

曝气池主要依靠曝气的作用，为微生物的生长代谢提供适宜的生长环境，使得微生物代谢水体中的污染物（如氮、磷以及有机污染物等），实现污水净化的目的。曝气池的运行主要依靠氧转移的基本理论，气泡中的氧通过气相界面进入液相，实现氧转移的目的，为微生物的生长提供必需的氧气。基于氧转移基本理论，可发现影响曝气池运行的主要因素包括曝气池的结构、曝气器的布设、曝气方式的选择和曝气量等，这些参数均可作为优化曝气池运行的控制条件。

1.3.1   曝气理论

氧的转移与气泡的大小、液体的紊流程度和气泡与液体的接触时间有关。气泡粒径大小由空气扩散器的性能决定。气泡尺寸小，则接触的面积较大，将提高扩散系数值，有利于氧的转移，但气泡小不利于紊流，对氧的转移也有不利的影响。紊流程度大，接触充分，扩散系数值增高，氧转移速度也将有所提高。当混合液中氧的浓度为零时，由于具有最大的推动力，氧的转移率最大。氧从气泡中转移到液体中，逐渐使气泡周围的液膜氧含量饱和。因此，氧的转移速度又取决于液膜的更新速度。紊流和气泡的形成、上升、破裂，均有助于气泡液膜的更新和氧的转移。因此，要了解曝气过程中气泡羽流氧的转移过程需了解氧转移的基本理论（张自杰等，2000）。

1. 氧转移基本理论

1）菲克定律

通过曝气作用，空气中的氧从气相传递到混合液的液相中，这既是一个传递过程，也是一个物质扩散过程。扩散过程的推动力是物质在界面两侧的浓度差，物质的分子从浓度较高的一侧向着较低的一侧扩散、转移。

扩散过程的基本规律可以用菲克（Fick）定律加以概括，即

$$v_d = -D_L \frac{dC_x}{dX} \tag{1.1}$$

式中，v_d 为物质扩散速率，表示单位时间内断面上通过的物质数量；D_L 为扩散系数，表示物质在某种接种的扩散能力，主要决定于扩散物质和介质的特性及温度；C_x 为物质浓度（mg/L）；X 为扩散过程的长度；$\frac{dC_x}{dX}$ 为浓度梯度，即单位长度内的浓度变化值。式（1.1）表明物质的扩散速率与浓度梯度呈正比关系。

2）双膜理论与氧总转移系数 K_{La}

以 M 表示在单位时间 t 内通过界面扩散的物质的数量；以 A_{gl} 表示气液两相接触面面积，则 v_d 表示为

$$v_d = \frac{\dfrac{dM}{dt}}{A_{gl}} \tag{1.2}$$

代入式（1.1），得

$$\frac{\dfrac{dM}{dt}}{A_{gl}} = -D_L \frac{dC_x}{dX} \tag{1.3}$$

$$\frac{dM}{dt} = -D_L A_{gl} \frac{dC_x}{dX} \tag{1.4}$$

在曝气过程中，氧分子通过气、液界面由气相转移到液相，在界面的两侧存在着气膜和液膜。气体分子通过气模和液膜的传递理论，是污水生物处理科技界所接受的 Lewis 和 Whitman 于 1923 年建立的"双膜理论"，原理如图 1.12 所示，此双膜理论的基本点可归纳如下（张自杰等，2000）。

（1）在气液两相接触的界面两侧存在着层流状态的气膜和液膜，在其外侧分别为气相主体和液相主体，两个主体均处于紊流状态。气体分子以分子扩散方式从气相主体通过气膜与液膜而进入液相主体。

（2）由于气、液两相的主体均处于紊流状态，其中物质浓度基本上是均匀的，不存在浓度差，也不存在传质阻力，气体分子从气体主体传递到液相主体，阻力仅存在于气、液两层层流膜中。

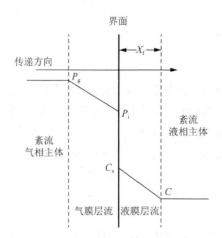

图 1.12　双膜理论模型原理图（张自杰等，2000）

P_g 为气相主体的氧分压；P_i 为气液界面的氧分压

（3）在气膜中存在着氧的分压梯度，在液膜中存在着氧的浓度梯度，它们是氧转移的推动力。

（4）氧难溶于水，氧转移决定性的阻力又集中在液膜上，因此氧分子通过液膜是氧转移过程的控制步骤，通过液膜的转移速度是氧转移过程的控制速度。

在气膜中，氧分子的传递动力很小，气相主体氧分压 P_g 与界面之间的氧分压差值 $P_g - P_i$ 很小，一般可以认为 $P_g \approx P_i$。这样，界面处的溶解氧浓度值 C_s，是在氧分压 P_g 条件下的溶解氧的饱和浓度值。如果气相主体中的气压为一个大气压，则 P_g 就是一个大气压中的氧分压（约为一个大气压的 1/5）。

设液膜厚度为 X_f（此值极低），则在液膜溶解氧浓度的梯度为

$$-\frac{dC}{dX} = \frac{C_s - C}{X_f} \tag{1.5}$$

代入式（1.4），得

$$\frac{dM}{dt} = D_L A_{gl}\left(\frac{C_s - C}{X_f}\right) \tag{1.6}$$

式中，$\dfrac{dM}{dt}$ 为氧传递效率（kg O_2/h）；D_L 为氧分子在液膜中的扩散系数（m²/h）；A_{gl} 为气液两相接触面面积（m²）；C 为液膜内的溶解氧浓度（mg/L）；$\dfrac{C_s - C}{X_f}$ 为在液膜内溶解氧的浓度梯度[kg O_2/（m³·m）]。

设液相主体的容积为 V_1（m³），并用其除式（1.6），则得

$$\frac{\frac{dM}{dt}}{V_1} = \frac{D_L A_{gl}}{X_f V_1}(C_s - C) \tag{1.7}$$

简化得

$$\frac{dC}{dt} = K_L \frac{A_{gl}}{V_l}(C_s - C)$$ （1.8）

式中，$\dfrac{dC}{dt}$ 为液相主体中溶解氧浓度变化速度（或氧转移速度）[kg O$_2$/（m$^3 \cdot$ h）]；

K_L 为液膜中氧分子传质系数（m/h），$K_L = \dfrac{D_L}{X_f}$。

由于 A_{gl} 值难测，采用总转移系数 K_{La} 代替 $K_L \dfrac{A_{gl}}{V_l}$，式（1.8）改写为

$$\frac{dC}{dt} = K_{La}(C_s - C)$$ （1.9）

式中，K_{La} 为氧总转移系数，该值表示在曝气过程中氧的总传递性，当传递过程中阻力大，则 K_{La} 值低，反之则 K_{La} 值高。

K_{La} 的倒数 $\dfrac{1}{K_{La}}$ 的单位为 h，它表示曝气池中溶解氧浓度从 C 提高到 C_s 所需要的时间。当 K_{La} 低时，$\dfrac{1}{K_{La}}$ 值高，使得混合液内溶解氧浓度从 C 提高到 C_s 所需的时间长，说明氧传质速度慢，反之，则氧的传递速度快，所需时间短。

提高 $\dfrac{dC}{dt}$ 值，可从两个方面考虑：一方面提高 K_{La} 值，需加强液相主体的紊流程度，降低液膜厚度，加速气、液界面的更新，增大气、液接触面面积等；另一方面提高 C_s 值，提高气相中氧分压，如采用纯氧曝气、深井曝气等。

3）氧总转移系数 K_{La} 的确定

氧总转移系数 K_{La} 是评价空气扩散装置供氧能力的重要参数，主要有两种测定方法。

（1）水中无氧状态下 K_{La} 的测定用清水进行。首先用脱氧剂-亚硫酸钠（或氮气）进行脱氧；在溶解氧为 0 的状态下，进行曝气充氧，每隔一段时间测定溶解氧值，直到饱和时为止。水中溶解氧的变化率或转移速度见式（1.9）。

根据充氧过程的 C-t 关系，求出 $\dfrac{dC}{dt}$ 值，作 $\dfrac{dC}{dt}$-C 关系坐标图，如图 1.13 所示，得直线斜率即为 K_{La} 值。

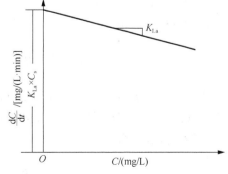

图 1.13　K_{La} 值确定的关系示意图

（2）对曝气池内混合物 K_{La} 值的测定。在混合物中存在着活性污泥微生物，曝气充氧过程始终伴随着活性污泥微生物的好氧作用，设活性污泥微生物的耗氧速率为 R_{O_2}，则混合液内氧的变化率是氧的转移率与氧的消耗率之差，即

$$\frac{dC}{dt} = K_{La}(C'_s - C) - R_{O_2} \tag{1.10}$$

式中，C'_s 为混合液的溶解氧饱和浓度（mg/L）。

式（1.10）可改写为

$$\frac{dC}{dt} = \left(K_{La}C'_s - R_{O_2}\right) - K_{La}C \tag{1.11}$$

式（1.11）可作为直线方程考虑，做 $\frac{dC}{dt}$ 与 C 之间的坐标图，所得直线的斜率即为 K_{La} 值，而截距即为 $K_{La}C'_s - R_{O_2}$。

首先采用小曝气量使活性污泥悬浮于水中，由于活性污泥微生物耗氧，混合液中的溶解氧下降到零；其次在采用大曝气量，逐时定点测定混合液的溶解氧量，一直达到饱和值为止。

2. 氧传质经验公式

（1）1955 年，金氏整理和研究了美国芝加哥卫生区从 1924～1945 年的污水处理资料，并通过试验，提出式（1.12）：

$$K_{La} = 0.005757 \cdot H^{0.51} \cdot D^{y-1} \cdot G^x \cdot \frac{(1.024)^t}{d_B^{0.64}} \tag{1.12}$$

式中，H 为有效水深；D 为扩散系数；G 为供气量；d_B 为气泡平均直径；t 为水温。

该经验公式不是普遍适用的，其适用范围为：气泡平均直径为 25～51mm，水深为 0.3～7.6m，水温 8～25℃，在一个大气压下水中溶解氧饱和不足值为 50%，K_{La} 值是指清水中氧传递系数值，若用于污水时要乘以小于 1 的系数。

（2）1959 年，艾肯菲尔特利用无因次的舍伍德数、雷诺数、施密特数，使氧传递的各种特性相互发生关系，得出式（1.13）：

$$\frac{K_L \cdot d_B}{D_L} \cdot H^{\frac{1}{3}} = F \cdot \left(\frac{d_B \cdot v'}{v}\right) \cdot \left(\frac{v}{D_L}\right)^{\frac{1}{2}} \tag{1.13}$$

式中，K_L 为液膜中氧分子传质系数（m/s）；d_B 为气泡平均直径（m）；D_L 为扩散系数（m²/s）；v' 为特征速度（m/s）；v 为动力黏度（Pa·s）。

经过演算可得

$$K_{La} = b \cdot \left(\frac{G_s}{V}\right)^n \tag{1.14}$$

式中，G_s 为供气量（m²/s）；V 为流体的体积（m³）。

式（1.13）系在一般水深的曝气池中气泡直径较小的情况下导出的公式,近几年来,在深层曝气池的试验研究过程中发现式（1.14）仍可应用。这里应指出,式中 K_{La} 是指清水中的值还是污水中的值,需由测试条件决定。

1.3.2　氧转移的影响因素

从式（1.6）中可以看出,氧的转移速度与氧分子在液膜的扩散系数 D_L、气液接触面面积 A_{gl}、气液界面与液相主体之间的氧饱和差（$C_s - C$）等参数成正比关系,与液膜厚度 X_f 成反比关系,影响上述各项参数的因素也必然是影响氧转移速度的因素。本小节主要从污水水质、水温和氧分压三个主要因素进行介绍。

1. 污水水质

污水中含有各种杂质,它们对氧的转移产生一定影响,特别是某些表面活性物质,如短链脂肪酸和乙醇等,这类物质的分子属两亲分子（极性端亲水和非极性端疏水）,将聚集在气液界面上,形成一层分子膜,阻碍氧分子的扩散转移,氧总转移系数 K_{La} 值将下降,因此引入一个小于 1 的修正系数 α。假定污水中的氧传递系数为 K'_{La},则

$$\alpha = \frac{污水中的 K'_{La}}{清水中的 K_{La}} \tag{1.15}$$

即

$$K'_{La} = \alpha K_{La} \tag{1.16}$$

由于在污水中含有盐类,氧在水中的饱和度也受到水质影响,因此引入另一数值小于 1 的系数 β 予以修正。假定氧在污水中的饱和度为 C'_{s0},则

$$\beta = \frac{污水中的 C'_{s0}}{清水中的 C_{s0}} \tag{1.17}$$

即

$$C'_{s0} = \beta C_{s0} \tag{1.18}$$

上述修正系数 α 和 β,均可通过污水、清水的曝气充氧试验予以测定。

Lister 和 Boon 于 1973 年对处理城市污水的推流式曝气池进行了测定,得出池首端的修正系数 α 为 0.3,末端为 0.8。1977 年,Stuckenberg 对处理城市污水的完全混合曝气池进行的所取得的 α 和 β 值进行测定,如表1.1所示（张自杰等,2000）。

表 1.1　修正系数 α 和 β （Stukenbeng 测定值）（张自杰等,2000）

耗氧速度/[mg/(L·h)]	温度/℃	α	βC_{s0}/(mg/L)
40	19.8	0.89	7.9
41	19.8	0.86	7.9
36	19.8	0.85	7.9

续表

耗氧速度/[mg/(L·h)]	温度/℃	α	βC_{s0} /(mg/L)
40	18.7	0.75	8.2
43	19.0	0.90	8.2
48	19.4	0.89	8.1
56	19.0	0.93	8.0
50	19.5	0.93	8.0
64	20.5	0.90	7.9
59	20.6	0.94	7.9
52	19.3	0.84	8.0
53	20.0	0.99	7.9

注：C_{s0} 为清水中氧的饱和度；βC_{s0} 为污水中氧的饱和度。

2. 水温

水温对氧的转移影响较大，水温上升，水的黏滞性降低，扩散系数提高，液膜厚度随之降低，K_{La} 值增高，反之，则 K_{La} 值降低，其间的关系式为

$$K_{La(T)} = K_{La(20)} \cdot 1.024^{T-20} \qquad (1.19)$$

式中，$K_{La(T)}$ 为水温为 T℃时的氧总转移系数；$K_{La(20)}$ 为水温为 20℃时的氧总转移系数；T 为设计温度；1.024 为温度系数。

水温对溶解氧的饱和度 C_{s0} 值也产生影响，C_{s0} 值因温度上升而降低。K_{La} 值因温度上升而增加，但液相中氧的浓度梯度却有所降低。因此，水温对氧转移有两种相反的影响，但并不能两相抵消。总而言之，水温降低有利于氧的转移。

在运行正常的曝气池内，当混合液在 15～30℃时，混合液溶解氧浓度 C 能够保持在 1.5～2.0mg/L，最不利的情况将出现在温度为 30～35℃的盛夏。

3. 氧分压

C_{s0} 值受氧分压或气压的影响，气压降低，C_{s0} 值也随之下降；反之则提高。因此，在气压不是 1.013×10^5 Pa 的地区，C_{s0} 值应乘以如下压力修正系数 m_p：

$$m_p = \frac{\text{所在地区的实际气压}}{1.013 \times 10^5} \qquad (1.20)$$

对鼓风曝气池，安装在池底的空气扩散装置出口处的氧分压最大，C_{s0} 值也最大；但随着气泡上升至水面，气体压力逐渐降低，降低到一个大气压，而且气泡中的一部分氧已转移到液体中，鼓风曝气池中的 C_{s0} 值应是扩散装置出口处和混合液表面两处溶解氧饱和浓度的平均值，按式（1.21）计算：

$$C_{sb} = C_{s0} \left(\frac{P_b}{2.026 \times 10^5} + \frac{Q_t}{42} \right) \qquad (1.21)$$

式中，C_{sb} 为鼓风曝气池内混合液溶解氧饱和度的平均值（mg/L）；C_{s0} 为在大气压力条件下，清水中氧的饱和度（mg/L）；P_b 为空气扩散装置出口处的绝对压力（Pa），其值用式（1.22）计算：

$$P_b = P_0 + 9.8 \times 10^3 H_a \tag{1.22}$$

式中，H_a 为空气扩散装置的安装高度（m）；P_0 为标准大气压，$P_0 = 1.013 \times 10^5 \text{Pa}$。

气泡在离开池面时，氧的百分比按式（1.23）求解：

$$O_t = \frac{21(1 - E_A)}{79 + 21(1 - E_A)} \tag{1.23}$$

式中，E_A 为空气扩散装置的氧的转移效率，一般在 6%～12%。

污水水质、温度和氧分压三个因素，基本上是自然形成的，不宜用人力加以改变，只能通过在计算上的修正去适应它，并降低其所造成的影响。存在一些能够通过人类行为控制的因素，使氧转移速率得以加强。

氧的转移还与气泡大小、液体的紊流程度和气泡与液体的接触时间有关。气泡粒径大小有空气扩散器的性能所决定，气泡尺寸小，则接触面 A 较大，K_{La} 值将提高，有利于氧的转移；但气泡小却不利于紊流，对氧的转移也有不利影响。而紊流程度大，气泡与液体接触充分，K_{La} 值增高，氧的转移速率也将有所提高。

综上所述，氧的转移速度取决于下列各项因素：气相中氧分压梯度；液相中氧的浓度梯度；气液之间的接触面积和接触时间；水温；污水水质以及水流的紊流程度等（张自杰等，2000）。

1.4　曝气池中气液两相流研究进展

1.4.1　气液两相流简介

两相流动是指气态、液态、固态三相中的任何两相组合在一起、具有相间界面的流动体系，可以是一种物质的两相状态，也可以是两种物质的两相状态。可将两相流划分为单组分两相流动和双组分两相流动两大类，单组分两相流动是由同一种物质的两种相态混合在一起的流动体系，如水及其蒸汽构成的汽水两相流动体系；双组分两相流动是指化学成分不同的两种物质同处于一个系统内的流体流动，如空气-水构成的气液两相流动体系。广义上，实际中还有一些双组分流动，是由彼此互不混合的两种液体构成，如油-水两相流动。两相流普遍存在于自然界和工业应用中，按不同相类别，可分为气液（液液）两相流（水力运输和水体中曝气等）、液固两相流（颗粒自由沉降和滤池等）和气固两相流（流化床），如表 1.2 所示，常见两相流在自然界中的形态如图 1.14 所示。

表 1.2　两相流分类

类别	流动形式	特征
气液（液液）两相流	活塞流动	连续流体中的大气泡
	气泡流动	连续流体中的液泡或气泡
	液滴流动	连续气体中的流体液滴
	分层自由面流动	由明显的分界面隔开的非混合体流动
气固两相流	粒子流动	连续气体中离散固体粒子
	气动输运	流动模式依赖雷诺数和固体载荷等因素
	流化床	固体颗粒群在气流作用下处于类似均相流体运动状态
液固两相流	泥浆流	流体中的颗粒运输
	水利输运	连续流体中布满固体颗粒
	沉降运动	固体在液体中沉降或液体在固体中的沉降

（a）泥浆流

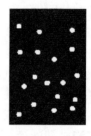

（b）气泡、液滴或颗粒负载流

（c）分层自由面流动

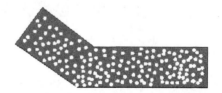

（d）气动输运、水力运输或泥浆流

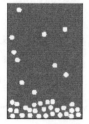

（e）沉降运动

（f）流化床

图 1.14　常见两相流的形态（罗玮，2006）

　　气液两相流是自然界和人们生活中最常见、最复杂的一种两相流动形态，是由气液两相混合物构成的两相共存并相互作用的流动体，是工程领域所需要研究和处理最重要的多相流动。例如，大气层中形态各异的种种云雾；地面上雷霆万钧的降雨过程；江河湖海水面上蒸腾的水雾；高山悬崖峭壁间奔泻的瀑布；火山爆发、油气井喷的喷发流动等，都不难看出气液两相流的存在。按气液（液液）两相间的作用程度，可将两相流分布气泡流动、液滴流动、活塞流动和分层自由面流动四类。气泡流动是连续流体中的气泡或者液泡运动，如抽吸、通风、空气泵、气穴、蒸发、浮选、洗刷等；液滴流动是连续气体中的离散流体液滴运动，如抽吸、喷雾、燃烧室、低温泵、干燥机、蒸发、气冷和刷洗等；活塞流动是在连续流体中大的气泡运动，如管道或容器内有大尺度气泡的流动；分层自由面流动是由明显的分界面隔开的非混合流体流动，如分离器中的晃动、核反应装置中的沸腾或冷凝等。由于气相是可压缩的，气相与液相的界面可以变形，气液界面现象复杂，而且随着两相介质的相对含量、相对位置、相对温度的不同，两相流动的形态具有很大差异。因此，针对气液两相流的运动特性及不稳定机理的探索是当前工程热物理领域最具有挑战性的研究课题。

　　气液两相流和传热学科的形成和发展与工程技术的进展密切相关（徐婷婷，2009），自 18 世纪瓦特发明蒸汽机以来，因缺乏气液两相流和传热方面的知识，曾经发生过不少工业事故。例如，在 21 世纪，日本福井县美浜核电站就发生了输气管道的泄漏事故，造成了 4 人死亡。气液两相流正是在不断总结经验教训、不断进行研究的过程中逐步形成的。在 19 世纪末和 20 世纪初，已有一些研究论述了气液两相流体流动时发生的脉动问题，但总体研究工作尚处于启蒙阶段；直到 20 世纪 30 年代，根据生产发展的需要，气液两相流体的流动和传热的研究工作才日益展开。

　　1930~1940 年，气液两相流不稳定性以及锅炉水循环中气液两相流动的问题被广泛关注；1940~1950 年，对气液两相流的流动阻力等问题进行了研究；到 20 世纪 60 年代初，有很多研究者致力于气液两相流场的研究，对气泡形状、上浮速度以及气泡周围液体流型等有了一定认识；70 年代以后，由于流动测试技术的快速发展，人们开始对气液两相流的流动细节进行研究。

　　Hills（1974）用改进的皮托管测量了在气泡作用下液体的平均速度和波动速度，所得结果被广泛采用；Burgess 等（1975）和 Nicholas 等（1992）先后开发各种电导探头和光纤探头测定内径为 36mm 的铅垂管内气液两相流的气泡尺寸、液相速度和湍流度；Frantz 等（1984）用热膜风速仪测量了鼓泡塔内液体速度及脉动速度的轴向分量，实验结果表明在液体上、下剪切层中液体脉动速度达最大值，湍动能的分布在管中心区较为平坦，而在近壁处急剧上升；Murai 等（2000）采用粒子图像测速（particle imaging velocimetry，PIV）技术和粒子追踪测速（particle tracking velocimetry，PTV）技术得到气泡的稳定上升速度及气泡周围的流场分布。陈祖茂等（1994）利用电导探针法对多相鼓泡体系中的尺寸、气泡上升速度，局部含气率及气泡频率进行了测定；李会雄等（1994）应用激光多普勒测速仪（laser Doppler anemometer，LDA）对水-气两相旋转流进行了测量；戴光清等（1996）采用激光多普勒测速仪对掺气射流水气两相流进行了测试；罗玮（2006）采用 PIV 技术研究了曝气池中气液两相流动规律。随着技术的不断发展，从宏观的研究逐步进入微观可视化研究，使得对气液两相流的研究逐渐深入，在理论研究方面获得很多突出的研究成果，许多交叉学科逐渐将气液两相流的研究引入本领域，为解决实际的问题提供可靠的研究工具，如两相流技术在水处理领域曝气池中的应用，可有效地提高污水处理的效能。

1.4.2　曝气池中气液两相流的研究现状

　　近年来，对曝气池中气液两相流的研究包括两个方面，一方面是曝气池中气泡与液体的运动规律，即气泡羽流；另一方面是曝气池中氧传质的规律。20 世纪末，针对气液两相流与氧传质的研究都是相对独立进行的，两相流的研究从单个气泡到泡状流直至射流的研究大多都是从水力学角度出发，而氧传质则大多是从化学、化工鼓泡反应器以及生物好氧反应角度出发进行研究，由于专业及使用目的的限制，没能将它们很好地结合起来。气液两相流动与传质问题密切相关，正确认识两相流动特性与传质的关系，对提高曝气池的运行效率具有重要意义。

　　1. 气液两相流的研究

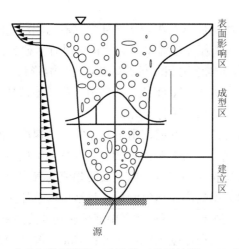

　　由于曝气池内流体的流动属于气液两相流动问题，确切说属于气泡羽流，在曝气池底通过曝气器将空气连续地释放进混合液中，气体进入液体后受到表面张力的作用，并且由于压力的不平衡而形成气泡，然后气泡在浮力作用下上升并诱导周围液体运动（吴凤林等，1989）。从气体进入液体到溢出液体自由液面，整个过程自下而上可以分为三个阶段，即建立区、成型区和表面影响区，如图 1.15 所示。

图 1.15　上升气泡羽流的三个阶段（吴凤林等，1989）

不同的是，曝气池中的气源点较多，各个羽流区之间存在着相互影响，因此从流体力学的角度分析其流动机理是研究曝气池的另一个方向（高扬，2011）。

关于气泡羽流的研究主要通过实验研究和数值模拟两种手段，获取气泡羽流的运动规律，随着技术的不断更新，目前已在气泡羽流方面取得丰硕的研究成果。

1）实验研究

气泡的形成作为认识气泡动力学行为的基础，在广泛的几何参数和操作参数下进行系统观察，始于 20 世纪 60 年代。Ramakrishnan 等（1969）、Satyanarayan 等（1969）和 Khurana 等（1969）提出气泡形成二阶段模型，即膨胀阶段和脱离阶段；Wraith（1971）研究了稍高气速条件下的气泡模型，考虑气泡形成初期的变形对整个形成过程的影响。80 年代以后，孔口气泡形成状态的转变受到重视，Mersmann（1980）认为由鼓泡向射流状态转变的临界气泡韦伯数等于 2，但未考虑孔径的作用；Rabiger 等（1982）则认为孔口气泡形成状态转变的临界韦伯数随着液体黏度的增高而变大；Ozama 等（1986）研究发现，随着气、液相密度之比的增大，由鼓泡向射流发展的临界气体速度会降低；Thorat 等（1998）基于分布器对含气率的影响将孔径尺寸划分为小于 3mm 的小孔径和大于 6mm 的大孔径；Idogawa 等（1987）和 Lei 等（2001）观察孔口气泡形成，报道了单泡至双泡、三泡形成的转变。对气泡的已有研究大部分集中在较小的孔径（小于 8mm）和较低的气速（低于 20m/s），而实际工业生产中气泡形成有其特点，对此还缺少足够的认识。

Kobus（1968）在一定几何尺寸的水池中进行气泡羽流试验，测量横断面速度分布并用高斯曲线拟合，得到了较好的结果，得出气泡羽流"自模拟"的特性；Wilkinson（1979）针对 Kobus 的实验结果，提出了气泡羽流的特征宽度与气体的喷口距自由液面的高度、喷口处压头、空气流量、运动黏滞系数及重力加速度等参数之间的关系。Yeh 等（1968）通过对气泡动力分析并建立方程求解，得到了在汇场和源场中气泡的运动特性；韩洪升等（1986）对垂直管段中的气泡流进行了实验研究和理论分析，发现在低含气率的实验条件下，气体大都以小气泡的形式集中分布在垂直管段的轴心处，而管壁处没有气体。许卫新（1987）研究了单气泡在自由流场和边界层流场中的水动力计算和空化行为，通过数值计算得到了空化气泡产生的原因及边界层流动对空化气泡的影响。林多敏等（1990）在以分子运动论为出发点，讨论了气固两相流和气液两相流的掺混问题，引入相关函数并建立控制方程，通过理论推导得到了在空气速度较小的情况下颗粒团平均稳定半径的表达式。李永光等（1998）独创性地实现了仅用一个测量元件就能对气液流动中的两个参数进行测量，并且设计出了一种测量气液两相流组分和流量的装置，对涡街理论及相关问题的解决具有重要意义。华中科技大学的蒋炎坤（2004）通过对水下排气气泡的受力分析，建立了一个工程实用的水下气泡运动数学模型，并通过仿真得到气泡特性，通过实验数据拟合给出了气泡加速阶段粗略的描述。张建生等（2000）采用高速摄像机对水中直径为 1mm 以下气泡的运动进行了研究，但是没有对 1mm 以上的气泡进行实验研究；吕宇玲等（2006）利用电导探针信号研究了水平管路中空气流量和液体流量的变化对流型转变的影响。

Bulson（1961）是较早对气泡羽流及其工程应用作了系统研究的学者，他指出实测的断面速度分布没有共同特性；而 Kobus（1968）对圆形水池中的气液两相流进行过试验研究，他认为气泡羽流象单相羽流一样具有自相似性，符合高斯分布；Wilkinson（1979）针对 Bulson 和 Kobus 的实验，对气泡羽流的特性进行了研究，指出在工程应用感兴趣的范围内，雷诺数不是影响气泡羽流特性的重要参数，认为气泡羽流的结构和韦伯数有着密切的关系，在低韦伯数时，气泡羽流同单向羽流一样具有自相似性，而增大韦伯数，就不再具有相似性，流速分布的幂函数规律也不再适用；在气泡羽流试验中，Chesetsr 等（1980）对从一个多孔圆盘喷出而产生的气泡进行了试验研究，用高斯曲线拟合实测流速分布，发现在 $1.5b_u$ 以内二者非常接近，这个范围以外拟合曲线偏大或偏小，b_u 是流速半径宽，即流速为轴线值二分之一处距轴线的距离。气泡羽流试验研究的主要对象都是气泡羽流形成后区，对形成区考虑甚少，这可能是因为该区流动形态异常复杂，气体含量高，激光测量技术的分辨能力无法满足要求，其他对流动有干扰的测量手段，比如探针又会显著改变原有流动的特性。

2）数学模型研究

积分模型研究是气泡羽流理论研究另一重要方向，早在 20 世纪 50 年代就已提出。槐文信等（1991）假定流速和密度差剖面为高斯分布，应用积分模型对静止环境中倾斜浮力射流进行了计算，计算结果与试验资料吻合得甚好。在模拟计算复杂湍流方面，有三类基本湍流模型可供选择，即 k-ε 模型、代数应力模型和雷诺应力模型。k-ε 模型成功地应用于许多复杂湍流的预测，是应用最广泛的一种模型（Rodi，1985）。主要原因为代数应力模型（algebraic stress model，ASM）虽然包含更多的物理机制（如浮力、流线曲率和旋转等），但仅限于对流和扩散项可以忽略的流动（高度剪切流和局部平衡流），突破这一限制的 ASM 并未成功地建立起来，在三维情况下，ASM 的公式过于复杂，难于处理，而且物理上的真实性问题变得更加重要；雷诺应力模型（Reynolds stress model，RSM）排除了涡黏性假设的误差及 ASM 的限制，能更真实地描述复杂情况下的湍流应力，但是计算量太大是它的一个重要缺陷，而且模型方程本身有待完善。因此，对于气液两相湍流，许多学者建立了以单相流 k-ε 双方程模型为基础的两相流 k-ε 模型。

这些模型都是在单相流模型的基础上改进的，可直接应用单相流数值解法，但不考虑气体相的速度滑移，或者把气体的滑移看作是湍流扩散效应，与实际差别较大，因此效果不佳（廖定佳，1997）。Elghobashi 等（1984）突破了以上两相流模型的局限性，考虑了相间作用力，建立了双流体 k-ε 双方程模型，并应用此模型对气-固两相圆形射流进行预测，其预测结果与试验资料符合较好。但该模型仅考虑了相间阻力，应用受到限制。王双峰（1997）提出气液两相流双流体 k-ε 双方程模型，这些模型比较全面地考虑了相间的阻力、浮力、虚拟重力等作用力，提出的双流体模型对均匀环境中的气泡羽流进行数值模拟，其结果与试验资料相比，符合得很好；郭烈锦等（1994）提出了另一类气液两相流模型，这类模型将两相流中的紊流扰动分解为剪切力诱导和气泡诱导两部分，并假定两者是线性叠加的；赵建福等（1998）分析掺气水流内部结构形态及气液两相间速度滑移的特征，得出了气水两相间动量的传递以惯性推动作用为主的结论。两相流 k-ε 双方程模型在预测浮射流方面已经取得了一些成就，表示出很大的潜能。但是，实际工况中两相间的作用力是很复杂的，而这些气液两相流模型是在特定的环境下提出的，方程进行了简化，普适性较差。

3）数值模拟研究

与气液两相流的实验研究相比，数值模拟研究在研究成本、效率及结果的可视化方面均具有明显优势。随着计算机技术的高速发展，基于计算流体动力学（computational fluid dynamics，CFD）理论，利用商业软件 CFX、Fluent 等，获得气泡羽流在各种工况下的运动规律已被得到研究。Hirschberg 等（2005）对蒸馏塔板内气液两相流做了模拟，塔内的流动分为两个区域，位于托盘上的带有气泡的连续相液体和位于上部的带有液滴的连续相气体。这两个区域通过液滴初始速度的概率分布和以液滴形式注入连续相气体的液体质量流量的经验关系式耦合，相关文献中液体分布的数据和最终抽样检测数据对该模型进行了验证，实验数据与模拟结果吻合较好。然而，大部分模型都是经验式或半经验式，在很大的程度上限制了模型的适用范围。基于这个原因，王双峰等（1999）从双流体概率概念出发，结合气液两相流的特点，建立了描述两相湍流流动的两方程模型，并将模型用于均匀环境中圆形气泡羽流的数值计算。Smith（1998）利用 CFX-3D 软件，采用双流体模型，考虑阻力、质量的增加、升力和紊动扩散效应的影响，模拟了气泡羽流在水池中的特性，结果表明，存在气泡-液体相互作用的羽流类型可分为三类：①产生横向扩散的羽流；②对周围液体速度场产生扰动的羽流；③将气泡卷入周围液体中以最终控制水池的混合行为的羽流。Hector 等（2007）评述了基于双流体模型的商业软件在气泡羽流方面的发展。

2. 气液两相中氧传质问题的研究

对于曝气池大都从工艺方面进行研究，如机械曝气与鼓风曝气对充氧效率影响的研究，鼓风曝气中产生不同大小气泡的曝气设备对氧传质的影响，曝气器布局及气源对曝气效果的影响等方面。在曝气过程中，气泡中的氧分子通过气、液界面完成从气相到液相的转移，这种氧气从高浓度向低浓度方向转移的过程，称为氧传质（贾海江等，2007）。在传统的曝气池中，曝气是利用空气压缩机或鼓风机把空气鼓入液体中，空气通过曝气器被释放到液体中形成气流，在气流运动的初始阶段，气流破碎成气泡以气泡羽流的形式自由上升，并带动液相紊动，最后在液相表面破裂。氧的传递在气泡通过液体上升时以及气泡在液相表面破裂时发生。同时，由于气泡造成的紊流运动会使液相产生速度梯度，加快液面更新，也增加了氧的传递速率，有利于好氧微生物的生长代谢（张闯等，2006）。

英国的水研究中心推出了能够提高曝气效率的混合曝气系统，即在入口缺氧区进行机械表面曝气，之后的区域采用曝气量逐渐较少的微孔曝气（Thomas et al.，1989）。Oliveira 等（1998）对曝气系统中氧的传质进行了模拟研究，其对相关文献中的模型进行了改进，导致小空气流量下氧的浓度发生了显著变化。模拟结果显示随着温度的升高氧的平衡浓度降低，且随着空气流量的增加达到稳定状态所需的时间明显缩短。Déronziera 等（1998）对清水中曝气系统氧传递效率的优化做了研究，研究表明，随着单个曝气头空气量的增加氧传递效率下降，将曝气头布置的紧凑些能提高氧传递效率。通过理论分析，单个曝气头空气流量的增加实质上是因为增大了气泡的初始直径而减小了气泡与液体的接触面积，同时由于液体在垂向的涡流而加速，减小了气液的接触时间；相反，液体在水平方向的旋转运动可能会因为减小气泡初始直径并延长气液接触时间而使氧传递效率提高。Fayolle 等（2006）在体积为 $1493m^3$ 的环形曝气池原型中进行氧转移规律的实验，发现当液相纵向流速从 0 变到 0.42 m/s 时，氧转移系数增加了 29%，研究认为可能是由于纵向流速使得单位体积的含气率（气泡体积分数）增加。Vermande 等（2007）在体积为 $7.5m^3$ 的环形曝气池模型中得到氧转移系数与曝气量存在线性正相关关系，随着曝气量的增加，含气率、曝气速度和气泡直径都有所增加，这些参数的改变都对氧转移系数有很大的影响。Gresch 等（2011）应用生物动力学加强的 CFD 模型以及全尺寸验证，阐述了曝气池中空气分布器的空间布置对流场的影响；其中的全尺寸验证采用了时间上和空间上的高分辨率反应示踪剂和速度示踪剂，试验表明，曝气方式的不同会引起流场的大规模不稳定，对氨氮等的浓度影响较大。

凌晖等（1999）对德国梅塞尔集团开发的微气泡纯氧曝气技术进行了研究，这种工艺综合了微孔曝气和纯氧曝气的优点，微气泡增大了气液交界面面积，大大提高了氧亏值，使水深 5m 处的氧气利用率达 80%，常规活性污泥的溶解氧为 1～4mg/L，纯氧活性污泥工艺可达 4～8 mg/L。汪慧贞等（1994）对英国 Blackburn Mealows 污水厂进行了实际测量，曝气池总体积的 1/3 为机械表面曝气，2/3 为微孔曝气，污水先进入机械表面曝气池，然后进入微孔曝气池，分别用非稳定态法和尾气法对机械表面曝气区和微孔曝气区的充氧效率进行测定，表明混合曝气系统结合了两者的优点，提高了充氧动力效率，该污水厂对两者的体积分配也是合理的。季民等（2001）对国际水协推出的活性污泥数学模型进行了总结和相应假设和简化，建立了 ASPS-CO 模拟系统，将该模型应用于某污水厂并进行温度修正，结果与实际较接近，能反映出水质的变化趋势。张小可等（2004）针对深圳某海水烟气脱硫工程中的曝气池，利用 Fluent 提供的两相流模型，对浅层曝气、深层曝气两种曝气方式进行了比较研究，认为深层曝气更有利于气液的混合，且提高空气流量能进一步增强气液两相的掺混。随着气液两相流研究的逐步深入，众多学者开始逐渐关注曝气池中氧传质与气液两相流之间的关系，这也是目前研究的热点与主要研究方向之一。

1.4.3　曝气池中气液两相流研究的发展趋势

近年来，曝气池中气液两相流相关的研究成果仍很少，大多集中在数值计算方面，应用实验手段获取曝气池中气液两相流的流动特性的研究仍比较缺乏，而实验研究可为数值计算提供可靠的理论支撑，在实验的基础上开展数值模拟研究工作，可大大提高数值计算研究的准确性与可靠性。根据目前的主要研究方向与研究中存在的不足，可将曝气池中气液两相研究的发展趋势归纳为以下四点。

（1）多年来，人们对这些不同的流型及流型之间的过渡进行了大量的研究，对各种流型的特征有了一定的认识，但对各种流型产生的机理和流型过渡的本质并不十分清楚。

（2）采用先进的流场测定工具，深入探讨曝气池中气液两相流的运动规律。根据已有的研究，关于气液两相流研究主要采用 PIV 技术进行研究，且曝气池中气液两相流的研究仅停留在采用二维的 PIV 技术，而 PIV 技术已经得到飞速的发展，如三维 PIV、微型 PIV 技术等。然而，在曝气池中，实际中运动时的三相（气相、污泥混合液和载体）或三相以上之间的运动，目前的研究可在气液两相流的基础上，进一步探究多相共存条件下，流场的分布特性，以至于更好与实际工程状况相一致。

（3）探究气液两相流动特性与氧传质之间的相关关系。氧传质与气泡的运动特性密切相关，根据气泡在流体中的运动过程，设计氧气的传递与转移，最终到达污泥表面，为微生物提供生长所需的氧气，促进好氧生物的新陈代谢。气泡的运动差异直接影响曝气池中流场的分布状况，而流场的分布差异则影响氧转移的效率，只有在合适的流场条件下，才能实现曝气的充分利用，以最优化的运行，实现最大化的污水处理效能。因此，探究何种流场下氧传质的效率情况，对曝气池的运行优化具有重要的建设性意义。

（4）完善数值模拟模型理论研究，利用数值模拟工具研究与优化曝气池的设计与运行。对两相流动过程的数学描述还仅限于理想化的均匀体系或理想化的分相体系，至今还未形成一个完整系统的理论模型来描述这一过程。随着气液两相流理论的不断深入，两相流运动特性的数学关系逐步成型，数值模拟中的一些经验方程或半经验方程应该得以修正，确保数值模拟结果的准确性与可靠性。随着数值计算的不断推进，关于气液两相流的数学模型从简单的 CFD 模型，逐渐过渡到 CFD-PBM 耦合模型或修正的 CFD-PBM 耦合模型，已经能够初步反映气泡在流体中的运动规律。今后的研究方向应主要在进一步完善数学模型，采用模型之间的耦合计算求解，确保计算求解的与实际状况更加接近。

参 考 文 献

陈祖茂, 郑重, 冯元鼎, 1994. 用于测定多相流体系内气泡特性的微型电导测针[J]. 石油化工, 23(1) : 46-50.

戴光清, 杨永全, 吴持恭, 1996. 掺气射流水气两相流测试研究[J]. 四川联合大学学报(工程科学版), 1(1): 1-6.

高扬, 2011. 基于数值计算的曝气池运行工况研究[D]. 哈尔滨: 哈尔滨工程大学.

郭烈锦, 张鸣远, 郭秀丽, 1994. 气液两相泡沫状流 k-ε 紊流模型[J]. 水动力学研究与进展, (2):234-243.

韩洪升, 陈家琅, 1986. 垂直管中气液两相气泡羽流流动规律[J]. 天然气工业, 6(4):58-64.

槐文信, 李炜, 1991. 静止环境中的倾斜浮力射流[J]. 武汉水利电力学院学报, 24(5):489-491.

季民, 霍金胜, 胡振苓, 等, 2001. 活性污泥法数学模型的研究与应用[J]. 中国给水排水, 17(8): 18-22.

贾海江, 艾翠玲, 2007. 关于曝气设备性能参数的讨论[J]. 净水技术, 26(2): 61-63.

蒋炎坤, 2004. 水下排气气泡运动特性及其数值模拟研究[J]. 华中科技大学学报, 32(10):49-50.

李会雄, 周芳德, 陈学俊, 1994. 水平管内单相切向漩流流动特性的 LDV 实验研究[J]. 西安交通大学学报, 28(6): 132-140.

李永光, 王启杰. 蔡祖恢, 等, 1998. 利用气液两相涡街特性测量气液两相流流量与组分的研究[J]. 仪器仪表学报, 19(2): 51-55.

廖定佳, 1997. 气液二相湍射流和射流泵的数值模拟及实验研究[D]. 武汉: 武汉大学.

林多敏, 蔡树棠, 1990. 气固两相流和气液两相流的掺混问题[J]. 应用数学和力学, 11(6):477-481.

凌晖, 王诚信, 史可红, 1999. 纯氧曝气在污水处理和河道复氧中的应用[J]. 中国给水排水, 15(8): 49-51.

罗玮, 2006. 曝气池中气液两相流 PIV 实验研究及数值模拟[D]. 西安: 西安理工大学.

吕宇玲, 王鸿鹰, 2006. 气液两相流气液量与流型转变的研究[J]. 油气田地面工程, 2(1): 12-13.

马腾, 2008. 上流式 BAF 处理分散型低有机质高氨氮生活污水的研究[D]. 西安: 西安理工大学.

汪慧贞, 沈家杰, 1994. 混合曝气系统充氧效率的探讨[J]. 中国给水排水, 10(3): 16-19.

王双峰, 1997. 静止均匀环境中的气泡羽流和射流[D]. 武汉: 武汉水利电力大学.

王双峰, 李炜, 槐文信, 1999. 气泡羽流的双流体两方程湍流模型[J]. 武汉水利电力大学学报, 32(2): 1-6.

吴凤林, TSANG G, 1989. 关于气泡羽流的研究[J]. 水动力学研究与进展, 4(1): 107-111.

肖浩飞, 2010. 曝气池内气液两相流 CFD 数值模拟研究[D]. 上海: 东华大学.

徐婷婷, 2009. 气泡羽流流型试验研究[D]. 成都: 西南交通大学.

许卫新, 1987. 单气泡在自由流场和边界层流场中运动的水动力计算及其空化行为[J]. 水动力学研究与进展, 2(3):19-32.

张闯, 陶涛, 李尔, 等, 2006. 两种曝气设备的清水曝气充氧实验研究[J]. 环境污染与防治, 28(1):25-27.

张建生, 吕青, 孙传东, 等, 2000. 高速摄影技术对水中气泡运动规律的研究[J]. 光子学报, 29(10): 952-955.

张小可, 姚彤, 2004. 海水脱硫曝气池流场的 CFD 分析[J]. 动力工程, 24(2): 276-279.

张自杰, 林荣忱, 金儒霖, 2000. 排水工程下册[M]. 北京: 中国建筑工业出版社.

赵建福, 李炜, 1998. 掺气水流相间作用力模型分析[J]. 动力学研究与进展, 13(4): 381-387.

中华人民共和国生态环境部, 2017. 2016 中国环境状况公报[R/OL]. (2017-5-31)[2017-6-05]. http://www.mee.gov.cn/hizl/zghjzkgb/lnzghjzkgb/201706/P020170605833655914077.Pdf.

中华人民共和国水利部, 2017. 2016 年中国水资源公报[R/OL]. (2017-7-11)[2017-8-18] http:/www.mwr.gov.cn/sj/tjgb/szygb/201707/t20170711_955305.html.

ALBUQUERQUE A, MAKINIAB J, PAGILLA K, 2012. Impact of aeration conditions on the removal of low concentrations of nitrogen in a tertiary partially aerated biological filter[J]. Ecological engineering, 44:44-52.

BULSON P S, 1961. Currents produced by an air curtain in deep water [J]. Dock & harbour authority, 42(487):15-22.

BURGESS J M, CALDERBANK P H, 1975. The measurement of bubble parameters in two-phase dispersions-II: The structure of sieve tray froths[J]. Chemical engineering science, 30(9): 1107-1121.

CHESETSR A K, VAN DOOM M, GOOSSENS L H J, 1980. A general model for unconfined bubble plumes from extended sources[J]. International journal multiphase flow, 6(6):499-521.

DÉRONZIERA G, DUCHENEA P, HEDUITA A, 1998. Optimization of oxygen transfer in clean water by fine bubble diffused air system and separate mixing in aeration ditches[J]. Water science and technology, 38(3): 35-42.

ELGHOBASHI S, ABOU-ARAB RIZK T M, et al., 1984. Prediction of the particle-laden jet with a two-equation turbulence model [J]. International journal multiphase flow, 10(6): 697-710.

EUSEBI A L, BELLEZZE T, CHIAPPINI G, et al., 2017. Influence of aeration cycles on mechanical characteristics of elastomeric diffusers in biological intermittent processes: accelerated tests in real environment[J]. Water research, 117:143-156.

FAYOLLE Y, GILLOT S, COCKX A, et al., 2006. In situ local parameter measurements for CFD modeling to optimize aeration[J]. Proceedings of the water environment federation, 9: 3314-3326.

FRANZ K, THOMAS B, KANTOREK H J, et al., 1984. Flow structures in bubble columns[J]. German chemical engineering, 7(6): 365-374.

GRESCH M, ARMBRUSTER M, BRAUN D, et al., 2011. Effects of aeration patterns on the flow field in wastewater aeration tanks[J]. Water research, 45(2): 810-818.

HECTOR R B, JOHN S G, MIKI H, 2007. Development of a commercial code-based two-fluid model for bubble plumes [J]. Environmental modeling & software, 22(4): 536-547.

HILLS J H, 1974. Radial non-uniformity of velocity and voidage in a bubble column [J]. Transactions of the institution of chemical engineers , 52(1): 1-9.

HIRSCHBERG S, WIJN E F, WEHRLI M, 2005. Simulating the two phase flow on column trays[J]. Chemical engineering research and design, 83(12): 1410-1424.

IDOGAWA K, IKEDA K, FUKUDA T, 1987. Formation and flow of gas bubbles in a pressurized bubble column with a single orifice or nozzle gas distributor[J]. Chemical engineering communication, 59(1-6): 201-212.

KHURANA A K, KUMAR R, 1969. Studies in bubble formation — III[J]. Chemical engineering science, 1969, 24(11): 1711-1723.

KOBUS H E, 1968. Analysis of the flow induced by air-bubble systems [J]. Electric power standardization & measurement, 331(2): 1016-1031.

LEI Z, MASAHIRO S, 2001. Aperiodic bubble formation from a submerged orifice[J]. Chemical engineering science, 56(18): 5371-5381.

LIU T, XIE Q, LI D, 2017. Evaluations of biofilm thickness and dissolved oxygen on single stage anammox process in an up-flow biological aerated filter[J]. Biochemical engineering journal, 119: 20-26.

MERSMANN A, 1980. Flooding point of countercurrent liquid/liquid columns[J]. Chemie ingenieur technik, 52(12): 933-942.

MOULLEC Y L, GENTRIC C, POTIER O, et al., 2010. CFD simulation of the hydrodynamics and reactions in an activated sludge channel reactor of wastewater treatment[J]. Chemical engineering science, 65(1):492-498.

MURAI Y, KITAGAWA A, SONG X, et al., 2000. Inverse energy cascade structure of turbulence in a bubbly flow (numerical analysis using Eulerian-Lagrangian modle equations) PIV[J]. JSME international journal series B, 43(2): 197-205.

NICHOLAS W G, RICHARD G R, 1992. Circulation and scale-up in bubble columns[J]. Aiche journal, 38(1):76-82.

OLIVEIRA M E C, FRANCA A S, 1998. Simulation of oxygen mass transfer in aeration systems[J]. International communications in heat and mass transfer , 25(6): 853-862.

OZAMA Y, MORI K, 1986. Effect of physical properties of gas and liquid on bubbling-jetting phenomena in gas injection into liquid[J]. Transaction of the iron and steel institute of Japan, 26(4): 291-297.

RABIGER N, VOGELPOHL A, 1982. Bubble formation in stagnant and flowing Newtonian liquids[J]. German chemical engineering, 5:314-323.

RAMAKRISHNAN S, KUMAR R, KULOOR N R, 1969. Studies in bubble formation-I bubble formation under constant flow conditions[J]. Chemical engineering science, 24(4): 731-747.

RODI W, 1985. Turbulence modeling for incompressible flows: a report on the Euromech 180 Colloquium[J]. Developmental psychobiology,7 (5) :297-324.

SATYANARAYAN A, KUMAR R, KULOOR N R, 1969. Studies in bubble formation- II bubble formation under constant pressure conditions[J]. Chemical engineering science, 24(4): 749-761.

SMITH B L, 1998. On the modeling of bubble plumes in a liquid pool[J]. Applied mathematical modeling, 22(10): 773-797.

THOMAS V K, CHAMBERS B, DUNN W, 1989. Optimization of aeration efficiency: a design procedure for secondary treatment using a hybrid aeration system[J]. Water science and technology, 21(10):1403-1419.

THORAT B N, SHEVADE A V, JOSHI J B, et al., 1998. Effect of sparger design and height to diameter ratio in fractional gas hold-up in bubble columns[J]. Chemical engineering research & design, 76(7): 823-834.

VERMANDE S, SIMPSONA K, ESSEMIANI K, et al., 2007. Impact of agitation and aeration on hydraulics and oxygen transfer in an aeration ditch: local and global measurements[J]. Chemical engineering science, 62(9): 2545-2555.

WILKINSON D L, 1979. Two-dimensional bubble plumes[J]. Journal of the hydraulic division, 105:139-154.

WRAITH A E, 1971. Two stage bubble growth at a submerged plate orifice[J]. Chemical engineering science, 26(1): 1659-1671.

YEH H C, YANG W J, 1968. Dynamics of bubbles moving in liquids with pressure gradient[J]. Journal of applied physics, 39 (7): 3156-3165.

第 2 章　气液两相流理论基础

曝气池在污水处理构筑物中具有重要的地位，而气液两相流是曝气池主要功能的体现，不仅为微生物提供生长代谢所需的溶解氧，而且为微生物提供了良好的生存环境。本章主要从气液两相流基本理论出发，深入地阐述气液两相流基本理论、两相流基本流型、流型图判断和两相流动过程的基本参数，为气液两相流的研究提供基础理论。

2.1　气液两相流基本理论

两相流动的基本方程组建立在连续介质理论之上，认为每一相都由连续的质点组成，反映大量微观粒子的统计平均特性，服从质量守恒定律、动量守恒定律及能量守恒定律等基本物理规律。基本理论由微分方程组表示，将相间分界面看作为间断面，以突跃条件表示。突跃条件反映两相流分析的基本特征，并提供方程中表示相间作用的基本关系式，可分为两大类，一是原始突跃条件，可直接由质量守恒定律、动量守恒定律、能量守恒定律得出；二是导出突跃条件，是结合了机械能、内能、熵以及焓等物理量，由原始突跃条件导出的（费祥麟，1989）。流体力学基本原理指出，局部瞬时方程组是建立两相流动基本方程组的基础上，依据质量守恒定律、动量守恒定律及能量守恒定律，建立两相流动的局部瞬时方程组和瞬时空间平均方程，并进一步引出局部时均方程，为管内气液两相流动数学模型的建立提供基础。气液两相流基本理论主要由局部瞬时方程组、瞬时空间平均方程、局部时均方程和复合平均方程构成（孙立成等，2014），本节详细介绍气液两相流中的四种方程。

2.1.1　局部瞬时方程组

图 2.1 所示为瞬时 t 时刻两相流动在惯性坐标系的控制体。它由相界面 $A_1(t)$ 分为两份分别有两相占据的子空间域 $V_1(t)$ 和 $V_2(t)$，$V_1(t)$ 由表面 $A_1(t)$ 和 $A_2(t)$ 围成，$V_2(t)$ 由表面 $A_2(t)$ 和 $A_1(t)$ 围成。

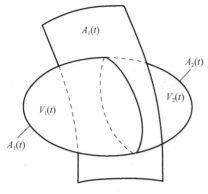

图 2.1　控制体与控制体面

1. 连续方程

假定所取的控制体内没有源汇系。由质量守恒定律，单位时间控制体内两相总质量对时间的变化率，等于单位时间通过控制面进入控制体的质量。每相质量表示为 $\int_{V_k} \rho_k \mathrm{d}V_k = 1, 2$，分别对应第 1 相和第 2 相。控制体 V 为相对坐标系不动的空间体积，考虑相界面 $A_1(t)$ 是运动的，由它分割成的两个子体积 V_k 及表面 $A_k (k = 1, 2)$ 均随时间变化，因此每相质量对时间的变化率取随体导数，包括由流动的非定常性引起的质量局部（当地）变化率，以及由每相流体体积的变化引起的质量迁移变化率。单位时间进入控制体的质量，为通过控制面上两相相应部分 A_1 和 A_2 流入的质量之和，则两相流动的连续方程表示为

$$\frac{\mathrm{d}}{\mathrm{d}t} \int_{V_1} \rho_1 \mathrm{d}V_1 + \frac{\mathrm{d}}{\mathrm{d}t} \int_{V_2} \rho_2 \mathrm{d}V_2 = -\int_{A_1} \rho_1 v_1 \cdot n_1 \mathrm{d}A_1 - \int_{A_2} \rho_2 v_2 \cdot n_2 \mathrm{d}A_2 \tag{2.1}$$

式中，$\frac{\mathrm{d}}{\mathrm{d}t}$ 为随机导数；$\frac{\mathrm{d}}{\mathrm{d}t} \int_{V_k} \rho_k \mathrm{d}V_k$ 表示相质量随时间的变化率；ρ_k 和 $v_k (k = 1, 2)$ 分别表示第 k 相流体的密度和速度；n_k 为相应表面的单位外法向矢量。

式（2.1）表明，由于两相流动具有运动的相界面，以及通过相界面两相间有质量、动量以及能量交换的特点，故每相质量对时间的变化率不像单相流动那样可表示为对时间的偏导数，而必须考虑由界面运动引起的体积变化，要用随机导数表示。这正是两相流动与单相流动的不同之处，即在控制体内存在运动的相界面，而相界面的运动、变化正是导致两相流动复杂性和多变性的根本原因。V_1、V_2 及 A_1、A_2 随时间变化，但 V_1 和 V_2 组成的控制体 V 及 A_1 和 A_2 组成的控制面 A 一直保持不变。总体而言，控制体内总质量对时间的变化率仍为局部变化率。

2. 动量方程

控制体中动量对时间的变化率为两部分，即单位时间通过控制面流入的流体动量和作用在控制体中和控制面上所有外力的合力，这两部分的几何和表示为

$$\frac{\mathrm{d}}{\mathrm{d}t} \int_{V_1} \rho_1 \mathrm{d}V_1 + \frac{\mathrm{d}}{\mathrm{d}t} \int_{V_2} \rho_2 \mathrm{d}V_2 = -\int_{A_1} \rho_1 v_1 (v_1 \cdot n_1) \mathrm{d}A_1 - \int_{A_2} \rho_2 v_2 (v_2 \cdot n_2) \mathrm{d}A_2$$

$$+ \int_{V_1} \rho_1 f \mathrm{d}V_1 + \int_{V_2} \rho_2 f \mathrm{d}V_2 + \int_{A_1} n_1 \cdot T_1 \mathrm{d}A_1 + \int_{A_2} n_2 \cdot T_2 \mathrm{d}A_2 \tag{2.2}$$

式中，f 为作用在流体上的重力矢量；T_k 为第 k 相流体在控制面上的应力张量。

3. 能量方程

根据能量守恒原理，控制体中单位时间两相流体总能量（内能与动能之和，不计势能）对时间的变化率为三部分的代数和，即单位时间通过控制面流入流体的能量，作用在控制体中和控制面上所有外力在单位时间对流体做的功和单位时间通过控制面传入的热量为

$$
\frac{\mathrm{d}}{\mathrm{d}t}\int_{V_1}\rho_1\left(e_1+\frac{1}{2}v_1^2\right)\mathrm{d}V_1+\frac{\mathrm{d}}{\mathrm{d}t}\int_{V_1}\rho_2\left(e_2+\frac{1}{2}v_2^2\right)\mathrm{d}V_2
$$

$$
=-\int_{A_1}\rho_1\left(e_1+\frac{1}{2}v_1^2\right)(v_1\cdot n_1)\mathrm{d}A_1-\int_{A_2}\rho_2\left(e_2+\frac{1}{2}v_2^2\right)(v_2\cdot n_2)\mathrm{d}A_2
$$

$$
+\int_{V_1}\rho_1 f\cdot v_1\mathrm{d}V_1+\int_{V_2}\rho_2 f\cdot v_2\mathrm{d}V_2+\int_{A_1}n_1\cdot(n_1\cdot T_1)\mathrm{d}A_1
$$

$$
+\int_{A_2}n_2\cdot(n_2\cdot T_2)\mathrm{d}A_2-\int_{A_1}q_1\cdot n_1\mathrm{d}A_1-\int_{A_2}q_2\cdot n_2\mathrm{d}A_2 \tag{2.3}
$$

式中，e_k 为单位质量流体的内能；q_k 为热流量矢量，即单位时间通过单位面积的热量。

4. 熵方程

单位时间控制体内流体的熵对时间的变化率，是单位时间流入控制面流体的熵、单位时间经控制面传入热量引起的熵及单位时间控制体内熵源产生的熵三部分的代数和。控制体内的熵源体现了流动方程的不可逆程度，按照热力学第二定律，熵源产生的熵量大于零，若两相流动中绝热、无摩擦和无质量传递，状态变化为可逆过程，则控制体内无熵源。因此，熵方程可表示为

$$
\frac{\mathrm{d}}{\mathrm{d}t}\int_{V_1}\rho_1 s_1\mathrm{d}V_1+\frac{\mathrm{d}}{\mathrm{d}t}\int_{V_2}\rho_2 s_2\mathrm{d}V_2+\int_{A_1}\rho_1 s_1 v_1\cdot n_1\mathrm{d}A_1+\int_{A_2}\rho_2 s_2 v_2\cdot n_2\mathrm{d}A_2
$$

$$
+\int_{A_1}\frac{1}{\theta_1}q_1\cdot n_1\mathrm{d}A_1+\int_{A_2}\frac{1}{\theta_2}q_2\cdot n_2\mathrm{d}A_2=\int_{V_1}\varDelta_1\mathrm{d}V_1+\int_{V_2}\varDelta_2\mathrm{d}V_2+\int_{A_1}\varDelta_1\mathrm{d}V_1\geqslant 0 \quad(2.4)
$$

式中，s_k 为单位质量流体的熵；θ_k 为流体的绝对温度；$\varDelta_k$ 为局部熵源在单位时间、单位体积内产生的熵量；$\varDelta_1$ 为相界面上局部熵源在单位时间、单位面积产生的熵量；A_1 表示相界面的面积。当两相流动过程为可逆过程时，式（2.4）中取等号。

为了推导两相流动的局部（当地）瞬时相微分方程，利用莱布尼茨（Leibniz）公式，一个函数 $F(x,y,z,t)$ 在运动体积 $V(t)$ 上的积分对时间的变化率，表示为一个体积分与面积分的和，即

$$\frac{\mathrm{d}}{\mathrm{d}t}\int_{V(t)}F(x,y,z,t)\mathrm{d}V = \int_{V(t)}\frac{\partial F}{\partial t}\mathrm{d}V + \int_{A(t)}Fv_{\mathrm{A}}\cdot n\mathrm{d}A \tag{2.5}$$

式中，v_{A} 为体积表面 $A(t)$ 的运动速度；n 为表面 $A(t)$ 的单位外法向矢量。

连续方程式（2.1）可改写为

$$\sum_{k=1}^{2}\left[\frac{\mathrm{d}}{\mathrm{d}t}\int_{V_k}\rho_k\mathrm{d}V_k + \int_{A_k}\rho_k v_k\cdot n_k\mathrm{d}A_k\right] = 0 \tag{2.6}$$

将式（2.6）代入式（2.5）后有

$$\sum_{k=1}^{2}\left[\int_{V_k}\frac{\partial\rho_k}{\partial t}\mathrm{d}V_k + \int_{A_1}\rho_k v_{\mathrm{I}}\cdot n_k\mathrm{d}A_{\mathrm{I}} + \int_{A_k}\rho_k v_k\cdot n_k\mathrm{d}A_k\right] = 0 \tag{2.7}$$

式中，v_{I} 为相界面运动速度（注意到子体积 V_k 的表面由运动的相界面 A_{I} 和 A_k 组成，A_k 是控制面的一部分，其运动速度为零）。式（2.7）中加、减一项 $\int_{A_{\mathrm{I}}}\rho_k v_k\cdot n_k\mathrm{d}A_{\mathrm{I}}$，即

$$\sum_{k=1}^{2}\left[\begin{array}{l}\int_{V_k}\frac{\partial\rho_k}{\partial t}\mathrm{d}V_k + \int_{A_1}\rho_k v_k\cdot n_k\mathrm{d}A_1 - \int_{A_1}\rho_k v_k\cdot n_k\mathrm{d}A_{\mathrm{I}} \\ + \int_{A_1}\rho_k v_{\mathrm{I}}\cdot n_k\mathrm{d}A_1 + \int_{A_k}\rho_k v_k\cdot n_k\mathrm{d}A_k\end{array}\right] = 0 \tag{2.8}$$

式（2.8）中最后两项表示在子体积 v_k 的整个表面上计算面积分，利用高斯公式将面积分转化为体积积分并与第一项合并，同时合并在界面 A_{I} 上的面积分项，则得到另一种形式的连续方程：

$$\sum_{k=1}^{2}\int_{v_k}\left[\frac{\partial\rho_k}{\partial t}+\nabla\cdot(\rho_k v_k)\right]\mathrm{d}v_k - \sum_{k=1}^{2}\int_{v_k}\rho_k(v_k-v_{\mathrm{I}})\cdot n_k\mathrm{d}A_{\mathrm{I}} = 0 \tag{2.9}$$

式中，第 2 个积分表示通过界面的质量传递；∇ 表示熵源单位面积产生的熵量。

利用莱布尼茨公式和高斯公式对式（2.5）～式（2.7）也做类似的处理，则得动量方程：

$$\sum_{k=1}^{2}\int_{V_k}\left[\frac{\partial(\rho_k v_k)}{\partial t}+\nabla\cdot(\rho_k v_k v_k)-\nabla\cdot T_k-\rho_k f\right]\mathrm{d}V_k$$
$$-\sum_{k=1}^{2}\int_{A_1}\left\{\rho_k\left[(v_k-v_{\mathrm{I}})\cdot n_k\right]-n_k T_k\right\}\mathrm{d}A_{\mathrm{I}} = 0 \tag{2.10}$$

能量方程：

$$\sum_{k=1}^{2}\int_{V_k}\left\{\frac{\partial\rho_k}{\partial t}\left(e_k+\frac{1}{2}v_k^2\right)+\nabla\cdot\left[\rho_k\left(e_k+\frac{1}{2}v_k^2\right)v_k\right]+\nabla\cdot(q_k-T_k\cdot v_k)-\rho_k f\cdot v_k\right\}\mathrm{d}V_k$$
$$-\sum_{k=1}^{2}\int_{A_1}A_{\mathrm{I}}\left\{\rho_k\left(e_k+\frac{1}{2}v_k^2\right)\left[(v_k-v_{\mathrm{I}})\cdot n_k\right]+q_k n_k-(T_k\cdot v_k)n_k\right\}\mathrm{d}A_{\mathrm{I}} = 0 \tag{2.11}$$

熵方程：

$$\sum_{k=1}^{2}\int_{V_k}\left[\frac{\partial(\rho_k s_k)}{\partial t}+\nabla\cdot(\rho_k s_k v_k)+\nabla\cdot\left(\frac{q_k}{\Theta_k}\right)-\varDelta_k\right]dV_k$$

$$-\sum_{k=1}^{2}\int_{A_I}\left[\rho_k s_k(v_k-v_I)\cdot n_k+\frac{q_k}{\Theta_k}\cdot n_k+\varDelta_I\right]dA_I=0 \qquad (2.12)$$

式中，Θ_k 为修正系数。

控制体积 V 可以任意选取，以上方程对于任意的 $V_1(t)$ 和 $A_1(t)$ 应均能成立（也适用于单相流动的特殊情况）。注意到界面上的积分与求和可交换次序，方程中体积分与面积分的被积函数均应等于零，则由式（2.9）～式（2.12）得到局部（当地）瞬时相微分方程组：

$$\frac{\partial\rho_k}{\partial t}+\nabla\cdot(\rho_k v_k)=0 \qquad (2.13)$$

$$\frac{\partial\rho_k v_k}{\partial t}+\nabla\cdot(\rho_k v_k v_k)-\nabla\cdot T_k-\rho_k f=0 \qquad (2.14)$$

$$\frac{\partial}{\partial t}\rho_k\left(e_k+\frac{1}{2}v_k^2\right)+\nabla\cdot\left[\rho_k\left(e_k+\frac{1}{2}v_k^2\right)v_k\right]+\nabla\cdot(q_k-T_k\cdot v_k)-\rho_k f\cdot v_k=0 \quad (2.15)$$

$$\frac{\partial(\rho_k s_k)}{\partial t}+\nabla\cdot(\rho_k s_k v_k)+\nabla\cdot\left(\frac{q_k}{\Theta_k}\right)=\varDelta_k\geqslant 0 \qquad (2.16)$$

局部瞬时突跃条件：

$$\sum_{k=1}^{2}\rho_k(v_k-v_I)\cdot n_k=0 \qquad (2.17)$$

$$\sum_{k=1}^{2}\rho_k v_k\left[(v_k-v_I)\cdot n_k\right]-n_k T_k=0 \qquad (2.18)$$

$$\sum_{k=1}^{2}\rho_k(e_k+\frac{1}{2}v_k^2)(v_k-v_I)\cdot n_k+(q_k-T_k\cdot v_k)\cdot n_k=0 \qquad (2.19)$$

$$\sum_{k=1}^{2}\rho_k s_k(v_k-v_I)\cdot n_k+\frac{q_k}{\Theta_k}\cdot n_k+\varDelta_I=0 \qquad (2.20)$$

综合式（2.17）～式（2.20）可表示为式（2.21）的通用表达式。

$$\sum_{k=1}^{2}\frac{d}{dt}\int_{V_k}\rho_k\psi_k dV_k=-\sum_{k=1}^{2}\int_{A_k}\rho_k\psi_k(v_k\cdot n_k)dA_k$$

$$+\sum_{k=1}^{2}\int_{V_k}\rho_k\varphi_k dv_k-\sum_{k=1}^{2}\int_{A_k}n_k\cdot J_k dA_k+\int_{A_I}\varphi_I dA_I \qquad (2.21)$$

式中，ψ_k、J_k、φ_k 和 φ_I 对于各个物理守恒规律所表示的物理量见表 2.1。

表 2.1　不同守恒律公式中 ψ_k、J_k、φ_k 和 φ_I 表示的物理量

类别	ψ_k	J_k	φ_k	φ_I
质量守恒方程	1	0	0	0
动量守恒方程	v_k	$-T_k$	f	0
能量守恒方程	$e_k + \dfrac{1}{2}v_k^2$	$q_k - T_k v_k$	$f v_k$	0
熵方程	s_k	$\dfrac{q_k}{\theta}$	$\dfrac{\Delta_k}{\rho_k}$	Δ_I

同样，式（2.17）～式（2.20）也可表示为通式

$$\sum_{k=1}^{2}\int_{V_k}\left[\frac{\partial \rho_k \psi_k}{\partial t} + \nabla \cdot (\rho_k \psi_k v_k) + \nabla \cdot J_k - \rho_k \varphi_k\right]\mathrm{d}V_k$$

$$-\int_{A_I}\sum_{k=1}^{2}(M_k \psi_k + n \cdot J_k + \varphi_I)\mathrm{d}A_I = 0 \qquad (2.22)$$

式中，$M_k = \rho_k (v_k - v_I) \cdot n_k$；其余符号表示的物理量见表 2.1。

类似地，式（2.21）～式（2.22）可表示为局部（当地）瞬时相微分方程通用式

$$\frac{\partial \rho_k \psi_k}{\partial t} + \nabla \cdot (\rho_k \psi_k v_k) + \nabla \cdot J_k - \rho_k \varphi_k = 0 \qquad (2.23)$$

局部瞬时方程组是两相流动模化过程的基础，它可以直接应用于气泡或液膜的流动问题，也可在研究两相流动时，按照研究管内单相流那样采用某种平均形式。

2.1.2　瞬时空间平均方程

1. 瞬时面积平均方程

如图 2.2 所示，考虑管内两相流动，管道轴线方向取为 z 轴，在某一瞬时 t 选取坐标为 z 的截平面，截面内第 k 相流体占据的面积为 $A_k(z,t)$，它由截平面与相界面的交线 $C_r(z,t)$ 及截平面与管壁的交线 $C_{kw}(z,t)$ 所围成。局部瞬时空间相方程式（1.23）在面积 $A_k(z,t)$ 上积分，得

$$\int_{A_k}\frac{(\partial \rho_k \psi_k)}{\partial t}\mathrm{d}A_k + \int_{A_k}\nabla \cdot \rho_k \psi_k v_k \mathrm{d}A_k$$

$$+\int_{A_k}\nabla \cdot J_k \mathrm{d}A_k - \int_{A_k}\rho_k \varphi_k \mathrm{d}A_k = 0 \qquad (2.24)$$

利用平面上莱布尼茨公式的极限形式，注意到在边界 C_{kw} 上，$v_k n_k = 0$，则式（2.24）成为

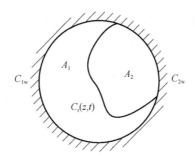

图 2.2　管道中两相流动的横截面

$$\frac{\mathrm{d}}{\mathrm{d}t}\int_{A_k}\rho_k\psi_k\mathrm{d}A_k + \frac{\partial}{\partial z}\int_{A_k}n_z\cdot\rho_k\psi_k\cdot v_k\mathrm{d}A_k + \frac{\partial}{\partial z}\int_{A_k}n_z\cdot J_k\mathrm{d}A_k - \int_{A_k}\rho_k\varphi_k\mathrm{d}A_k$$

$$= \int_{C_1}n_k\cdot\left[\rho_k\psi_k(v_\mathrm{I}-v_k)-J_k\right]\frac{\mathrm{d}C}{n_k\cdot n_{kc}} - \int_{C_{kw}}n_k\cdot J_k\frac{\mathrm{d}C}{n_k\cdot n_{kc}} \tag{2.25}$$

因为积分面积 $A_k(z,t)$ 是对确定的 z 选取的（z 为参变量），故对第一个积分式的随体导数就等于当地导数，即

$$\frac{\mathrm{d}}{\mathrm{d}t}\int_{A_k}\rho_k\psi_k\mathrm{d}A_k = \frac{\partial}{\partial t}\int_{A_k}\rho_k\psi_k\mathrm{d}A_k \tag{2.26}$$

引入一个函数 $F_k(x,y,z,t)$ 的面积平均记号

$$\langle F_k\rangle_2 = \frac{1}{A_k}\int_{A_k}F_k(x,y,z,t)\mathrm{d}A_k \tag{2.27}$$

代入式（2.26），得

$$\frac{\partial}{\partial t}A_k\langle\rho_k\psi_k\rangle_2 + \frac{\partial}{\partial z}A_k\langle n_z\cdot(\rho_k\psi_k v_k)\rangle_2 + \frac{\partial}{\partial z}A_k\langle n_z\cdot J_k\rangle_2 - A_k\langle\rho_k\phi_k\rangle_2$$

$$= -\int_{C_r}(M_k\psi_k + n_k\cdot J_k)\frac{\mathrm{d}C}{n_k\cdot n_{kc}} - \int_{C_{kw}}n_k\cdot J_k\frac{\mathrm{d}C}{n_k\cdot n_{kc}} \tag{2.28}$$

式中，$M_k = \rho_k(v_k-v_\mathrm{I})\cdot n_k$；$n_z$ 表示 z 方向（管道轴线方向）的单位矢量，C 表示由截平面与管壁的交线围成的线；n_{kc} 表示 C_{kw} 方向的单位矢量。利用表 2.1 中参数代入有关值，可得到相应的质量、动量、能量和熵的瞬时面积平均方程。

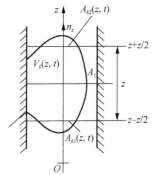

2. 瞬时体积平均方程

如图 2.3 所示，取管内两相流场的管轴线为 z 轴，在瞬时 t 取坐标分别为 $z-\dfrac{z}{2}$，$z+\dfrac{z}{2}$ 的　图 2.3　管道中的一段两相流动示意图

两个平面与它们之间的管道壁面所围成的体积为 V，则第 k 相流体在两平面内的

截面积分别为 A_{k1}，A_{k2}，以及分别与管道壁面 A_{kw} 和相界面 A_1 所围成的体积为 V_k。第 k 相流体的局部瞬时相方程在体积 V_k 中积分，得

$$\int_{V_k}\frac{\partial\rho_k\psi_k}{\partial t}\mathrm{d}V_k + \int_{V_k}\nabla\cdot(\rho_k\psi_k v_k)\mathrm{d}V_k + \int_{V_k}\nabla\cdot J_k\mathrm{d}V_k - \int_{V_k}\rho_k\phi_k\mathrm{d}V_k = 0 \qquad (2.29)$$

利用莱布尼茨公式和高斯公式，且流体在管壁的法向速度为零，即 $n_k\cdot v_k = 0$。式（2.29）可改写为

$$\frac{\mathrm{d}}{\mathrm{d}t}\int_{V_k}\rho_k\psi_k\rho\mathrm{d}V_k - \int_{V_k}\rho_k\cdot\phi_k\mathrm{d}V_k$$
$$= -\int_{A_1}n_k\cdot\left[(v_k - v_1)\rho_k\psi_k + J_k\right]\mathrm{d}A_1$$
$$+ \int_{A_{k1}}n_z\cdot\left[(v_k - v_{A_{k1}})\rho_k\psi_k + J_k\right]\mathrm{d}A_{k1}$$
$$- \int_{A_{k2}}n_z\cdot\left[(v_k - v_{A_{k2}})\rho_k\psi_k + J_k\right]\mathrm{d}A_{k2} - \int_{A_{kw}}n_k\cdot J_k\mathrm{d}A_{kw} \qquad (2.30)$$

由于 $V_k(z,t)$ 是相对确定的坐标位置 z 选取的，故在该区域上积分的随体导数等于当地导数。引入一个函数 $F_k(x,y,z,t)$ 的体积平均记号：

$$\langle F_k\rangle_3 = \frac{1}{V_k}\int_{V_k}F_k(x,y,z,t)\mathrm{d}V_k \qquad (2.31)$$

代入式（2.30），得

$$\frac{\partial}{\partial t}V_k\langle\rho_k\psi_k\rangle_3 - V_k\langle\rho_k\phi_k\rangle_3 = -\int_{A_1}(M_k\psi_k + n_k\cdot J_k)\mathrm{d}A_1 - \int_{A_{kw}}n_k\cdot J_k\mathrm{d}A_{kw}$$
$$+ \int_{A_{k1}}n_z\cdot\left[(v_k - v_{A_{k1}})\rho_k\psi_k + J_k\right]\mathrm{d}A_{k1}$$
$$- \int_{A_{k2}}n_z\cdot\left[(v_k - v_{A_{k2}})\rho_k\psi_k + J_k\right]\mathrm{d}A_{k2} \qquad (2.32)$$

式中，v_{k1}、v_{k2} 分别表示截面 A_{k1}、A_{k2} 的运动速度，若选取的截面静止不动，$v_{k1} = 0$，$v_{k2} = 0$，则瞬时体积平均方程可进一步简化为

$$\frac{\partial}{\partial t}V_k\langle\rho_k\psi_k\rangle_3 - V_k\langle\rho_k\phi_k\rangle_3 + \frac{\partial}{\partial z}V_k\langle\rho_k\psi_k v_k\cdot n_z + n_z\cdot J_k\rangle_3$$
$$= -\int_{A_1}(M_k\psi_k + n_k\cdot J_k)\mathrm{d}A_1 - \int_{A_{kw}}n_k\cdot J_k\mathrm{d}A_{kw} \qquad (2.33)$$

利用表 2.1 的参数，代入相关值，可得到相应的质量、动量、能量平衡方程和熵方程，式（2.33）包含了第 k 相的界面 A_1 及壁面 A_{kw}，它们均与流型有关，故方程与流型之间建立起一定的联系。

2.1.3 局部时均方程

两相流动瞬变问题的处理采用单相流动处理湍流的方法，即在时间间隔 $[t_0, t_0+T]$ 上取时均值的局部瞬时均相方程，所选取的时间周期 T 在理论上应趋于无穷大，但实用上只需取足够长的有限时间间隔，一般要比流动的随机脉动时间足

够大，但比流动的特征时间小得多。

如图 2.4 所示，在两相流场中考虑某一空间定点，该点位置以矢径 r 表示，第 k 相流体间歇地通过这一点，与第 k 相流体有关的函数 F_k 随时间 t 的变化曲线，F_k 为时间的分段连续函数。

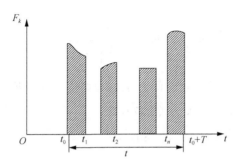

图 2.4　第 k 相流体时间的分段连续函数示意图

在时间间隔 $[t_0,t_0+T]$，令 T_k 表示第 k 相流体在时段 T 内通过该空间点累积的停留时间，局部瞬时相方程在累积时间 $T_k(r)$ 上对时间 t 积分，得

$$\int_{T_k}\frac{\partial(\rho_k\psi_k)}{\partial t}\mathrm{d}t+\int_{T_k}\nabla\cdot(\rho_k\psi_k v_k)\mathrm{d}t+\int_{T_k}\nabla\cdot J_k\mathrm{d}t-\int_{T_k}\rho_k\varphi_k\mathrm{d}t=0 \qquad (2.34)$$

利用莱布尼茨公式的极限形式和高斯公式，式（2.34）成为

$$\frac{\partial}{\partial t}\int_{T_k}\rho_k\psi_k\mathrm{d}t+\nabla\int_{T_k}\rho_k\psi_k v_k\mathrm{d}t+\nabla\int_{T_k}J_k\mathrm{d}t-\int_{T_k}\rho_k\varphi_k\mathrm{d}t$$

$$=-\sum_{\mathrm{dis}\in T}\frac{n_k\cdot\left[(v_k-v_1)\rho_k\psi_k+J_k\right]}{|n_k\cdot v_1|} \qquad (2.35)$$

式中，$\displaystyle\sum_{\mathrm{dis}\in T}$ 表示在时段 T 内函数在间断点 $t_1,t_2,\cdots,t_n$ 上求和；T 为取定的时间周期，式（2.35）两端同除以 T。

令 $\gamma_k=\dfrac{T_k}{T}$，表示在时间段 T 内第 k 相流体在空间定点上的居留时间分数。令 $l_i=T|n_k\cdot v_1|$ 表示在时间段 T 内第 k 相流体通过指定空间点界面（间断面）的序数。引入一个关于函数 F_k 在累积居留时 T_k 上的时均记号：

$$\overline{F_k}^X=\frac{1}{T_k}\int_{T_k}F_k(\gamma,t)\mathrm{d}t \qquad (2.36)$$

关于 $\overline{F_k}^X$ 定义的说明：定义一个相密度 $X_k(r,t)$，它是空间位置和时间的函数，在瞬时 t，$X_k(r,t)$ 满足下列关系：$X_k(r,t)=\begin{cases}1,&\text{若点}r\text{处在第}k\text{相流体中}\\0,&\text{若点}r\text{处在第}k\text{相流体中。}\end{cases}$

第 k 相的停留时间分数又可以表示为

$$\gamma_k = \frac{1}{T}\int_T X_k(r,t)\,\mathrm{d}t = \overline{X_k(r,t)} \tag{2.37}$$

式中，横线"—"表示在时段 T 内的时均值，它与" $\overline{X}$ "表示的意义不同。由 $\overline{F_k}^X$ 的定义

$$\overline{F_k}^X = \frac{1}{T_k}\int_{T_k} F_k \mathrm{d}t = \frac{\dfrac{1}{T}\int_T X_k F_k \mathrm{d}t}{\dfrac{1}{T}\int_T X_k \mathrm{d}t} = \frac{\overline{X_k F_k}}{\overline{X_k}} \tag{2.38}$$

可见，函数 F_k 在累计居留时间 T_k 上的时均值，等于 F_k 在时间周期 T 上的加权平均值。将式（2.38）代入式（2.37），得

$$\frac{\partial}{\partial t}\gamma_k \overline{\rho_k \psi_k}^X + \nabla \cdot \left(\gamma_k \overline{\rho_k \psi_k v_k}\right)^X + \nabla \cdot \left(\gamma_k \overline{J_k}^X\right) - \gamma_k \overline{\rho_k \phi_k}^X$$

$$= -\sum_{i=1}^{n} l_i^{-1}\left(M_k \psi_k + n_k \cdot J_k\right) \tag{2.39}$$

利用表 2.1 可得到质量、动量、能量平衡和熵的局部时均方程。

2.1.4　复合平均方程

若对局部时均相方程在某一空间内取平均，或对瞬时空间平均相方程取时均，就可得复合平均相方程。

1. 平均算子的互换性

由定义

$$\gamma_k \overline{F_k}^X = \frac{T_k}{T}\frac{1}{T_k}\int_{T_k} F_k \mathrm{d}t = \frac{1}{T}\int_T X_k F_k \mathrm{d}t = \overline{X_k F_k} \tag{2.40}$$

$X_k F_k$ 在管道整个横截面 A 上的平均值表示为 $\langle X_k F_k \rangle_2^*$ 符号 $\langle\ \rangle_2^*$ 与符号 $\langle\ \rangle_2$ 表示的意义不同，后者表示在第 k 相流体所占据的面积 A_k 上取平均。由以上定义有

$$\left\langle X_k \overline{F_k}^X \right\rangle_2^* = \left\langle \overline{X_k F_k} \right\rangle_2^* = \frac{1}{A}\int_A \frac{1}{T}\int_T X_k F_k \mathrm{d}t \mathrm{d}A \tag{2.41}$$

交换积分次序后，有

$$\left\langle X_k \overline{F_k}^X \right\rangle_2^* = \frac{1}{T}\int_T \frac{1}{A}\int_A X_k F_k \mathrm{d}A \mathrm{d}t = \frac{1}{T}\int_T \frac{1}{A}\int_A F_k \mathrm{d}A \mathrm{d}t \tag{2.42}$$

由此得到关系式（2.43）

$$\left\langle X_k \overline{F_k}^X \right\rangle_2^* = \overline{\alpha_{k2}\langle F_k \rangle_2} \tag{2.43}$$

式中，α_{k2} 表示第 k 相流体在该界面 A 所占面积的比值，定义为 $\alpha_{k2} = \dfrac{A_k}{A}$ 。一般地，

有以下关系式

$$\left\langle X_k \overline{F_k}^X \right\rangle_n^* = \overline{\alpha_{kn} \langle F_k \rangle_n}$$ （2.44）

式中，下标 n 为维数。对于线段 $n=1$；对于面积 $n=2$；对于体积 $n=3$。

2. 空间/时间或时间/空间的复合平均方程

对瞬时面积平均相方程式（2.25）在时间周期 T 上取时均，得

$$\overline{\frac{\partial}{\partial t} A_k \langle \rho_k \psi_k \rangle_2} + \overline{\frac{\partial}{\partial t} A_k \langle n_z \cdot (\rho_k \psi_k v_k) \rangle_2} + \overline{\frac{\partial}{\partial t} A_k \langle n_k J_k \rangle_2} - \overline{A_k \langle \rho_k \psi_k \rangle_2}$$

$$= -\int_{C_t} (M_k \psi_k + n_k \cdot J_k) \frac{\mathrm{d}C}{n_k n_{kc}} - \int_{C_{kw}} n_k \cdot J_k \frac{\mathrm{d}C}{n_k n_{kc}}$$ （2.45）

对于局部时均方程式在面积 A 上积分，利用高斯定理得极限形式，并注意到面积 A 所对应的周线在固体管壁上，$n_k \cdot v_k = 0$ 则可得

$$\frac{\partial}{\partial t} A \left\langle \gamma_k \overline{\rho_k \psi_k}^X \right\rangle_2^* + \frac{\partial}{\partial t} A \left\langle \gamma_k \overline{n_z \cdot \rho_k \psi_k}^X \right\rangle_2^* + \frac{\partial}{\partial t} A \left\langle \gamma_k n_z \cdot \overline{J_k}^X \right\rangle_2^* - A \left\langle \gamma_k \overline{\rho_k \psi_k}^X \right\rangle_2^*$$

$$= -A \left\langle \sum_{i=1}^n l_i^{-1} (M_k \psi_k + n_k \cdot J_k)_i \right\rangle_2^* - \int_{C_A} \gamma_k n_k \cdot J_k \frac{\mathrm{d}C}{n_k n_{kc}}$$ （2.46）

式中，C_A 为截面面积为 A 的周线。

类似地可对瞬间体积平均方程取时均，或对局部时均方程取体积平均，也可得到复合平均方程。

上述复合平均方程中出现的是一些流动参数组合量的时间平均及空间平均的复合形式，但在处理问题时需要的是某单个流动参数的某种平均值作为独立变量，因此上述复合平均方程在具体应用时较为困难。在实际应用时要对复合平均方程做适当的近似处理，通常是从一些简化的流动模型出发，由质量、动量以及能量的守恒规律建立方程组，进行求解。随着相关学科和两相流动研究的深入发展，复合平均方程组将会得到直接应用。

2.2　气液两相流流型与流型图

气液两相流动中两相介质的分布状况称为两相流动结构或流型。流型指流体流动的形式和结构，是影响两相流的流动特性和传热传质特性的重要因素，因此两相流流型的辨识是两相流中必须解决的基本问题之一。气液两相介质共存时具有各种各样的形态，如气体以细微气泡形式分布在液体中的泡沫情况，气体以巨大气泡形式从液体中涌出的浮泡情况，液体以细小液滴分散在气体中的雾状情况等，这些都属于不同的流动结构或流型。显然，在这些不同情况下，它们的流动

特性是不同的，为了研究两相流运动规律，必须弄清两相介质是怎样分布和运动的，即掌握其流型。影响两相流流型的因素很多，不仅与各相的特性有关，而且还与介质的压力、流量、质量流速和管道的安装方式有关。

气液两相流相界面的形状和相界面在两相流中的分布情况都是随流动过程变化的，因此气液两相流的流型最为复杂。常见的管道气液两相流动呈现出明显的流动特性是，在一些区域气相（或液相）为连续的，而另一相又是不连续的。在流体的连续区域中，不连续相（液滴、气泡）在表面张力的作用下，有保持球形的趋势，表面张力越大、不连续相的微团越小，则这种趋势越大。较大的气泡或液滴在流场中要经受扰动的影响而变形，从而成为非球形的。同时，一般管壁都有液体润湿的趋势，气体有在管道中心聚集的趋势。而在壁面处于高温情况，以及一些特殊的流体动力参数影响下，气泡优先集中在壁面附近。因此，可将气液两相流的流型分为垂直上升不加热管中的流型、垂直上升加热管中的流型、垂直下降管中的流型、水平不加热管道中的流型、水平加热管道中的流型、倾斜管中流型、U型管中的流型、棒束及管束中流型、装有孔板和文丘里管的管道中的流型、管内淹没和流向反转过程的流型十大类别，可全面了解气液两相流中相的分布形式。本节主要介绍曝气池常见的几种流型、流型图以及流型之间的过渡。

2.2.1　气液两相基本流型

两相流动与单相流动最根本的差别是气液两相之间界面的存在，界面分布的不同就构成了各种流型。目前两相流流型的研究主要分为垂直管中的流型和水平管中的流型两大类，而倾斜管中的流型、U型管中的流型、棒束及管束中流型、装有孔板和文丘里管的管道中的流型和管内淹没和流向反转过程的流型相对研究较少，因此本小节主要介绍垂直和水平管内的流型特征。

1. 垂直不加热管道中的两相流型

在垂直不加热管道中，如果流道的截面积不变，含气率不变，则流型沿管长不发生变化。图 2.5 为垂直上升不加热管中的两相流型，具体可分为 5 种形式。

（1）泡状流。细泡状流型是在连续的液相中含有分散的小气泡，当气泡较多时形成一种泡状流动，具体流型如图 2.5（a）所示，这种流型的主要特征是气相不连续，即气相以小气泡形式不连续地分布在连续的液体流中，细泡状流型的气泡大多数是圆球形的，在管子中部气泡的密度较大。在泡状流刚形成时，气泡很小；而在泡状流的末端气泡可能较大，主要由于末端出现低含气率区。

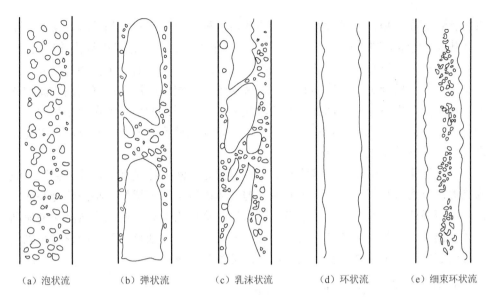

（a）泡状流　　　（b）弹状流　　　（c）乳沫状流　　　（d）环状流　　　（e）细束环状流

图 2.5　垂直上升不加热管道中的两相流型

（2）弹状流。弹状流的形成是由于两相流中的含气量增大，小气泡的聚集形成大气泡，当气泡直径增大到接近管道内径时，此时的流型称为气弹状流型。气泡头部呈弹头状，尾部是平的大气泡，且一个大气泡后面跟随着许多小气泡。在垂直上升流中，弹状流动有时也称为塞状流动，见图 2.5（b）。这种流型出现在中等截面含气率和相对低的流速情况下，也可以认为出现在泡状流和环状流的过渡区。然而，随着系统压力的升高，液体表面张力减小，不能形成大气泡，导致气弹状流型消失。因此，弹状流存在的范围较小，当压力在 10 MPa 以上的情况下，观察不到弹状流。气弹状流型的特征是大的气泡和大的液体块相间出现，气泡与壁面被液膜隔开，气泡的长度变化相当大，而且在流动着的大气泡尾部常常出现许多小气泡。由于液体和气泡互相尾随着出现，造成了流道内很大的密度差和流体的可压缩性。因此，在这种流动型下，容易出现流动不稳定性，即流量随时间发生变化。

（3）乳沫状流。当管道中气相介质在气弹状流型基础上增加时，弹状流遭到破坏，形成了乳沫状流，也称为气泡搅拌型流型，具体见图 2.5（c）。气泡搅拌型流型是由于大气泡破裂所形成的，破裂后的气泡形状很不规则，有许多小气泡掺杂在液流中。这种流动的特征是振荡型的，液相在通道中交替地上下运动，如煮沸的乳液一样。一般来说，气泡搅拌型流型也是一种过渡流型，在有些情况下，可能观察不到这种流型。

（4）环状流。液体沿管壁流动形成一层薄膜，而气相则在管道中心流动，其中夹带着一些小液滴，这种状态称为带纤维的环状流型。与气泡搅拌型流型相比，气相含量更高，搅混现象逐渐消失，块状液流被击碎，形成气相轴心，从而产生了环状流，具体见图 2.5（d）。带纤维的环状流的特征是液相沿管壁周围连续流动，中心则是连续的气体流，在液膜和气相核心流之间，存在着一个波动的交界面。由于波的作用可能造成液膜的破裂，使液滴进入气相核心流中；气相核心流中的液滴在一定条件下也能返回到壁面的液膜中来。带纤维的环状流在两相流中所占的范围最大流型，是一种最典型的流动型，解决这种流型的一些问题，可以通过理论分析建立数学模型求解。

（5）细束环状流。当气液两相流为环状流时，液体流量增加，使得管壁上液膜增厚并且含有小气泡，管道中心流动的气体内液滴浓度增加，小液滴合并成大液块、液条或者液丝，便形成了液丝环状流。这种流型只有在高质量流速的流动中才会出现，与带纤维的环状流很接近，只是在气芯中液体弥散相的浓度足以使小液滴连成串向上流动，犹如细束，具体见图 2.5（e）。

2. 垂直上升加热管道中的两相流型

两相流体在垂直上升加热管道中的流动型与混合物的产生方式有关。加热与不加热管道沿管道截面径向流体的温度分布不同，这两种情况下两相流体之间的热力平衡和流体动力平衡各不相同，因此两者的流型是有差别的。

当欠热水（或称冷水）在均匀加热的垂直管中向上流动时，两相流型分布如图 2.6 所示，水在加热管中的流型沿流向方向发生明显的分布规律，具体流型包括泡状流、弹状流、环状流和雾状流四种类型（孙立成等，2014）。

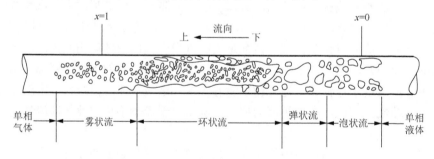

图 2.6　垂直上升加热管道中的两相流型

（1）泡状流。进入管道的欠热水在向上流动过程中不断被加热，当接近饱和温度时，水的主流部分尚未达到饱和温度。由于存在着径向温度分布，当管壁温度超过饱和温度时，在壁面上会产生气泡，形成欠热沸腾现象。水继续向上流动，当主流达到相应压力下的饱和温度时，就会产生容积沸腾或称饱和沸腾，起初的含气量较少（$\beta<20\%$），只会形成小气泡，此时管内的气液两相流属于泡状流。

（2）弹状流。泡状流的气水混合物在向上流动的过程中继续被加热，含气量不断增加，小气泡合并成大气泡，占据管道中心部分，即呈弹状流动，形成弹状流状态。

（3）环状流。当两相继续向上流动，含气量进一步增加，大气泡连在一起形成一个气柱。仅仅在管壁四周有一层环状水膜流动，这种情况就是环状流。当中心的气流速度较高时，会从四周的水膜表面携出许多细小的水滴随气体一起流动，这种流动称为有携带的环状流。

（4）雾状流。在环状流动的大部分范围内，管壁热量通过水膜传递到气水交界面上，在该界面上水不断蒸发，这时壁面不再生成气泡，这种现象称为核化受到抑制。与之相应的换热方式称为两相强制对流换热。由于水膜不断蒸发以及携带的结果，使得沿着流动方向水膜越来越薄，最后壁面上的水膜完全消失，出现干涸现象。此时，水全部变为小水滴弥散在蒸汽中，这种情况称为雾状流。在这种情况下，壁面同蒸汽直接接触，换热大大恶化，壁面温度急剧上升，放热系数大幅度下降。在此区中未蒸发完的水滴受到加热继续蒸发，而此时蒸汽开始过热，这一区称为欠液区。最后蒸汽中的水滴全部蒸发，流动进入了气体单相流。

3. 垂直下降管道中的两相流型

在垂直管道中气液两相流一起向下流动时的流型如图 2.7 所示，这些流型是从空气-水混合物的实验中得出的，在气液两相做下降流动时的泡状流和上升流动时的泡状流不同，前者的气泡集中在管子核心部分，而后者则散布在整个管子截面上。

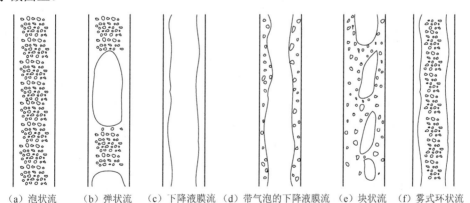

（a）泡状流　　（b）弹状流　　（c）下降液膜流　（d）带气泡的下降液膜流　（e）块状流　（f）雾式环状流

图 2.7　垂直下降管道中的两相流型

如果液相流量不变而使气相流量增大，则气泡将聚集成气弹，下降流动时的弹状流比上升流动时稳定。下降流动时的环状流有几种流型，在气相及液相流量小时，有一层液膜沿管壁下流，核心部分为气相，这称为下降液膜流；当液相流量增大，气相将进入液膜，这称为带气泡的下降液膜流；当气液两相流量都增大时，会出现块状流；在气相流量较高时，能发展为核心部分为雾状流动，壁面有液膜的雾式环状流（郝老迷等，2016）。

4. 水平不加热管道中的两相流型

由于水平管道中的流体受到垂直流动方向的重力作用，较重的液体相有聚集在底部的趋势，导致水平管道的流型较垂直管道中复杂。并且在小流速的情况下，水平管会出现气液分层流动，而在垂直管中这种现象是不存在的。图 2.8 为水平不加热管道中的两相流型，从图中可得出流型共 6 种。

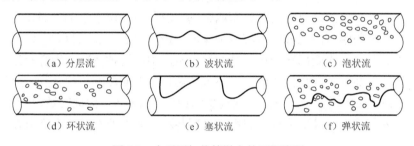

图 2.8　水平不加热管道中的两相流型

（1）分层流。较重的液相在管道下部流动，气相在管道上部流动，两相的分界面上大致为光滑的水平面，主要是由于重力作用而出现的极端情况，该类型的流型称为分层流，如图 2.8（a）所示。

（2）波状流。在分层流的基础上增加气速到足够高时，分层流中气液两相之间光滑清晰的分界面会出现波动，这些波动沿着气液分界面向前传播，形成类似于波浪的流动状态，气液两相流型发生转变，形成了波状流。这种流型状态见图 2.8（b），气液两相明显分开，但相界面为波状表面。

（3）泡状流。气泡弥散在液体介质中，气泡在管道上部有汇集的趋势，在速度较高的流动系统，气泡分布均匀，呈现出泡沫状，如图 2.8（c）所示。泡状流出现在相对较低的气速与相对较高的液速下，气体被高速流动的液体打散成小气泡，随机分散在连续液相中，且小气泡集中分布在管道中上部，在管道底部，鲜有气泡出现，流体的流动速度越低，气液两相的流动越趋向层流，两相混合均匀度越低，这种气泡在液相中分布的不均匀性、不对称性也就越高。

（4）环状流。液相以液膜的方式贴管壁流动，但液膜分布不均匀，靠底部较厚，管中心为气相，气核中夹杂着液滴。在液速比较高的情况下，在塞状流的基础上进一步增大气速，塞状流中的气塞体积会增大，直到前后两个气塞相连，形成了环状流，如图 2.8（d）所示。与分层流所不同的是，环状流中气相分布在管道的中心，而液相则是分布于管道壁面，且气相中还分散着小液滴。由于重力的影响，在环状流中，位于管道中部的气核还是偏向于管道上部，管道底部的液膜厚度也较管道顶部的液膜厚度大；当管子的壁面粗糙度比较大时，气核可能与管壁接触，以致液膜的连续性同时也被破坏。

（5）塞状流。管道上部存在塞子状或子弹形状的大气泡，随着含气率的增大，气泡顶部已经与管壁面接触，并与液体隔开串联排列，管内形成一段液体一段气体交替流动的结构，称为塞状流，如图 2.8（e）所示。当在泡状流的基础上进一步增大气速或减小液速，气泡的体积就会增大，气泡将会合并成塞状大气泡，此时的流型就被称为塞状流。塞状流中气塞的轴向长度比径向长度长，形状类似子弹，头部尖，尾部平。通常在前后两个气塞之间，还存在小气泡随机分布于管道中上部。

（6）弹状流。随着含气量进一步增大，管道上部基本为气相，其中夹杂有弥散的液滴，此时下部仅存少量液相，与气相的分界面呈不规则的波状表面，界面不与管顶部接触，液体中夹杂有大量小气泡，此时也被称作伪弹状流；如果在波动流的基础上进一步提高气相的速度，波状流中气液界面处的波浪状流动状态就会变得更加剧烈，波的振动幅度甚至增大到波峰已达到管道顶部之上，形成类似塞状流中气塞的气弹，此时的流型被称为弹状流，见图 2.8（f）。该流型与塞状流又是有本质区别的，塞状流中的气塞未与管道上部的管壁接触，在气塞与管壁之间还有液膜存在，而在弹状流中，气弹已与管道上部的管壁接触，两者之间不存在液膜。弹状流中的前后两个气弹之间也存在着小气泡，这一点是与塞状流相同的。

5. 水平加热管道中的两相流型

水平加热管道和垂直加热管道类似，也存在着径向速度分布而造成热力学不平衡和流体动力学不平衡。从水平流动受重力作用方面分析，它又与水平不加热流动相类似。由于受重力的影响，水平流动的相分布与垂直流动有显著不同，并产生周向分布不均匀和分层现象。

图 2.9 为出进口为欠热液体和低流速（<1m/s）下，在低热流密度均匀受热时两相水平流动流型，依次为单相流、泡状流、塞状流、弹状流、波状流和环状流。在波状流区域中通道上部壁面间断地出现干涸和湿润现象，而在环状流区域中通道上部壁面出现一段较长的干涸区。此时，不仅通道上部出现干涸，而且四周壁面都可以出现干涸。干涸处的壁温已达到莱顿弗罗斯特温度，从主流来的液滴不能再湿润壁面。当流速、热流密度以及含气率等条件改变时，可能会造成过程的不完全，即仅出现几种流型。当通道入口流速较高时，重力对相分布的影响变小，相分布趋于对称，这时的流型就接近垂直受热管道的情况了。

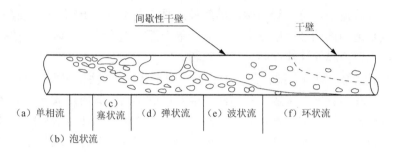

图 2.9　水平加热管道中的两相流型

2.2.2　两相流型图

在给定流动参量下，判断发生什么样的流相流型，常常使用流型图。所谓流型图就是在平面坐标系中，用两个限定参量或组合参量坐标，将不同的流动结构范围及其分界表示出来。

1. 水平管道流型图

1954 年，Baker 综合了空气-水两相流在常压下，直径 25～100mm 的水平管道内流动的数据得出经典流型图。图 2.10 是 1970 年 Bell 等对 Baker 图的修正流型图，图中横纵坐标分别为 $G_1\psi$ 和 $\dfrac{G_g}{\lambda}$，这里 $G_1 = J_1\rho_1 = G(1-x)$，$G_g = J_g\rho_g = Gx$，其中 $G_1 = m_1 / A$ 为液相折算质量流密度，$G_g = m_g / A$ 为气相折算质量流密度，G 为两相总质量流密度（孙立成等，2014）。

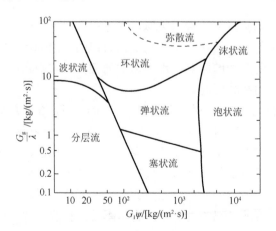

图 2.10　修正水平管道流型图（孙立成等，2014）

图 2.10 中 λ 和 ψ 为两个修正因子，以便适用于不同的流体和压力，λ 和 ψ 可

以用式（2.47）、式（2.48）和图 2.11 表示。

$$\lambda=\left[\left(\frac{\rho_g}{\rho_a}\right)\left(\frac{\rho_l}{\rho_w}\right)\right]^{0.5} \tag{2.47}$$

$$\psi=\left(\frac{\sigma_w}{\sigma_l}\right)\left[\left(\frac{\mu_l}{\mu_w}\right)\left(\frac{\rho_w}{\rho_l}\right)^2\right]^{\frac{1}{3}} \tag{2.48}$$

式中，ρ、σ 和 μ 分别表示密度、表面张力和动力黏度，加下标 g、l、a 和 w 后分别表示气体、液体、空气和水的物性（空气和水的物性是指在 0.1MPa 下 20℃时的物性，即 $\rho_a=1.206$ kg/m^3，$\rho_w=998.3$ kg/m^3，$\mu_w=0.001$ Pa·s，$\sigma_w=0.0727$ N/m）。对于 0.1MPa，20℃ 的空气-水流动而言，$\lambda=1$，$\psi=1$。

　　1974 年，Mandhane 对流型图进行了系统的研究，提出了一个新图，如图 2.12 所示，它是基于 5935 个实验数据点（其中包括 1178 个空气-水的数据）作出来的，以气相和液相的折算速度 J_g 和 J_l 为横纵坐标，表 2.2 为该流型图的适用范围（孙立成等，2014）。

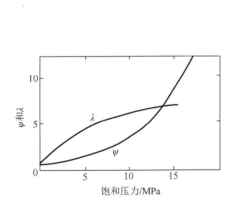

图 2.11　气-液两相流的 λ 和 ψ
（孙立成等，2014）

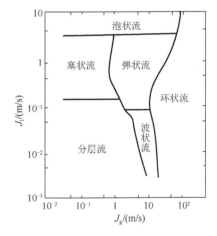

图 2.12　Mandhane 水平管道流型图
（孙立成等，2014）

表 2.2　Mandhane 水平管道流型图的适用范围（孙立成等，2014）

名称	数值	单位
管道内径	12.7～165.1	mm
液相密度	705～1009	kg/m^3
气相密度	0.8～50.5	kg/m^3

续表

名称	数值	单位
气相动力黏度	$10^{-5}\sim2.2\times10^{-5}$	Pa·s
液相动力黏度	$3.0\times10^{-4}\sim9\times10^{-2}$	Pa·s
表面张力	$24\times10^{-3}\sim103\times10^{-3}$	N/m
气相折算速度	$0.04\sim171$	m/s
液相折算速度	$0.09\sim731$	m/s

2. 垂直上升管道流型图

1969 年，Hewitt 在直径 10～30mm 垂直管中对 0.14～0.54MPa 压力下空气-水系统以及在高压（3.45～6.9MPa）下蒸汽-水系统的实验数据整理出来垂直流型，见图 2.13。图中以气相和液相的折算动量流密度 $\rho_{\mathrm{g}}J_{\mathrm{g}}^2$ 和 $\rho_{\mathrm{l}}J_{\mathrm{l}}^2$ 为横坐标。

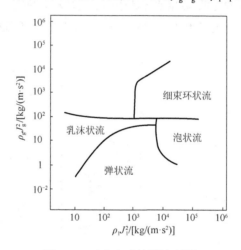

图 2.13　垂直上升管道流型图

折算动量流密度与两相总质量流密度 G_{x} 和含气率 α 的关系如式（2.49）和式（2.50）所示（孙立成等，2014）：

$$\rho_{\mathrm{l}}J_{\mathrm{l}}^2 = \left[G_{\mathrm{x}}(1-\alpha)\right]^2 / \rho_{\mathrm{l}} \tag{2.49}$$

$$\rho_{\mathrm{g}}J_{\mathrm{g}}^2 = \frac{(G_{\mathrm{x}}\alpha)^2}{\rho_{\mathrm{g}}} \tag{2.50}$$

这些通用流型图在很大程度上是定性的，只作为流型的粗略判断，由于影响流型因素太多，只用两组参量很难满足所有流动结构的区分。垂直上升管道流型图是在绝热系统中靠实验得到，关于有热交换的两相流型的判断，目前还没有足够的实验资料。作为一种初步估计，一般就用垂直上升管道流型图来判断有热交换系统的两相流型。由于有热交换系统的两相流存在着流体动力学和热力学的不平衡，如此处理产生误差较大。

3. 垂直下降管道流型图

图 2.14 表示垂直下降管道中下降流动的气液两相流型图，是以空气和多种液体混合物做实验得出的，实验管径为 25.4mm，实验压力为 0.17MPa（Oshinowo et al., 1974）。

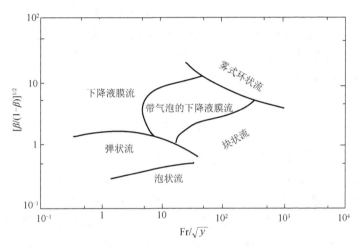

图 2.14　垂直下降管道流型图（Oshinowo et al., 1974）

图 2.14 以 $\mathrm{Fr}/\sqrt{y}$ 为横坐标，$\sqrt{\beta/(1-\beta)}$ 为纵坐标，Fr 可表示为

$$\mathrm{Fr} = \frac{\left(J_g + J_l\right)^2}{gD} \tag{2.51}$$

式中，g 为重力加速度（m/s^2）；D 为管道内径（m）；J_g 表示气相折算速度（m/s）；J_l 为液相折算速度（m/s）。

Y_l 为液相物性系数，按式（2.52）计算：

$$Y_l = \left(\frac{\mu_l}{\mu_w}\right)\left[\left(\frac{\rho_l}{\rho_w}\right)\left(\frac{\sigma_l}{\sigma_w}\right)^3\right]^{-\frac{1}{4}} \tag{2.52}$$

式中，μ_l 为液相动力黏度（Pa·s）；μ_w 为 20℃，0.1MPa 时水的动力黏度（Pa·s）；σ_l 为液相表面张力（N/m）；σ_w 为 20℃，0.1MPa 时水的表面张力（N/m）；ρ_l 为液相密度（kg/m^3）；ρ_w 为 20℃，0.1MPa 时水的密度（kg/m^3）。

2.2.3　流型之间的过渡

流型之间的过渡是确定流型的基础，严格地讲，不同流型之间的过渡不是突变的，而是比较模糊的一个过程。这方面的研究工作还不完善，有些定义还不严格。因此，有必要对流型的过渡有一个基本的了解，以弥补流型图的不足。

1. 泡状流–弹状流过渡

这一转变是由于气泡的聚结引起的，气泡的碰撞聚结过程引起气泡的长大，并最终使气泡状流过渡到弹状流。因此，确定这种过渡的关键是气泡碰撞聚结的频率。气泡的碰撞频率 f 是气泡直径和截面含气率的函数，它们之间的关系为（Oshinowo et al., 1974）

$$f \propto \frac{\bar{c}}{d_{\mathrm{B}}\left[\left(0.74/\alpha\right)^{\frac{1}{3}}-1\right]^{5}} \tag{2.53}$$

式中，$\bar{c}$ 为气泡平均相对速度；d_{B} 表示气泡平均直径。

气泡碰撞的频率主要取决于气泡的数量，还与过渡时间和其他一些因素有关。这个过程是比较难确定的，初步的实验结论是 $\alpha > 0.3$ 时，基本上过渡到了弹状流。随着压力升高，泡状流动范围扩大，而弹状流范围缩小。高压下由于表面张力减小，就不存在弹状流了，当压力为 3MPa 时，典型的弹状流几乎不存在，而在 α 较大时仍为泡状流。当压力达到 10MPa 时，弹状流完全消失，泡状流直接过渡为环状流。

2. 分层流–弹状流过渡

当气水混合物的速度很低时，由于重力分离作用，将产生分层流动。随着气相速度的提高，则分层界面出现波浪和撕碎的现象，速度继续增高则转入弹状流。为了消除分层流动，所需的蒸汽速度称为界限蒸汽速度。

根据实验数据，界限蒸汽速度的计算公式为

$$W_{\mathrm{j}}'' = 0.38 \frac{d^{0.5}}{\sqrt[4]{\dfrac{\sigma_{\mathrm{l}}}{\left(\rho_{\mathrm{l}}-\rho_{\mathrm{g}}\right)}}}\left(\frac{\rho_{\mathrm{l}}}{\rho_{\mathrm{g}}}\right)^{0.5}\left(\frac{x}{1-x}\right)^{0.75} \tag{2.54}$$

式中，W_{j}'' 为界限蒸汽速度（m/s）；σ_{l} 为液相表面张力（N/m）；d 表示气泡直径（m）。

Wallis 等（1973）认为，流型从分层流到弹状流的转变是由于液体表面形成了一些波，而这些波随液体流量的增加而加大，直到冲击到水平通道的顶部。他们认为弹状流是由于有助于产生波的气相惯性力超过有助于波消失的静压力。他

们定义了无因次速度 j_g^* 来表征这一效应。根据试验数据给出了弹状流起始的条件为

$$j_g^* = \frac{1}{2}\alpha^{\frac{3}{2}} \qquad (2.55)$$

3. 弹状流-乳沫状流过渡

这个过渡可以与淹没过程建立联系，在淹没多对应的流动工况下，上升的气流破坏了液膜，使平稳的气液交界面遭到破坏，从而破坏了稳定的弹状流型。因此，Nicklin 等（1962）认为可用淹没的表达式说明这一过渡。考虑一个如图 2.15 所示的弹状流气泡，它流过管子的横截面 A-A。这里气体的流速 W'' 必须与弹状流曝气速度 W_b 相等，而且在任一截面上，总的容积流量为两个相的容积流量之和（$V'' + V'$）。通过横截面 A-A 的气泡容积流量 V_{AA}'' 为 $W_b\alpha_{AA}A$，其中 α_{AA} 是 A-A 截面上气相占据的横截面积份额。通过 A-A 截面的液体流量为

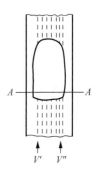

图 2.15　弹状流

$$V_{AA}' = (V'' + V'') - W_b\alpha_{AA}A \qquad (2.56)$$

若各相的流量及弹状流的曝气速度都已知，且 α_{AA} 也已知，则 V_{AA}'' 和 V_{AA}' 值就可以确定。当 V'' 与 V' 满足淹没条件时，弹状流分裂成乳沫状流。

4. 乳沫状流-环状流过渡

乳沫状流向环状流的过渡可以用流向反转（flow revesal）来表示，流向反转只与气相的流量有关，而与液相的流量无关。因为环状流动型是液相在壁面气相的中心，且两者同时向上流动，当 j_g^* 大于流向反转所对应的值时，就会形成两相在同一方向的环状流动，否则形成不了气携带水同时向上的流动条件，就达不到环状流，所以用流向反转来表示乳沫状流的过渡是比较恰当的。

5. 环状流-细束环状流过渡

这个过渡不太容易分辨，Wallis 等（1973）经过实验提出了一个近似表达式：

$$J_g = \left(7 + 0.06\frac{\rho_l}{\rho_g}\right)J_l \qquad (2.57)$$

式中，J_g 表示气相折算速度；J_l 表示液相折算速度。当满足这个公式时，就是这个过渡的开始。

有关流型之间过渡的问题，目前的研究工作还不完善，有些界限还没有真正弄清，因此各研究者提出的判别方法也不相同。接下来介绍通过关系式和流型图

确定流型及流型过渡的方法。

Weisman 在 1979 年和 1981 年利用较广泛的试验数据，提出了两幅适用于水平和垂直上升管道的通用流型图，如图 2.16 所示。由于从一种流型转变为另一种流型要有一个演变过程，故在流型图上不用线条来表示分界线，而是用一个条带来表示不同流型的过渡区。这种观点被一些研究者所认同，在有些文献中被引用。

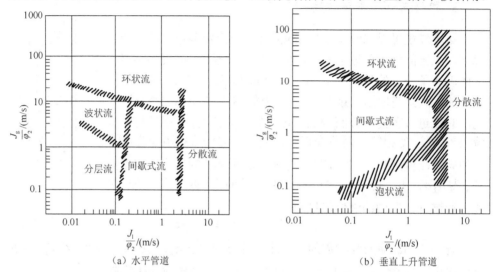

图 2.16　水平和垂直上升管道流型图（Weisman，1980，1979）

图 2.16 中以标准状态下空气-水混合物流过内径 D 为 25.4mm 的管道作为基准，然后用参数 φ_1 和 φ_2 对不同工质和管径进行修正，φ_1 和 φ_2 的计算式列在表 2.3 中（孙立成等，2014；Oshinowo et al.，1974）。

表 2.3　流型图的修正系数

流向	流型分界	φ_1	φ_2
水平管道，垂直上升管道和倾斜管道	过渡到分散流	1	$\left(\dfrac{\rho_1}{\rho_{1,s}}\right)^{-0.33}\left(\dfrac{D}{D_s}\right)^{0.16}$ $\left(\dfrac{\mu_{1,s}}{\mu_1}\right)^{0.09}\left(\dfrac{\sigma}{\sigma_s}\right)^{0.24}$
	过渡到环状流	$\left(\dfrac{\rho_{g,s}}{\rho_g}\right)^{0.23}\left(\dfrac{\Delta\rho}{\Delta\rho_s}\right)^{0.11}$ $\left(\dfrac{\sigma}{\sigma_s}\right)^{0.11}\left(\dfrac{D}{D_s}\right)^{0.415}$	1
水平管道	间歇式流与分层流的分界	1	$\left(\dfrac{D}{D_s}\right)^{0.45}$

续表

流向	流型分界	φ_1	φ_2
水平管道	波状流与光滑分层流的分界	$\left(\dfrac{D}{D_s}\right)^{0.17}\left(\dfrac{\mu_g}{\mu_{g,s}}\right)^{1.55}\left(\dfrac{\rho_{g,s}}{\rho_g}\right)^{1.55}$ $\left(\dfrac{\Delta\rho}{\Delta\rho_s}\right)^{0.69}\left(\dfrac{\sigma_s}{\sigma}\right)^{0.69}$	1
垂直上升管道和倾斜管道	泡状流与间歇式流分界	$\left(\dfrac{D}{D_s}\right)^{n}(1-0.65\cos\theta)$, $n=0.26e^{-0.17(J_l/J_{l,s})}$	1

注：$\mu_{l,s}$ 表示标准状态下液相的动力黏滞系数；$\rho_{g,s}$ 表示标准状态下气相的密度；$\mu_{g,s}$ 表示标准状态下气相的动力黏滞系数。

表 2.3 中参数的下标 s 表示标准状态，各量在标准状态下的数值：管道内径的 D_s=25.4 mm，动力黏滞系数 $\mu'_{l,s}=0.001\,(\text{N}\cdot\text{s})/\text{m}^2$，气体密度 $\rho_{g,s}=1.3\,\text{kg/m}^3$，水的密度 $\rho_w=1000\,\text{kg/m}^3$，表面张力系数 $\sigma_s=0.07\,\text{N/m}$，液面折算速度 $J_{l,s}=0.305\,\text{m/s}$。该方法不但能确定水平管道及垂直上升管道的流型，还可以确定倾斜管道的流型，在这一点上与其他方法不同。

2.3　两相流动的参数

气液两相流动中的两相介质都是流体，各自有各自的流动参数，由于两相分布和两相之间的作用相互制约，还会有相互关联的参数。另外，为了便于两相流动的计算和实验数据的处理，还常常引用一些折算参数（或称虚拟参数、表观参数）。在单相流体流动时，描述一种流动的最基本参数为速度、质量、流量和体积流量等，而在气液两相流体的流动中，除这些参数外，各项的质量分数、体积分数以及折算速度等也是重要参数。例如，与单相湍流流动一样，两相流具有随机性的波动特性，必须引进平均运算，即空间平均或时间平均。

2.3.1　空间与时间平均运算

1. 瞬时空间平均算法

瞬时场变量可以在一线段（$n=1$），一个面积（$n=2$）或一个体积（$n=3$）上加以平均。在给定的时刻 t，n 维域 D_n 可以分成两个保持每相的子域 D_{kn}（$k=1,2$），即 $D_n=D_{1n}+D_{2n}$。因此，便有两种不同的瞬时空间平均运算（郝老迷等，2016）：

$$《\quad》_n = \frac{1}{D_n}\int_{D_n}\mathrm{d}D_n \tag{2.58}$$

$$《\quad》_n = \frac{1}{D_{kn}}\int_{D_{kn}}\mathrm{d}D_n \tag{2.59}$$

（1）瞬时空间份额 R_{kn} 定义为相密度函数 X_k（r，t）在 D_n 域上的平均值：

$$R_{kn} = 《 X_k 》_n = \frac{1}{D_n} \int_{D_n} X_k(r,t) \mathrm{d}D_n = \frac{D_{kn}}{D_n} \tag{2.60}$$

该定义可以直接得到如下有用的瞬时空间份额。

在线段 L 上：

$$R_{k1} = \frac{L_k}{\sum\limits_{k=1}^{2} L_k} \tag{2.61}$$

在面积 A 上：

$$R_{k2} = \frac{A_k}{\sum\limits_{k=1}^{2} A_k} \tag{2.62}$$

在体积 V 上：

$$R_{k3} = \frac{V_k}{\sum\limits_{k=1}^{2} V_k} \tag{2.63}$$

式中，L_k、A_k 和 V_k 分别为相 k 占据线段 L、面积 A 和体积 V 的积累长度、面积和体积。

（2）通过管道横截面积 A 的瞬时体积流量 Q_k 定义为

$$Q_k = \int_{A_k} u_k \mathrm{d}A = AR_{k2}[u_k]_2 \tag{2.64}$$

（3）通过管横截面积 A 的瞬时质量流量 m_k 定义为

$$m_k = \int_{A_k} \rho_k u_k \mathrm{d}A = AR_{k2}[\rho_k u_k]_2 \tag{2.65}$$

式中，ρ_k 为相 k 的局部瞬时密度（kg/m³）。

2. 局部的时间平均运算

局部场变量可以在一个时间间隔[$t-T/2, t+T/2$]上加以平均。例如，单相湍流一样，时间间隔 T 的大小必须选择得比波动时间尺度足够大（以便能得到统计平均值），比整个流动时间尺度足够小。考虑两相流中任给定点 r，相 k 间歇地通过该点，那么与相 k 有关的场变量 $f_k(r,t)$ 则是一个分段连续的函数。用 $T_k(r,t)$ 表示在间隔 T 内相 k 存留的积累时间，可以定义如下两种不同的局部时间平均算法：

$$\overline{f_k} = \frac{1}{T} \int_{[T]} f_k \mathrm{d}t \tag{2.66}$$

$$\overline{f_k}^x = \frac{1}{T_k} \int_{[T_k]} f_k \mathrm{d}t \tag{2.67}$$

局部时间份额 α_k 定义为相密度函数 $X_k(r,t)$：

$$\alpha_k(r,t) = \overline{X_k(r,t)} = \frac{1}{T}\int_{[T]}X_k(r,t)\mathrm{d}t = \frac{T_k(r,t)}{T} \tag{2.68}$$

3. 平均运算的基本关系

由式（2.67），对场变量 $f_k(z,t)$ 有

$$\overline{f_k}^x = \frac{1}{T_k}\int_{[T_k]}f_k\mathrm{d}t = \frac{\dfrac{1}{T}\displaystyle\int_{[T]}X_kf_k\mathrm{d}t}{\dfrac{1}{T}\displaystyle\int_{[T]}X_k\mathrm{d}t} = \frac{\overline{X_kf_k}}{\overline{X_k}} \tag{2.69}$$

由式（2.68）和式（2.69）可以得

$$\lang\!\langle \alpha_k\overline{f_k}^x \rangle\!\rangle_n = \lang\!\langle \overline{X_k}\,\overline{f_k}^x \rangle\!\rangle_n = \lang\!\langle \overline{X_kf_k} \rangle\!\rangle_n = \frac{1}{D_n}\int_{[T]}\left(\frac{1}{T}\int_{[T]}X_kf_k\mathrm{d}t\right)\mathrm{d}D_n \tag{2.70}$$

改变式（2.70）的积分次序可得

$$\frac{1}{D_n}\int_{D_n}\left(\frac{1}{T}\int_{[T]}X_kf_k\mathrm{d}t\right)\mathrm{d}D_n = \frac{1}{T}\int_{[T]}\left(\frac{1}{D_n}\int_{D_k}X_kf_k\mathrm{d}D_n\right)\mathrm{d}t$$

$$= \frac{1}{T}\int_{[T]}\left(\frac{1}{D_n}\int_{D_{kn}}f_k\mathrm{d}D_k\right)\mathrm{d}t \tag{2.71}$$

$$= \frac{1}{T}\int_{[T]}\frac{D_{kn}}{D_n}[f_k]_n\mathrm{d}t = \overline{R_{kn}[f_k]_n}$$

因此，

$$\lang\!\langle \alpha_k\overline{f_k}^x \rangle\!\rangle_n = \overline{R_{kn}[f_k]_n} \tag{2.72}$$

当 $f_k=1$ 时，式（2.72）成为

$$\lang\!\langle \alpha_k \rangle\!\rangle_n = \overline{R_{kn}} \tag{2.73}$$

局部时间份额 α_k 的空间平均值等于瞬时空间份额 R_{kn} 的时间平均值。当 $n=2$ 时（即面积平均），则有 $\lang\!\langle \alpha_k \rangle\!\rangle_2 = \overline{R_{k2}}$。

由式（2.72）可以得到时间平均体积流量和时间平均质量流量的表达式

$$\overline{Q_k} = A\overline{R_{k2}\langle u_k\rangle_2} = A\langle\!\langle \alpha_k\overline{u_k}^x \rangle\!\rangle_2 \tag{2.74}$$

$$\overline{m_k} = A\overline{R_{k2}\langle \rho_ku_k\rangle_2} = A\langle\!\langle \alpha_k\overline{\rho_ku_k}^x \rangle\!\rangle_2 \tag{2.75}$$

2.3.2　含气率与含液率

含气（液）率是该气（液）相占混合相的百分比，主要包含质量含气率与质量含液率、体积含气率与体积含液率、截面含气率与截面含液率，是气液两相流的重要参数之一。

1. 质量含气率与质量含液率

质量含气率是指流过某一通流截面的气液两相总质量流量 m 中气相质量流量 $m_g (m_g = A_g \rho_g u_g)$ 所占的份额，用式（2.76）表达：

$$x = \frac{m_g}{m} = \frac{m_g}{m_g + m_1} \tag{2.76}$$

式中，$m_1 (m_1 = A_1 \rho_1 u_1)$ 为液相质量流量（kg/s）。

质量含液率 x_1 表示气相质量流量 m_1 所占两相质量流量 m 的份额之比：

$$x_1 = 1 - x = \frac{m_1}{m} = \frac{m_1}{m_g + m_1} \tag{2.77}$$

式中，A_g 和 A_1 分别为气相和液相所占的横截面积（m^2）；ρ_g 和 ρ_1 分别为气相和液相的密度（kg/m^3）；u_g 和 u_1 分别为气相和液相的真实相平均速度（m/s）。

2. 体积含气率与体积含液率

体积含气率是指流过某一截面的气液两相流总体积流量 Q 中，气相体积流量 $Q_g (Q_g = A_g u_g)$ 所占的份额，用式（2.78）表达：

$$\beta = \frac{Q_g}{Q} = \frac{Q_g}{Q_g + Q_1} = \frac{x}{x + (1-x)\rho_g / \rho_1} \tag{2.78}$$

液相体积流量和两相体积流量之比为体积含液率，即 $(1-\beta)$ 表示。

体积含液率：

$$1 - \beta = \frac{Q_1}{Q} = \frac{Q_1}{Q_g + Q_1} = \frac{(1-x)\rho_g / \rho_1}{x + (1-x)\rho_g / \rho_1} \tag{2.79}$$

3. 截面含气率与截面含液率

气液两相流截面相含率主要分为截面含气率和截面含液率。截面含气率也称真实含气率，又称空泡份额，是指在两相流动的过流断面中，气相面积过流断面总面积的份额，是气液两相流动的基本参数之一，在两相流的研究中处于重要的地位。它对于两相流动压降计算是必须预先求得的参数，同时也和沸腾传热有很大关系。由于截面含气率与两相之间的相对速度有直接关系，具有热力不平衡特点，很难用连续方程和热力学平衡方程来计算，这使得截面含气率的计算变得很复杂。

在气液两相流作一元流动的管道中，若管道流通截面积为 A，气相及液相所占截面积分别为 A_g 和 A_1，则气相所占截面积和总流通截面积之比为截面含气率，用 α 表示。液相所占截面积和总流通截面积之比为截面含液率，用 $(1-\alpha)$ 表示，即

$$\alpha = \frac{A_g}{A} = \frac{A_g}{A_1 + A_g} \tag{2.80}$$

$$1 - \alpha = \frac{A_1}{A} = \frac{A_1}{A_1 + A_g} \tag{2.81}$$

由式（2.81）和式（2.73）可以得

$$\alpha = \overline{R_{g2}} = \langle\!\langle \alpha_g \rangle\!\rangle_2 \tag{2.82}$$

考虑一段等截面积 A 的微小管段 ΔL，其两相总体积为 ΔV，气相的体积为 ΔV_g，由式（2.80）可得

$$\alpha = \frac{A_g}{A} = \frac{A_g \Delta L}{A \Delta L} = \frac{\Delta V_g}{\Delta V} \tag{2.83}$$

由式（2.83）可见，α 也表示存在于 ΔL 通道总体积中气相所占的体积份额。与此对照，β 则表示流过通道截面的气相体积份额。当气相流速 u_g 和液相流速 u_1 不相等时，流过通道的气相体积份额 β 一般也不等于存在于通道的气相体积份额 α，这一点可以从 α 和 β 的定义直接推导出：

$$\beta = \frac{Q_g}{Q_g + Q_1} = \frac{\dfrac{m_g}{m}}{\dfrac{m_g}{\rho_g} + \dfrac{m_1}{\rho_1}} = \frac{1}{1 + \dfrac{m_1}{m_g} \cdot \dfrac{\rho_g}{\rho_1}} = \frac{1}{1 + \dfrac{1-x}{x} \cdot \dfrac{\rho_g}{\rho_1}} \tag{2.84}$$

$$\alpha = \frac{A_g}{A_g + A_1} = \frac{1}{1 + \dfrac{A_1}{A_g}} = \frac{1}{1 + \dfrac{\dfrac{m_1}{\rho_1 u_1}}{\dfrac{m_g}{\rho_g u_g}}} = \frac{1}{1 + \dfrac{1-x}{x} \cdot \dfrac{\rho_g}{\rho_1} \cdot \dfrac{u_g}{u_1}} \tag{2.85}$$

比较式（2.84）和式（2.85）可以看出，当气液两相之间无相对运动（无滑移）时，即当 $u_g = u_1$ 时，则 $\alpha = \beta$。在垂直上升得气液两相流动中，一般若 $u_g > u_1$，则 $\alpha < \beta$，在气液两相共同下降的流动中，一般若 $u_g < u_1$，则 $\alpha > \beta$。

气相两相之间的相对运动的大小用滑速比 S 表示，即 $S = \dfrac{u_g}{u_1}$。滑速比 S 的引入，使式（2.85）成为

$$\alpha = \frac{1}{1 + \dfrac{1-x}{x} \cdot \dfrac{\rho_g}{\rho_1} \cdot S} \tag{2.86}$$

α 与 β 之间的关系不难导出：

$$\alpha = \frac{1}{1 + \dfrac{1 - \beta}{\beta} \cdot S} \text{ 或 } \beta = \frac{1}{1 + \dfrac{1 - \alpha}{\alpha} \cdot \dfrac{1}{S}} \qquad (2.87)$$

由于式（2.85）和式（2.86）都包含滑速比 S，而影响 S 的因素多而复杂。例如，S 与系统的压力、含气率、流速、流动方向、流型和热流密度等有关，故若已知 x 或 β 来求得 α 是比较困难的。

2.3.3　两相运动速度

1. 真实速度

气相的真实速度（陈家琅等，2010；阎昌琪，2010）为

$$u_{g} = \frac{Q_{g}}{A_{g}} = \frac{m_{g}}{\rho_{g} A_{g}} \qquad (2.88)$$

液相的真实速度为

$$u_{l} = \frac{Q_{l}}{A_{l}} = \frac{m_{l}}{\rho_{l} A_{l}} \qquad (2.89)$$

2. 折算速度

折算速度又叫表观速度，它的意义是假定两相流中某一相介质单独流过通道截面积 A 时的速度。

气相折算速度：

$$J_{g} = \frac{Q_{g}}{A} = \frac{m_{g}}{\rho_{g} A} = \frac{m_{g} A_{g}}{\rho_{g} A A_{g}} = \frac{m_{g}}{\rho_{g} A_{g}} \cdot \frac{A_{g}}{A} = u_{g} \alpha \qquad (2.90)$$

液相折算速度：

$$J_{l} = \frac{Q_{l}}{A} = \frac{m_{l}}{\rho_{l} A} = \frac{m_{l} A_{l}}{\rho_{l} A A_{l}} = \frac{m_{l}}{\rho_{l} A_{l}} \cdot \frac{A_{l}}{A} = u_{l}(1 - \alpha) \qquad (2.91)$$

因为 α 一般小于 1，所以折算速度 J_{g} 和 J_{l} 一般小于真实速度 u_{g} 和 u_{l}。在两相流实验数据处理中，常通过计算折算速度的方法来获得真实速度。

3. 两相混合物速度

两相混合物速度又叫流量速度，它是指两相流总体积流量 Q 与通道截面积 A 之比，即

$$J = \frac{Q}{A} = \frac{Q_{g} + Q_{l}}{A} = J_{g} + J_{l} \qquad (2.92)$$

折算速度和流量速度都是假想的速度，是为了两相流计算和处理数据方便而提出来的。

4. 循环速度

循环速度 J_0 是指与两相混合物总质量流量 m 相等的液相介质流过该通道截面积 A 时的速度，即

$$J_0 = \frac{m}{\rho_1 A} = \frac{m_g + m_1}{\rho_1 A} = \frac{\dfrac{m_g}{\rho_1} + \dfrac{m_1}{\rho_1}}{A} = \frac{\rho_g}{\rho_1} \cdot J_g + J_1 \tag{2.93}$$

J 和 J_0 的关系为

$$J = J_g + J_1 = J_g + J_0 - \frac{\rho_g}{\rho_1} J_g = J_0 + \left(1 - \frac{\rho_g}{\rho_1}\right) J_g \tag{2.94}$$

即

$$J = J_0 \left[1 + x \left(\frac{\rho_1}{\rho_g} - 1 \right) \right] \tag{2.95}$$

2.3.4　两相介质密度

1. 相密度函数

在给定点 r（位置向量）和给定时刻 t，相 $k(k=1,2)$ 的存在（出现）或不存在（不出现）用一个相密度函数 $X_k(r,t)$ 等于 1 或 0 表征，即

$$X_k(r,t) = \begin{cases} 1, & \text{假如点}r\text{保持相}k \\ 0, & \text{假如点}r\text{不保持相}k \end{cases} \tag{2.96}$$

2. 流动密度

流动密度是指单位时间内流过断面的两相混合物的质量 G 与流量 Q 之比（王经，2012），即

$$\rho'' = \frac{G}{Q} \tag{2.97}$$

式中，ρ'' 为流动密度（kg/m^3）。

两相混合物的流动密度反映两相介质在流动时的密度，因此与两相介质的流动有关。该参数常用于计算两相混合物在管道中的沿程阻力损失和局部阻力损失。

两相混合物的流动密度 ρ'' 与两相密度 ρ_g、ρ_1 以及体积含气率 β 之间有以下关系：

$$\rho'' = \frac{G}{Q} = \frac{G_g + G_1}{Q} = \frac{\rho_g Q_g + \rho_1 Q_1}{Q} = \frac{Q_g}{Q} \rho_g + \frac{Q_1}{Q} \rho_1 = \beta \rho_g + (1 - \beta) \rho_1 \tag{2.98}$$

3. 真实密度

设在管道某过流断面上取长度为 ΔL 的微小流道，则此微小流道过流断面上两相混合物的真实密度应为微小流道中两相介质的质量体积之比，即

$$\rho = \frac{\rho_g \alpha A \Delta L + \rho_1 (1-\alpha) A \Delta L}{A \Delta L} = \alpha \rho_g + (1-\alpha) \rho_1 \tag{2.99}$$

当两相介质流动的实际速度相等时，即 $v_g = v_1 = v$，则两相混合物的真实密度与流动密度相等。其证明如下：

先分析滑速：

$$\frac{v_g}{v_1} = \frac{G_g / A_g \rho_g}{G_1 / A_1 \rho_1} = \frac{G_g / A_g \rho_g A G}{G_1 / A_1 \rho_1 A G} = \frac{G_g / G}{G_1 / G} \cdot \frac{\rho_1}{\rho_g} \cdot \frac{A_1 / A}{A_g / A} = \frac{x}{1-x} \cdot \frac{\rho_1}{\rho_g} \cdot \frac{1-\alpha}{\alpha} \tag{2.100}$$

当 $v_g = v_1$ 时，由式（2.100）可知

$$\alpha = \frac{\dfrac{x}{1-x} \dfrac{\rho_1}{\rho_g}}{1 + \dfrac{x}{1-x} \dfrac{\rho_1}{\rho_g}} = \frac{x}{(1-x)\dfrac{\rho_g}{\rho_1} + x} = \frac{x}{\dfrac{\rho_g}{\rho_1} + x\left(1 - \dfrac{\rho_g}{\rho_1}\right)} \tag{2.101}$$

由式（2.98）和式（2.99）可知

$$\rho'' = \rho \tag{2.102}$$

当 $v_g > v_1$ 时，$\alpha < \beta$，则 $\rho'' < \rho$。

截面含气率（真实含气率）α 与体积含气率 β 的含义是不同的。由于气相介质的密度 ρ_g 比液相介质的密度小，因此 α 越大时，则存在于管道中的两相混合物越轻，真实密度 ρ 越小；反之，α 越小，真实密度 ρ 越大。

4. 平均密度

气液两相流体分开流动时的平均密度 ρ_m 可表示为

$$\rho_m = \rho_g \alpha + \rho_1 (1-\alpha) \tag{2.103}$$

气液两相流体均匀混合流动时的平均密度 ρ_m 可表示为

$$\rho_m = W / Q = \rho_g \beta + \rho_1 (1-\beta) \tag{2.104}$$

2.3.5 其他两相流参数

1. 流量

单位时间内流过通道总流通截面积的两相流体的流量，采用不同的单位制可分别用体积流量或质量流量表示，气液两相流流量包括质量流量 W 和体积流量 Q。

（1）质量流量。每秒流过管道流通截面积的气液两相流体质量称为质量流量，用 W 表示。每秒流过管道的气相质量及液相质量分别称为气相质量流量及液相质量流量，分别用 W_g 和 W_l 表示。并有

$$W = W_g + W_l \tag{2.105}$$

（2）体积流量。每秒流过管道流通截面积的两相流体体积称为体积流量，用 Q 表示。每秒流过管道的气相体积及液相体积分别称为气相体积流量及液相体积流量，分别用 Q_g 和 Q_l 表示。并有

$$Q = Q_g + Q_l \tag{2.106}$$

Q_g 和 Q_l 可分别表示为

$$Q_g = W_g / \rho_g \tag{2.107}$$

$$Q_l = W_l / \rho_l \tag{2.108}$$

式中，W_g 为每秒流过管道的气相质量（kg）；W_l 为每秒流过管道的液相质量（kg）；ρ_g 为气相密度（kg/m^3）；ρ_l 为液相密度（kg/m^3）。

2. 滑差和滑速

一般情况下，在气液两相流动中气相实际速度和液相实际速度是不相等，两者的差值称为滑差或滑脱速度，即

$$\Delta v = v_g - v_l \tag{2.109}$$

式中，Δv 为滑差或滑脱速度（m/s）。

气液两相实际速度与液相实际速度的比值称为滑速，即

$$S = \frac{v_g}{v_l} \tag{2.110}$$

3. 质量流密度

质量流密度 G_x 是指单位时间内流过单位通道截面积的两相介质的总质量，即

$$G_x = \frac{m}{A} = \rho_0 J = \rho_g J_g + \rho_l J_l \tag{2.111}$$

$$G_g = \frac{m_g}{A} = \rho_g J_g \tag{2.112}$$

$$G_l = \frac{m_l}{A} = \rho_l J_l \tag{2.113}$$

$$G_x = G_g + G_l \tag{2.114}$$

参 考 文 献

陈家琅, 陈涛平, 2010. 石油气液两相管流[M]. 2 版. 北京: 石油工业出版社.

费祥麟, 1989. 高等流体力学[M]. 西安: 西安交通大学出版社.

郝老迷, 胡古, 郭春秋, 2016. 沸腾传热和气液两相流动[M]. 哈尔滨: 哈尔滨工程大学出版社.

孙立成, 王建军, 2014. 气液两相流动和沸腾传热[M]. 北京: 国防工业出版社.

王经, 2012. 气液两相流动态特性的研究[M]. 上海: 上海交通大学出版社.

阎昌琪, 2010. 气液两相流[M]. 2 版. 哈尔滨: 哈尔滨工程大学出版社.

NICKLIN D J, WILKES J O, DAVIDSON J F, 1962. Two-phase flow in vertical tubes[J]. Transaction of institution of chemical engineers, 40(1): 61-68.

OSHINOWO T, CHARLES M E, 1974. Vertical two-phase flow part Ⅰ. Flow pattern correlation[J]. The Canadian journal of chemical engineering, 52(1): 25-35.

WALLIS G B, DODSON J E, 1973. The onset of slugging in horizontal stratified air-water flow[J]. International journal of multiphase flow, 1 (1) :173-193.

WEISMAN J, DUNCAN D GIBSON J, et al., 1979. Effects of fluid properties and pipe diameter on two-phase flow patterns in horizontal lines[J]. International journal of multiphase flow, 5(6): 437-462.

WEISMAN J, KANG S Y, 1981. Flow pattern transition for gas-liquid flow in vertical and upwardly inclined lines[J]. International journal of multiphase flow, 7(3):271-291.

第3章 气液两相流流场测量方法

近年来，两相流流场测量技术有了长足的进展，一方面直接推动了多相流理论的发展，另一方面也满足了工程实际的需要。由于反应器内部存在着复杂的多相流运动，流场十分复杂，选择准确有效的气液两相流测试技术，对气液两相流的理论研究具有重大意义。根据测量仪器对流场的干扰程度，两相流测量技术通常分为接触式测量和非接触式测量。接触式测量法是最早出现的气液两相流测试方法，其测试器材会与流场发生接触，一般用于高强度湍流系统，其优势在于可以方便快捷的测试目标流场的局部特征参数，但由于接触式测量技术在测量过程中探头需要侵入流场内，故不可避免的会对气液两相流流场产生干扰，并导致气泡的变形、拉伸、破碎及速度改变等。而非接触式测量法的测试器材不与流场接触，故对流场没有干扰，主要的测量技术包括激光多普勒（laser Doppler velocimetry，LDV）技术、超声多普勒（ultrasonic Doppler velocimetry，UDV）技术、核磁共振测量（nuclear magnetic resonance，NMR）技术、过程层析成像（process tomography，PT）技术、粒子图像测速（PIV）技术、粒子追踪测速（PTV）技术和压力传感器及射线法等。针对曝气池中气液流动的基本特性，非接触式测量方法较为适合深入探究气液两相流动的运动特性。本章主要介绍激光多普勒技术、核磁共振测量技术、过程层析成像技术、粒子图像测速技术和粒子追踪测速技术五种测量技术的基本原理及应用，为气液两相流动的研究提供基础理论指导。

3.1 激光多普勒技术

多普勒测速技术分为激光多普勒技术和超声多普勒技术，目前较常用的为激光多普勒技术。激光多普勒技术是利用激光多普勒效应来测量流体或固体运动速度的一种仪器（沈熊，2004）。由于该技术大多用在流动测量方面，因此国外习惯称它为激光多普勒风速仪，也有称激光测速仪或激光流速仪（laser velocimetry，LV）。激光测速仪是利用运动微粒散射光的多普勒频移来获得速度信息的，由于流体分子的散射光很弱，为了得到足够的光强，必须在流体中散播适当尺寸和浓度的微粒作为示踪粒子。因此，它实际上测得的是微粒的运动速度，同流体的速度并不完全一样。大多数的自然微粒（如空气中的尘埃、自来水中的悬浮粒子）在流体中一般都能较好地跟随流动，如果需要人工播粒，那么微米数量级的粒子也是可以兼顾到流动跟随性和 LDV 测量要求的。

3.1.1 激光多普勒测速的原理

1. LDV 设备组成

一台激光测速仪通常由五部分组成。

（1）激光器。一种单色相干光源，为了满足长时间测量的要求，一般都采用连续气体激光器，如小功率的氦-氖（He-Ne）激光器（功率几毫瓦至几十毫瓦）和大功率的氩（Ar）离子激光器（功率一瓦至十几瓦）。

（2）入射光学单元。将激光束按照一定的要求分成多束互相平行的照射光束，通过聚焦透镜会聚到测量点。图 3.1 表示由两束入射光组成的典型的一维双光束单元。只要确定两束入射光交角 θ_0，就能由多普勒频移频率 f_d 确定光束平面内垂直于交角平分线方向的速度 U_y，它们之间有如下线性关系式：

$$f_{\mathrm{d}} = \frac{2\sin\theta_0}{\lambda_1} U_y \tag{3.1}$$

式中，λ_1 为激光波长（nm）。

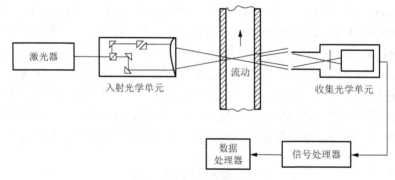

图 3.1　典型激光测速系统

（3）接收或收集光学单元。收集运动微粒通过测量体时向四周发出的散射光，再经过光学外差和光电转换过程得到具有多普勒频移频率的光电流信号。

（4）多普勒信号处理器。由于粒子到达测量体的时刻、位置、粒子尺寸和浓度的随机特性，光电流信号的振幅也是随机变化的。此外，流速本身的脉动所产生的频率变化以及频率加宽和多粒子叠加引起的相位噪声等混杂在一起，更增加了电信号形式的复杂性。采用通用的频率分析仪是难以满足要求的，20 世纪七八十年代先后出现了多种 LDV 的信号处理器，如频率跟踪器、计数式处理器和光子相关器等，它们分别适用于不同的流动场合，至今还有一些研究机构仍在使用。随着电子和数字技术的发展，90 年代相继出现了以数字瞬态快速记录储存为特点的数字相关处理器和数字快速傅里叶变换处理器,使 LDV 系统信号处理的速度和抗噪声能力大为提高。

　　(5)数据处理系统或数据处理器。由于 LDV 信号的特殊性,通常难以在很宽的速度范围内用一台信号处理器就得到各种流动信息。因此,大多数信号处理器的任务是先将多普勒频率量转换成与其成比例的模拟量或数字量,然后再用模拟式仪表或数字处理系统进行二次处理,得到各种流动参数。随着微处理器技术的发展,整个信号处理的过程,如参数设置、采样控制、数据演算和文件管理等都已实现软件智能化管理,应用微机的数据采集和处理系统已成为 LDV 不可缺少的一部分。

　　激光测速的主要优点在于非接触测量、线性特性、较高的空间分辨率和快速动态响应。采用近代光-电子学和微处理机技术的 LDV 系统,可以比较容易地实现二维、三维等流动的测量,并获得各种复杂流动结构的定量信息。当然,它也有局限性,如测量区必须是光线可及的,而且要存在适当的散射微粒。在信号处理方面,虽然多普勒频移的线性公式是简单的,但是实际上有限测量体积的存在、各种频率加宽、偏置和噪声等来源都会影响最终的测量精度。由于 LDV 技术具有上述潜在的独特功能,吸引大量的实验流体力学和其他学科的研究工作者去研究和解决这些问题,使激光测速这一新的测量技术得到飞速发展,成为流动测量实验的有力工具。

2. LDV 测速原理

　　激光作为一种新型光源,其出现为利用光波的多普勒效应创造了条件。在激光多普勒测速仪中,依靠运动微粒散射光与照射光之间光波的频率偏差(或称频移)来获得速度信息,这里存在着光波从(静止的)光源到(运动的)微粒,再到(静止的)光检测器这三者之间的传播关系(沈熊,2004)。当一束具有单一频率的激光照射到一个运动微粒上时,微粒接收到的光波频率与光源频率会有差异,其增减的多少与微粒运动速度以及照射光与速度方向之间的交角有关。如果用一个静止的光检测器(如光电倍增管)来接收运动微粒的散射光,那么观察到的光波频率就经历了两次多普勒效应。接下来推导多普勒总频移量的关系式(Yeh et al., 1964)。

　　设光源 O、运动微粒 P 和静止的光检测器 S 之间的相对位置如图 3.2 所示。照射光的频率为 f_0,微粒 P 的运动速度为 U。根据相对论变换公式,经多普勒效应后微粒接收到的光波频率为

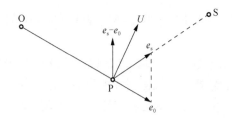

图 3.2　光源、微粒和光检测器之间的相对位置

$$f' = f_0 \frac{1 - \dfrac{U \cdot e_0}{c}}{\sqrt{1 - \left(\dfrac{U \cdot e_0}{c}\right)^2}} \qquad (3.2)$$

式中，e_0 为入射光单位向量；c 为介质中的光速；e_s 为微粒散射光的单位向量。

展开式（3.2），当 $U \cdot e_0 \ll c$ 时，可得近似式：

$$f' = f_0 \left(1 - \frac{U \cdot e_0}{c}\right) \qquad (3.3)$$

式（3.3）就是在静止的光源和运动的粒子条件下，经过一次多普勒效应的频率关系式。

运动的微粒被静止的光源照射，就如同一个新的光源一样向四周发出散射光。当静止的观察者（或光检测器）从某一方向上观察粒子的散射光时，由于微粒之间又有相对运动，接收到的散射光频率又会同粒子接收到的光波频率不同。其频率大小为

$$f_s = f' \left(1 + \frac{U \cdot e_s}{c}\right) \qquad (3.4)$$

式中，e_s 为粒子散射光的单位向量。括号中的 $\dfrac{U \cdot e_s}{c}$ 取正号是因为选择 e_s 向量由微粒朝向光检测器。

将式（3.3）代入式（3.4），在 $|U| \ll c$ 条件下忽略高次项，可得到经历两次多普勒效应后的频率 f_s 关系式：

$$f_s = f_0 \left(1 + \frac{U \cdot (e_s - e_0)}{c}\right) \qquad (3.5)$$

它与光源频率之间的差值叫作多普勒频移 f_d，即

$$f_d = f_s - f_0 = \frac{1}{\lambda_1} \left| U \cdot (e_s - e_0) \right| \qquad (3.6)$$

式中，λ_1 为介质中的激光波长。如果微粒是在空气中，通常可用真空中的波长 λ_0

来代替。

由式（3.6）可见，对于一束光源，微粒和光检测器三者之间的相对位置，只能确定速度 U 在（$e_s - e_0$）方向上的投影大小。显然，单有一种固定的相对位置是不可能确定平面速度向量的。

在许多情况下，速度的方向是已知的（如风洞、管流）。要是将入射光、散射光和微粒速度方向布置成如图 3.3 所示的位置，就可以得到最简单形式的多普勒频移表示式：

$$f_d = \frac{2\sin\theta_0}{\lambda_1}\left|U_y\right| \tag{3.7}$$

式中，U_y 为速度 U 在 y 轴的分量；θ_0 为入射光和散射光向量之间的半角。

当 θ_0 和波长 λ_1 给定，多普勒频移与速度就成线性关系。

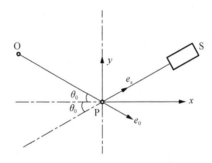

图 3.3　特定的光源、微粒和光检测器的位置

图 3.4 是用氦-氖（He-Ne）激光器作为光源时的频率-速度特性，阴影部分表示流动介质为液体和气体时的典型应用范围。

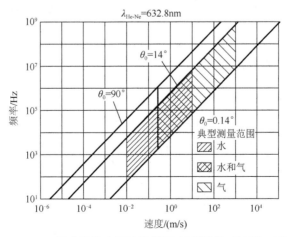

图 3.4　He-Ne 激光器为光源时的频率-速度特性（沈熊，2004）

3.1.2 激光多普勒测速技术的应用

LDV 技术最早应用于单相流体的测量，后来逐渐在气液两相流中得到应用。Mudde 等（1998）对单气泡经过激光多普勒测速仪测量体积时的信号响应进行分析，气泡通过 LDV 测量体积时对应的信号可以分为三个部分：气泡通过前的液体加速，测量体积位于气泡内时引起的信号盲区，气泡尾涡。Kulkarni 等（2001a）对 LDV 应用于多气泡体系时的测量信号进行了更深入研究，实现了曝气速度、液速和含气率的同时测量，还根据气泡的上升速度分布和含气率进而求得气液相界面积。Mychkovsky 等（2012）通过 LDV 技术获得的两相速度分布图，用于确定各个轴向位置处每个相的体积分数、质量流量和动量传输速率以及羽流测量区域内的平均颗粒阻力系数。Hreiz 等（2014）采用 LDV 技术表征了气液圆柱旋风分离器中的气液旋流流动，发现涡旋核心呈现非常复杂的流体动力学，其特征在于层状和湍流状态之间的交替。Wang 等（2018）通过使用高速摄像机和激光多普勒测速系统，在一系列空气流量和浸入比率下进行试验，以研究气升泵的立管和抽吸管道中的流动特性。

3.2 核磁共振测量技术

核磁共振测量技术已在医学领域有了长足的发展，软件和硬件技术日臻完善，近年来该技术也开始在两相流测量中得到应用和发展。应用核磁共振测量技术，可以直接测量两相流的液相在空间和时间上的分布，确定其动态流型和素流速度、平均流及速度场等。核磁共振测量技术应用于两相流测量时具有以下显著优点：非接触式测量，对流场无干扰；可以实现三维流速和浓度等参数的测量；由于以流体分子的自旋核为测量对象，能够测出连续的无间隔的参数分布；可以借用医学成像领域里已开发出的丰富软件资源。

3.2.1 核磁共振测量原理

1. 测量基本原理

1）核自旋及在外磁场中的旋进

凡核内中子数与质子数不同且为偶数时，原子核的自旋量子 I 不等于零，该原子核会自旋，并具有角动量 P_w 和磁矩 μ_I。角动量 P_w 和磁矩 μ_I 的计算公式为

$$P_w = \bar{n}\sqrt{I(I+1)} \tag{3.8}$$

$$\mu_I = \gamma_I P_w \tag{3.9}$$

其中，γ_I 为磁旋比；$\bar{n} = \dfrac{h}{2\pi}$，$h$ 为普朗克常数。

一群数目很大的核在无外磁场作用时各个磁矩 μ_I 的取向呈随机状态，其宏观磁化强度为零。而将其置于磁场强度为 B 的外磁场中时，μ_I 和 B 将会相互作用，使核在自旋的同时产生以外磁场方向 B 为轴线的回旋运动，称为 Larmor 进动（或旋进）（图 3.5）。旋进角频率 ω 可由角动量定理得出，表 3.1 为核的磁性质。

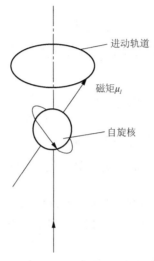

图 3.5　自旋核在磁场中的运动（Reinecke et al.，1998）

表 3.1　核的磁性质

核	自然风度/%	自然量子数 I	磁矩（核磁子）	磁旋比 γ_I /（$T^{-1} \cdot S^{-1} \cdot 10^{-8}$）
^1H	99.98	1/2	2.79268	2.6750
^2H	0.0156	1	0.85741	0.4102
^{11}B	81.18	3/2	2.688	0.8538
^{12}C	98.9	0	0	0
^{13}C	1.1	1/2	0.7023	0.6721
^{14}N	99.62	1	0.4073	0.1931
^{16}O	99.76	0	0	0
^{17}O	0.039	5/2	-1.893	-0.3625
^{19}F	100	1/2	2.628	2.5236

$$\frac{\mathrm{d}\mu}{\mathrm{d}t} = -\gamma_I \left(\mu_I \times B \right) \tag{3.10}$$

$$\omega = \gamma_I B \tag{3.11}$$

即旋进角频率 ω 与外磁场强度 B 成正比，ω 称为 Larmor 角频率。式（3.10）中的负号表示旋进角频率矢量 ω 的方向与 B 的方向相反。

核的自旋轴在空间的取向也是量子化的，共有 $2I+1$ 个取向，每一种取向代表一种磁能级，用 m 表示，其值为：$I, I-1, \cdots, -I$。对氢核来说，$I=1/2$，其中

m 值只能是 1/2 和-1/2，表示自旋轴只有两种取向：顺磁场，$m=1/2$，能量较低；逆磁场，$m=-1/2$，能量较高。

2）核磁共振的宏观磁化强度矢量

单位体积内核自旋的数目称为自旋数密度，自旋磁矩的矢量总和即为宏观磁化强度：

$$M = \sum \mu_I \tag{3.12}$$

以氢核为例，在热平衡状态下处于高能态的核自旋密度 n_- 与低能态的密度 n_+ 服从玻尔兹曼分布：

$$\frac{n_-}{n_+} = e^{-\frac{\Delta E}{K_I T_0}} \approx 1 - \frac{\Delta E}{K_I T_0} \tag{3.13}$$

式中，K_I 为玻尔兹曼常量；T_0 为绝对温度。

式（3.13）中，$\frac{\Delta E}{K_I T_0}$ 很小时，表明处于低能态的自旋核密度略大于高能态自旋核密度。宏观磁化强度 M 指向 z 方向（与外磁场 B 方向一致），而在 x-y 平面上的分量为零，具体见图 3.6。这是由于自旋磁矩的相位呈随机均匀分布，各磁矩在 x-y 平面上的分量相互抵消。

在 x-y 平面（沿 x 轴）上加入一射频磁场（电磁波）$B_r = 2B_r \cos wti$，其中，t 为射频场的作用时间。并使其角频率 ω 等于 Larmor 角频率时就会发生核磁共振。射频磁场 B_r 可以看成是两个射频磁场 $B_x^+ = B_x(\cos wti + \sin wti)$，$B_x^- = B_x(\cos wti - \sin wti)$ 的矢量和（图 3.7）。其中旋转磁场 B_r^- 与自旋磁矩 μ_I 的旋进方向一致并同相，而 B_r^+ 由于方向相反不起有效作用。宏观磁化矢量 M 在静磁场 B 和旋转磁场 B_r 共同作用下，一方面绕 B 旋进，另一方面也绕 B_r 旋进，使 M 偏离 z 轴方向，两者之间的夹角 $\theta = \gamma_I B_x t$，其中 t 为射频场的作用时间。M 为 x-y 平面上的分量 $M_{xy} = M \sin \theta$。在核磁共振测量中，射频场一般为脉冲形式，根据对 θ 的改变程度，分为 90° 脉冲和 180° 脉冲。

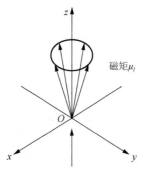

图 3.6　宏观磁化矢量 M

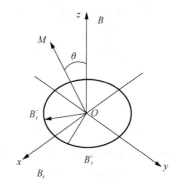

图 3.7　旋转磁场 B_r

3）弛豫特性

射频脉冲结束后，所有磁矩力图恢复到原来的平衡状态，从 x-y 平面上测得的核磁共振信号（宏观磁化强度的感应信号）会很快衰减，这一过程称为弛豫。弛豫包括纵向弛豫和横向弛豫。在纵向弛豫过程中，自旋体系将吸收的能量释放到环境（晶格）中，因此也称为自旋-晶格弛豫，宏观磁化强度矢量 M 在纵向（z 方向）的分量逐步恢复到最大值，其速率常数可用 $1/T_1$ 表示，T_1 为纵向弛豫时间。在横向弛豫过程中，自旋体系不向环境释放能量，但各磁矩的方向由相对有序状态向相对无序状态过渡，因此也称为自旋-自旋弛豫，宏观磁化强度矢量 M 在 x-y 平面上的分量逐渐衰减为零，其速率常数可用 $1/T_2$ 表示，T_2 为横向弛豫时间。

2. 参数测量方法

1）流速测量方法

与其他方法相比，核磁共振法能直接瞄准流体分子中原子核进行测量，可以测出分子扩散速率，流速概率密度等。测量过程对流场无干扰。根据测量原理，流速测量方法可分为相位法和距离时间法。

（1）相位法。相位法是通过测量核磁共振回波信号的相位角变化来确定流速的（Leblond et al., 1998）。图 3.8 为核磁共振测量系统原理图。测量系统主要由测量管道、静磁场线圈、梯度磁场线圈、射频线圈和数据处理等系统组成。流体管道由能导磁的电绝缘材料（如玻璃和陶瓷）制成，静磁场线圈由超导材料组成，磁感应强度为 0.1～1T，梯度磁场强度为 0.1T/m，静磁场和梯度的方向与流体流动方向相同。第 2 静磁场线圈的作用在于对流体进行预磁化，其线圈高度应保证在最高流速时流体在静磁场内的停留时间大于纵向弛豫时间 T_1。射频线圈用于向流体发射射频磁场和接受核磁共振信号，射频磁场的方向与管道轴线垂直。

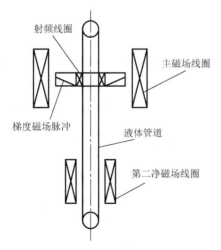

图 3.8　核磁共振测量系统原理图

　　沿管道轴线方向，测量控制体的长度 L 约为一个管道内径。梯度磁场通常也为脉冲形式，在其作用时间内，测量控制体内的总磁场强度沿管道轴线方向呈线性变化，如果坐标系的原点设在测量控制体的中心，z 轴平行于流体流动方向，则各点的磁场强度等于 $B+Gz$。其中 G 为磁场梯度，z 为对应点的纵坐标值。

　　流体经过第 2 静磁场极化后进入测量控制体内（图 3.9）。首先在 0 时刻沿 z 轴向流体发射 90° 射频脉冲，使流体自旋体系发生核磁共振，测量控制体内不同部位的宏观磁化矢量同相绕静磁场 B 旋进。然后在 t 时刻加入梯度磁场脉冲，其持续时间为 δ_t，则在 $(t_1, t_1+\delta_t)$ 时间段由于各点的磁场强度发生了变化，根据式自旋核的旋进角频率也跟着变化，导致不同坐标位置的宏观磁化强度矢量在 $x\text{-}y$ 平面上的相位角发生变化。相位变化值（角位移）与坐标值 z 一一对应。

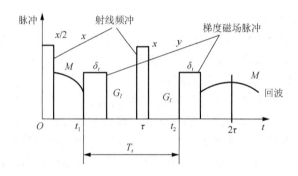

图 3.9　脉冲序列和回旋回波

$$\phi(t) = -\gamma_I G_I \int_1^{1+\delta_t} z(t)\mathrm{d}t \tag{3.14}$$

　　由于梯度磁场脉冲的持续时间 δ_t 很小，可以忽略流体在 δ_t 内的移动距离。式（3.14）可以简化为

$$\phi(t_1) = -\gamma_I \delta_t G_I z(t_1) \tag{3.15}$$

　　式（3.15）表明，任意点的相位角位移与其坐标值 z 成比例。梯度磁场脉冲结束后，测量控制体内的磁场强度又恢复到原来的均匀状态，自旋体系的相位角不再变化。在 τ 时刻沿 y 轴向流体发射一 180° 射频脉冲，使宏观磁化强度矢量绕 y 轴翻转 180°，但不改变自旋体系的旋进方向。结果使式（3.14）表示的相位角反号，即负相位角变为正相位角，而原来的正相位角会变成负值。接着，在 t_2 时刻再次向流体施加一梯度磁场脉冲，而此时流体已由 $z(t_1)$ 流动到 $z(t_2)$ 的位置，宏观磁环强度矢量的相位角再次发生变化。同式（3.15）一样，角位移大小与坐标值 $z(t_2)$ 成比例，因此在 2τ 时刻最终观察到的核磁共振回拨信号的相位角就等于两次相位角位移之差：

$$\phi(2\tau) = \gamma_I \delta_t G_I \big(z(t_2) - z(t_1)\big) \tag{3.16}$$

式中，τ 为射频脉冲的时间间隔。

如果梯度磁场脉冲的时间间隔 T_t 足够小，则流动可以看作是稳态流，流体在 t_2 和 t_1 时刻的坐标值之差（轴向移动距离）就等于流速与时间间隔 T_t 的乘积

$$z(t_2) - z(t_1) = v(t_1)T_t \qquad (3.17)$$

式中，$v(t_1)$ 为任意点的流速。由式（3.16）和式（3.17）可得

$$\phi(2\tau) = \gamma_I \delta_t G_I v(t_1)T_t \qquad (3.18)$$

即任意点的相位角与其流速成比例。同时由于 $2\tau << T_1$、T_2 和 L/U，U 为管内流体的平均流速，L 为测量控制体的长度，因此在 2τ 时刻宏观磁化强度为 M_0 表示测量控制体内的宏观磁化强度振幅，$\langle\ \rangle$ 表示在测量控制内的平均值。将式（3.17）代入式（3.18）可得一般关系式为

$$M(k,t) = M_0 \langle \exp\{ikv(t)\} \rangle \qquad (3.19)$$

式中，$k = \gamma_I \delta_t G_I T_t$。

式（3.19）建立了宏观磁化强度 $M(k,t)$ 与流速 $v(t)$ 之间的关系。将式（3.19）写成概率平均值的形式，即

$$M(k,t) = M_0 \int_{-\infty}^{+\infty} p(v,t)e^{ikv}dv \qquad (3.20)$$

式中，$p(v,t)$ 为流速概率密度函数。

式（3.20）表明，M/M_0 就是 $p(v,t)$ 的傅里叶逆变换，通过 M/M_0 对进行傅里叶逆变换可以求出管内流速的概率密度函数，进而求出管内的平均流速 U。

对于层流流动，管内流速呈抛物形分布，流速概率函数为

$$p(v) = \frac{1}{v_0} = \frac{1}{2U} \qquad (3.21)$$

式中，v_0 为流速（m/s）。

将 $p(v)$ 代入式（3.20）得到核磁共振回波信号为

$$M = M' + iM'' = M_0\left(\frac{\sin kv_0}{kv_0} + i\frac{1 - \cos kv_0}{kv_0}\right) \qquad (3.22)$$

根据实部和虚部的大小确定出相位角为

$$\phi = \arctan\left(\frac{M''}{M'}\right) = kU = \gamma_I \delta_t G_I T_t U \qquad (3.23)$$

即相位角与管内平均流速成比例。对于紊流，可以证明，当相位角小于 90° 时，式（3.23）也成立。

因此，在应用相位法测定管内平均流速时可以采用两种方式，或者通过测量回波信号的相位角然后根据式（3.13）确定 U，或者通过对回波信号进行傅里叶变换求得流速概率密度函数后，再进行积分平均。

（2）距离时间法。距离时间法的基本原理是通过测量自旋体系在对应时间内

所移动的距离来确定流体的流速。其测量系统与相位法基本相同，在具体操作方法上也可有许多不同的方式。既可以通过测量自旋体系流过两固定点的时间来确定流速，也可以通过测量自旋体系在一定的时间间隔内所移动的距离来确定流速（Leblond et al., 1998）。

2）截面含气率和液相折算流速的测量

根据核磁共振原理，在 t 时刻向测量控制体施加 90°射频脉冲后，核磁共振的回波信号强度与测量控制体内的自旋核数量成正比，即与液相的体积成正比。由此可以得出截面含气率的计算公式：

$$\alpha(t) = 1 - \frac{V_l(t)}{V} = 1 - \frac{M(t)}{M_{00}} \qquad (3.24)$$

式中，V 为测量控制体的体积；$V_l(t)$ 为液相所占的体积；M_{00} 为液体充满管道时的信号强度。

重复上述测量过程即可得到截面含气率的时均值，在测量过程中需要保证两次测量之间的时间间隔应大于流体在控制体内的停留时间。式（3.24）的时均式为

$$\alpha = \overline{\alpha(t)} = 1 - \frac{\overline{M(t)}}{M_{00}} \qquad (3.25)$$

式（3.20）的时均值的形式为

$$\overline{M(t)} = M_{00} \int_{-\infty}^{+\infty} \overline{p(v,t)} e^{ikv} dv$$

$$\overline{p(v,t)} = \frac{\overline{p(v,t)(1-\alpha(t))}}{1-\overline{\alpha(t)}} \qquad (3.26)$$

即 $\overline{p(v,t)}$ 是 $\overline{M(t)}/M_{00}$ 的傅里叶变换，由此可以求得管内液相流速的时均平均值：

$$\overline{v} = \int_{-\infty}^{+\infty} \overline{p(v,t)} v dv \qquad (3.27)$$

与式（3.25）相结合可以得出液相折算流速：

$$J_l = \left(1 - \overline{\alpha(t)}\right) \overline{v} \qquad (3.28)$$

同时在相位角小于 90°时式（3.23）的时均值也成立，相位角的时均值 φ^* 可表达为

$$\varphi^* = \arctan\left(\frac{\overline{M''}}{\overline{M'}}\right) = k\overline{v} \qquad (3.29)$$

3）局部参数的测量方法

测量局部参数时需要解决自旋核在流通截面上的位置编码问题。流速和截面含气率的测量方法与一维时的方式基本相同（张泽宝，2001）。

（1）空间编码方法。空间编码方法的主要依据是式（3.11），即自旋体系的旋

进角频率 ω 与外磁场的强度成比例。改变磁场强度的分布，就可以获得旋进角频率的分布，从而可以通过频率代表空间位置。例如，沿 x 方向对流场施加一梯度磁场 G_x，根据式（3.16），坐标为 x 的自旋体系的旋进角频率为

$$\omega_x = \gamma_I \left(B + x G_x \right) \tag{3.30}$$

频率与坐标 x 一一对应，这就是频率编码。

对于 y 坐标，可以用相位进行编码。沿 y 方向对流场施加一梯度磁场 G_y，在作用一定时间 t_y 后，根据式（3.11），坐标为 y 的自旋体系的相位为

$$\varphi_y = \omega_y t_y = \gamma_I \left(B + y G_y \right) t_y \tag{3.31}$$

在实际操作顺序上，先在 y 方向对流场施加一梯度磁场 G_y，作用 t_y 时间后撤去，然后在 x 方向加梯度磁场 G_x，并接收回波信号。所得到的信号 $S(t)$ 中包含不同初相位（每一初相位对应一坐标 y）和不同频率（每一频率对应一坐标 x）的谐波。其傅里叶变换 $G[S(t)]=F(w,t_y)$ 代表每一 x 坐标下不同 y 坐标点的信号叠加。为进一步重建 y 坐标点的信号，需要改变 t_y，重复上述测量过程，得到若干个 $F(w,t_y)$ 关系式。对于每一固定的 x 坐标都有一族 $F(w_x,t_y)$，（t_y 为离散型变量），其中包含不同 w_y 的谐波成分，每一频率分量代表相应 y 坐标点的信号，其幅值可通过对 $F(w_x,t_y)$ 进行傅里叶变换得到。于是 $G[F(w_x,t_y)]= F(w_x,t_y)$ 即代表 (x,y) 点的信号强度分布。

（2）液相局部折算流速。液相局部折算流速 $J_{1,i}$ 可以通过 NMR 技术直接测量。与图像各像素对应，流场被划分成若干个测量体，每一测量体的截面积约 0.1mm^2。各测量体上的 $J_{1,i}$ 定义为

$$J_{1,i} = u_{1,i} \left(L - \alpha_i \right) \tag{3.32}$$

式中，$u_{1,i}$ 和 α_i 分别为任一测量体处的液相流速和截面含气率。其中 α_i 用时间份额来定义：

$$\alpha_i = 1 - \frac{\sum \Delta t_{1,i}}{\Delta t} \tag{3.33}$$

图像灰度值 S_i 和 $J_{1,i}$ 的对应关系为

$$\frac{J_{1,i}}{J_{1,\max}} = \frac{S_i}{S_{\max}} \tag{3.34}$$

灰度最大值取 256，根据质量守恒原理可以进一步将式（3.34）改写为

$$J_i = \frac{J_1 A_x S_i}{A_i \sum S_i} \tag{3.35}$$

式中，J_1 为液相折算流速；A_x 为管道流通截面积；A_i 为每个像素对应的流通截面积。根据式（3.35），可以将 NMR 图像转换成局部液相折算流速的分布图。

（3）瞬间界面浓度和截面含气率。应用 NMR 可以很方便地测出气液两相流

体之间的界面浓度 $1/L_s$ 和截面含气率 α :

$$\frac{1}{L_s} = \frac{I_P}{A_x} \tag{3.36}$$

$$\alpha = 1 - \frac{A_l}{A_x} \tag{3.37}$$

式中，I_P 为气液两相之间的周界长度（m）；A_l 为液相的流通截面积（m^2）。

3.2.2　核磁共振测量技术应用

　　近年来，随着核磁共振测量技术的进一步发展，已在气液两相流场的流动特性方面得到了应用。Lysova 等（2007）利用核磁共振测量技术对气–液–固催化固定床反应器进行成像，同时 Gladden 等（2007）通过磁共振成像获得的气液固体反应器的流体动力学和化学转化过程，同时介绍了一种新的 MRI 应用，用于在定期成像床内各个填充元件之间的不断变化的液体滞留现象。Stevenson 等（2010）使用脉冲场梯度核磁共振技术测量气液泡沫中的气泡尺寸分布，发现测量的气泡尺寸分布是可重现的并且近似为威布尔分布，而气泡尺寸分布并未随泡沫内测量位置而发生实质性改变。Collins 等（2017）使用磁共振成像表征在填充床的气–液上流过程中的气体运动特性，发现床内的含气率随着气体流速增加而增加，而随着填充尺寸的增加而减小，并且随着液体流速增加而减小。可见，NMR 技术在气液两相流中的流场分布、液体滞留、气泡尺寸分布以及气泡运动特性等方面均有应用，对完善气液两相流理论具有重要贡献价值。

3.3　过程层析成像技术

　　层析成像（tomography），也称计算机层析成像（computerized tomography，CT），是指在不影响测量对象内部特征的条件下，从外部获得测量对象不同方向的投影数据，并通过计算机重建测量对象内部的二维/三维图像，在原理上与机械制图及通过投影视图重建物体的结构有一定的相似性，只不过该"重建过程"是由人脑来完成的。由于 CT 技术最早成功应用于医学检测，一般概念上的 CT 是指医学 CT。过程层析成像（PT）技术主要以工业过程，尤其是两相流和多相流为检测对象，在原理上与 CT 基本相似，应用 PT 技术可以监测管道或容器内的两相流流型、相份额和流速等。

3.3.1　过程层析成像原理

1. PT 技术基本原理

　　过程层析成像技术主要由传感器系统（包括传感器与信号处理）、图像重建及图像解释分析系统、图像重现显示等部分组成。其原理是在不损伤研究对象内部结构的基础上，利用某种探测源，根据从对象外部设备获取的投影数据，运用一定的数学模型和图像重建方法，使计算机生成的二维或三维图像，重现对象内部特征的技术（李海青等，2000；Reyes et al., 1998；Lemonnier, 1997）。

层析成像技术主要有以下几种：射线层析成像技术、电磁层析成像技术和电容层析成像技术等，其中电容和电阻层析成像技术研究得最多。图 3.10 为电容层析成像系统原理图。测量电极阵列沿管道外壁周向均匀分布，电极个数一般为6～16。通过控制电路可以将各电极进行不同的组合，以测量不同方位的电容值。电容的大小取决于两电极（或电极组）之间测量空间内介电常量的分布情况，同时也与整个管内的介电常量 $\varepsilon(x,y)$ 分布有关，其基本关系可以根据电磁场理论导出。

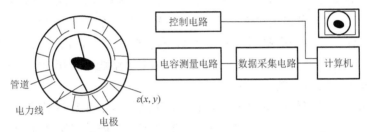

图 3.10 电容层析成像系统原理图

$$C_{\mathrm{e}} = \frac{Q}{\varphi_2 - \varphi_1} = \frac{\oiint_A \varepsilon(x,y) E \mathrm{d}A}{\varphi_2 - \varphi_1} = -\frac{\oiint_A \varepsilon(x,y) \nabla\big(\varphi(x,y)\big)\mathrm{d}A}{\varphi_2 - \varphi_1} \tag{3.38}$$

$$\nabla^2 \varphi(x,y) + \frac{1}{\varepsilon(x,y)} \nabla\big(\varphi(x,y)\big)\nabla\big(\varepsilon(x,y)\big) = 0 \tag{3.39}$$

式中，C_{e} 为电容值；$\varphi(x,y)$ 为电势分布函数；E 为电场强度；φ_1 为管道的电势；φ_2 为电极电势；A 为截面面积。

通过测量不同方位的电容值，计算机依据一定的算法就可以重建管内介电常量 $\varepsilon(x,y)$ 分布。由于气相和液相分别具有不同的介电常量，重建空间内的介电常量 $e(z,y)$ 分布图像，即反映了管内气液两相流体的分布状态。

2. 图像重建理论

CT 技术的理论基础是一个二维或三维物体能够通过其无限个或连续的投影数据来重建。在实际成像系统中，由于电极个数有限，难以得到无限个或连续的投影数据，另外与医学上的 X 射线 CT 扫描机不同的是，电容两电极之间的电场会受到介质分布的影响，电力线在气液两相界面上会发生畸变，从而使投影规律变得十分复杂，式（3.38）和式（3.39）常常无法求解，通常称这种特性的测量场为"软场"。故实际的重建方法大都做了各种简化，或基于某种模型（程易等，2017）。通过定义灵敏度函数 $S_i(x, y)$，电容测量值 C_i 与介电常量 $\varepsilon(x, y)$ 之间的关系可简单地表示为

$$C_i = \sum_{(x, y)} \Delta C_j = \sum_{(x, y)} S_i(x, y) \varepsilon(x, y) \qquad (3.40)$$

$$S_i(x, y) = \lim_{\Delta A \to 0} \frac{\Delta C_i}{\Delta A} \qquad (3.41)$$

式中，C_i 是第 i 种电极组合（或第 i 个方位）的电容测量值。

灵敏度函数 $S_i(x, y)$ 的物理意义是，当测量空间内某一微元（通常指像素）的介电常量发生变化而其余像素不变时所引起的第 i 个（或第 i 个方位）电容测量值的变化量。显然 $S(x, y)$ 与介电常量的分布有关，式（3.41）仍然是非线性的，而且在实际成像系统中由于电极个数有限，由式（3.40）所组成的方程组内的独立方程个数（投影数据 C_i 的个数）常常小于未知数的个数（像素个数），如当电极数为 16 时，其可获得的最大独立投影不超过 512 个，而图像至少应划分成160 像素×160 像素= 25600 像素。因此，实际上很难通过直接求解方程组而重建介电常量 $\varepsilon(x, y)$ 的分布场。

反投影法是目前最简单和快速地重建算法，其基本原理与机械制图中由视图重建物体结构的过程有一定的相似性，即通过把各方向的投影值逆着原投影方向以某一灵敏度系数进行反分布并进行叠加，则各点（像素）的叠加值近似为该像素的灰度值，最后再经过滤波处理即可获得两相流体的分布图像。反投影法在医学 X 射线 CT 系统中得到成功的应用，但在电容层析成像中该法未能很好解决电容测量场的"软场"特性，因此成像精度一般不高，常用于流型监测等场合（Keska et al., 1999）。

迭代法也是研究较多的一种重建算法，其主要过程为先根据灵敏度系数场计算一个初始图像，然后根据灵敏系数和图像计算电容值并与实际测量值进行比较，接着根据误差大小对灵敏场进行修改，进而重新计算图像和电容值直到误差达到要求。神经网络法是另一种全新的重建算法，虽然在网络的训练学习阶段计算量很大，但在应用时该系统能够根据电容测量值快速识别流型并准确地重建两相流体的图像，此外还有基于各种模型的建算法及有限元算法等（Keska et al., 1999）。

3.3.2　过程层析成像技术应用

在过程层析成像技术中，目前在气液两相流研究方面应用最广的是电容层析成像（electrical capacitance tomography，ECT）技术，该技术主要可获取气液两相的流型图、截面含气率以及流体流速等参数值。

1. 气液两相流流型获取

电容层析成像系统可以较好地用于监测气液两相的流型，在油-气弹状流（段塞流），空气-水泡状流监测中都取得较好的结果。图 3.11 是对煤油-空气弹状流的成像结果，该系统所用的电极数为 8，成像速度为 100 幅/s，管道直径 154 mm（程易等，2017）。Perera 等（2017）指出，当流体中介质的介电常量不太差时，ECT 技术可很好的用于多相流研究，目前已经成功应用于许多关于气液系统的研究中。该试验的测试对象为去离子水和矿物油，在 15m 长、内径为 56.3mm 的可倾斜不锈钢管中进行，通过视觉观察和高速视频确定流动模式，使用 ECT 技术获得流动模式的横截面图像，以研究所谓的"软场"感测方法能够揭示多相流的细节。

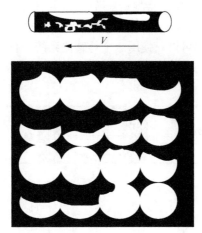

图 3.11　煤油-空气弹状流的层析成像（程易等，2017）

2. 截面含气率获取

电容层析成像的另一个重要应用就是测量管内气液两相流的平均截面含气率，其测量精度目前已可以达到 2%，截面含气率的测量范围为 0～0.96，流型包括层状流、泡状流和环状流（程易等，2017）。为了提供关于气相的空间分布和气泡对液体均化动力学的影响的详细信息，Montante 等（2015）采用电阻层析成像（electrical resistance tomography，ERT）研究了装有不同叶轮的搅拌槽中的气液分散体系，指出该实验技术可以克服光学方法的典型局限性，并且能够深入了解鼓泡搅拌槽的复杂行为，而不受整体气体滞留量上限的限制，这对于多种化学和生物化学过程是非常有意义的，测试系统如图 3.12 所示。

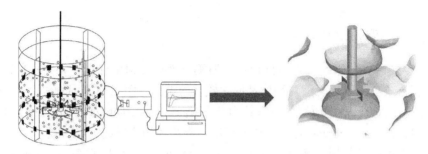

图 3.12　电阻层析成像系统示意图（Montante et al., 2015）

3. 流速获取

与互相关分析或自相关分析相结合，电容层析成像系统还可以用于测量两相流体的流速。图 3.13 是双传感器测量系统原理图。两测量截面之间的距离 L 为固定值，通过相关分析求出流体从上游截面流到下游截面的时间 $T_{x,y}$，则流速 $U_{x,y}$ 等于 L 和 $T_{x,y}$ 的比值。另外，也可以只使用一个传感器系统，通过对截面含气率的测量信号进行微分和自相关分析求出气液两相流体进出传感器的时间（Acharya et al., 2017）。

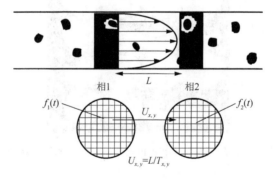

图 3.13　双传感器测量系统原理图（程易等，2017）

3.4　粒子图像测速技术

20 世纪 80 年代迅速发展起来的 PIV 技术是在流动显示的基础上，充分吸收现代计算机技术、光学技术以及图像分析技术的研究成果而成长起来的最新流动测试手段。它是在流场显示的基础上，利用图像学中模式识别的相关算法，对获得的流场图像进行定量分析，从而得到流体速度场的一种测量技术，并逐渐成为流体速度的主要测量方法之一（孙鹤泉等，2004；冯旺聪等，2003；Deen et al., 2002；Bröder et al., 2000；段俐等，2000；吴志军等，1993；Adrian, 1991）。

PIV 技术克服了传统的流速测量仪器在对流场进行单点接触式测量的过程中

所产生的干扰局限，在保证单点测量技术精度和分辨率的同时又能获得平面流场显示的整体结构和瞬态图像，从而可以无扰动、精确有效的对流场进行测量，提供瞬时全场流动的定量信息。其突出优点表现在它突破了空间单点测量（如 LDV）的局限性，通过 PIV 对流体运动场的测量分析，可以确定场内每一点的运动速度，实现了全流场瞬态测量；它实现了无扰测量，而用毕托管或热线热膜测速仪等仪器测量时对流场都有一定的干扰；根据所测量的全场速度信息容易求得流场的其他物理量，可方便的运用流体运动方程求解诸如压力场、涡量场等物理信息。该技术能够同时测量全流场的瞬时流速，而且具有很高的分辨率，在对紊流的时均特征、紊动特征尤其是相间结构的研究等方面具有很大的优势。

3.4.1　粒子图像测速技术测定原理

　　PIV 技术的基本原理如图 3.14 所示，其原理是在流场中散播一些示踪性与反光性良好且比重与流体相当的示踪粒子，用自然光或激光片光源照射所测流场区域，形成光照平面，使用电荷耦合器件（charge coupled device，CCD）等摄像设备获取示踪粒子的运动图像，记录相邻两帧图像序列之间的时间间隔，并对拍摄到的连续两幅 PIV 图像进行互相关分析，识别示踪粒子图像的位移，从而得到流体的速度场信息。定义 $x(t)$、$y(t)$ 为某个质点在 t 时刻的位置，经过 Δt 时间该质点的位置变为 $x(t+\Delta t)$ 与 $y(t+\Delta t)$，则该质点的速度可用式（3.42）和式（3.43）表示：

$$v_x = \frac{\mathrm{d}x(t)}{\mathrm{d}t} = \frac{x(t+\Delta t)-x(t)}{\Delta t} = \lim_{\Delta t \to 0} \frac{\Delta x}{\Delta t} \qquad (3.42)$$

$$v_y = \frac{\mathrm{d}y(t)}{\mathrm{d}t} = \frac{y(t+\Delta t)-y(t)}{\Delta t} = \lim_{\Delta t \to 0} \frac{\Delta y}{\Delta t} \qquad (3.43)$$

式中，v_x、v_y 分别为粒子在 x、y 方向上的运动速度；Δt 为两次曝光的时间间隔；Δx、Δy 分别为在 Δt 时间间隔内粒子在 x、y 方向上的运动位移。

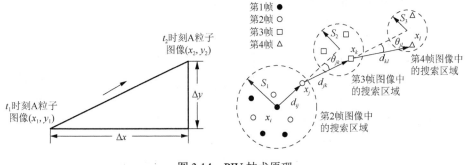

图 3.14　PIV 技术原理

通过测量粒子图像的位移 Δx、Δy 并使其足够小，则 $\dfrac{\Delta x}{\Delta t}$ 和 $\dfrac{\Delta y}{\Delta t}$ 可以很好的表示 v_x、v_y 速度近似值。即粒子的运动轨迹必须是接近直线且沿着轨迹的速度应该近似恒定，在应用中可以改变两次曝光时间间隔 Δt 来实现。

3.4.2　图像处理基本算法

1. 快速傅里叶变换

快速傅里叶变换（fast Fourier translation，FFT）是实现 PIV 快速相关算法中最为广泛的一种方法，最早是由 Willert 提出（Willert et al.，1991）。该方法将图像看作是随时间变化的离散二维信号场序列，利用信号分析的方法，通过引入 FFT 算法计算相继两幅图像中相应位置处两查询窗口的互相关函数得到查询区域中各粒子的平均位移。

相继两幅图像中对于同一位置处两相同尺寸的采样窗口 $f(m,n)$ 和 $g(m,n)$，$g(m,n)$ 可以看作是 $f(m,n)$ 经线性转换后叠加以噪声而成，若忽略噪声的影响则 $g(m,n)$ 具有如下数学描述：

$$g(m,n) = f(m,n)s(m,n) \tag{3.44}$$

式中，$s(m,n)$ 为位移函数，由卷积定理可得

$$S(\mu,v) = \frac{F^*(\mu,v)G(\mu,v)}{\left| F(\mu,v) \right|} \tag{3.45}$$

式中，$F(\mu,v)$、$G(\mu,v)$ 分别由 $f(m,n)$ 和 $g(m,n)$ 经傅里叶变换得到；$S(\mu,v)$ 是 $s(m,n)$ 的傅里叶变换；$F^*(\mu,v)$ 为 $F(\mu,v)$ 的复共轭。$\left| F(\mu,v) \right|$ 仅影响 $S(\mu,v)$ 的大小，因此式（3.45）可以简化为

$$\Phi(\mu,v) = F^*(\mu,v)G(\mu,v) \tag{3.46}$$

对 $\Phi(\mu,v)$ 作傅里叶逆变换（FFT^{-1}）得到 $\phi(m,n)$，检测 $\phi(m,n)$ 的峰值位置，则该位置离开查询窗口中心的距离则为窗口内粒子的平均位移。基于快速傅里叶变换的图像灰度分布互相关算法示意图如图 3.15 所示。

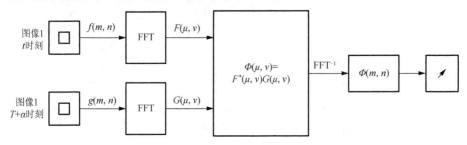

图 3.15　基于快速傅里叶变换的图像灰度分布互相关算法示意图

2. RCC-PIV 技术

回归相关法的粒子图像测速（recursive cross correlation particle image velocimetry，RCC-PIV）技术源自基于局部图像互相关的 PIV 技术（Cheng et al.，2005a）。在过去，由于一些困难，气泡特性的定量显像不能很好地被描绘。实际上，过去的 PIV 技术不能获得准确的曝气速度场，原因有以下三点：第一，随着局部空隙率的增加，单个气泡图像的重叠变得非常严重，这使得瞬时捕捉单个气泡变得不可能。第二，气泡本身引起固有的，独立于连续相流场的运动，如曲折或螺旋运动；气泡对光的散射特性与固体粒子完全不同。第三，气泡不稳定的变形在图像投影上引起无规律的闪烁和复杂的外部运动。以上所提到的三个因素降低了两个查询区域的互相关系数。实际上，所有的因素在实验时同时发生。因此，如果在羘流气泡羽流中应用未修正的 PIV 技术，错误的曝气速度向量就会频繁出现。本书最新提出的技术就是由空间比状态划分，多次应用互相关技术。一旦测定了局部平均空隙分布的对流速度场，即空隙速度，接下来在高分辨率的查询区域捕获单个气泡或气泡群，这个原理称之为单相流 PIV 回归互相关算法。在RCC-PIV，曝气速度矢量通过查找局部灰度分布相关的峰值获得，相关定义如下：

$$C = \frac{\sum\limits_{i=1}^{M}\sum\limits_{j=1}^{N}\left(f_{i,j}\times g_{i,j}\right)}{\sqrt{\sum\limits_{i=1}^{M}\sum\limits_{j=1}^{N}f_{i,j}^{2}\times\sum\limits_{i=1}^{M}\sum\limits_{j=1}^{N}g_{i,j}^{2}}} \tag{3.47}$$

式中，f 和 g 表示灰度，下标 i 和 j 是相匹配的数字化图像位置，M 和 N 是查询区域的尺寸。在式（3.47）中使用的灰度通常要减去在每一个查询区域的局部平均灰度来评价两个图像的唯一相似性。对于气泡流动图像，由于气泡分布的不均匀，减去局部平均灰度以避免匹配偏差是必需的。回归相关算法通过从大查询区域到小查询区域重复由式（3.47）定义的相关计算实现。这种处理可以减轻计算的负担和在最终的计算结果中增加空间数据输出密度。使用回归互相关来处理气泡流动图像的特别优势在于以下几点：在初始阶段，相对大的查询区域提取速度不会因气泡固有的运动而导致无规律的气泡散射光和气泡重叠恶化。因此，影响所有以后阶段的致命错误，在初始阶段大部分就没有了。在确定的小区域，单个曝气速度或局部速度在最终阶段能顺利获得。基于这两个优点，可以直接从数据中估计任意空间分辨率的曝气速度场。状态如水平，对流速度和单个曝气速度很容易被归类来讨论分散相多相流流体动力学的本质特性。

3. 逆解析法

通过对气相速度场的获得，用其进行逆推算获得液相速度场，即采用逆解析的方法对液相速度场进行描绘。

在气液两相流中气泡在水中所受的力有：重力、惯性力、曳力、附加惯性力、表面力、升力和历史力，由牛顿第二定律可以得到气泡所受力的平衡方程，通过该位置处气相的速度即可推求得到液相速度，最后利用拉普拉斯方程内插得到整个液相的流场。

由有限差分法求解气泡迁移运动方程时，在方程中涉及的两个主要参数为曳力系数 C_D 和升力系数 C_L，本小节中仅研究这两个参数，主要考虑雷诺数对其的影响。

1）作用在气泡上的力

气泡的运动由作用在其上的重力和表面力决定，其形式取决于所分析的状态，这一状态由基本参数气泡雷诺数确定为

$$\mathrm{Re} = \frac{2r_g |u - v|}{\mu} \tag{3.48}$$

式中，r_g 是气泡半径（mm）；v 是曝气速度（m/s）；u 是气泡中心处的流体速度（m/s）；μ 是流动运动黏滞系数。在 Re 较小时，黏滞作用占主导地位，流线在气泡中心处基本对称；而在 Re 较大时，流线离开气泡并在气泡后面可产生尾流；在 Re 足够大时，尾流可变成紊流。

作用在气泡上的力分为两类，重力和表面力。由牛顿第二定律作用在气泡上的力的表达式为

$$F_B + F_S = 0 \tag{3.49}$$

式中，F_B 是作用在气泡上重力的合力；F_S 是作用在气泡上表面力的合力。重力仅考虑气泡的重力和惯性力，表面力的形式比较不明显且受 Re 的影响较大，其包含五种力：曳力、附加惯性力、表面力、升力和历史力。

（1）重力。气泡所受重力表达式为

$$f_G = \rho_g V_g g \tag{3.50}$$

式中，f_G 为重力；g 为重力加速度；ρ_g 为气相密度；V_g 为气相体积。

（2）惯性力。一种与物体质量有关且与非惯性系相对于惯性系的加速度有关的力，因为这个力与物体的惯性有关，故称为惯性力 f_I：

$$f_I = -\rho_g V_g \frac{\mathrm{d}v}{\mathrm{d}t} \tag{3.51}$$

（3）曳力，也称阻力。由于流体具有黏滞性，气泡受到摩擦使得其速度趋向适应流体的速度，这一影响由曳力来描述：

$$f_D = -C_D \frac{\pi r_g^2}{2} \rho_l |v - u|(v - u) \tag{3.52}$$

式中，f_D 是曳力；C_D 是曳力系数；ρ_l 是液相密度。

（4）附加惯性力。指液相传递加速度给气泡而施加在气泡上的力，液相需要传递它的加速度到一定体积的气泡中以便取代气泡前进。由附加惯性系数来描述这一增量的特性，其表达式为

$$f_A = C_M \rho_l V_g \left(\frac{du}{dt} - \frac{dv}{dt} \right) \tag{3.53}$$

式中，f_A 是附加惯性力；C_M 是附加惯性系数；$\dfrac{du}{dt}$ 是在气泡位置处液相速度的导数；$\dfrac{dv}{dt}$ 是气泡拉格朗日速度的时间导数。

（5）表面力。作用在气泡上的表面力是液相施加在气泡包体占据的那部分体积上的力：

$$f_S = \int_{V_g} \nabla \sigma dG = \int_{V_g} \rho_l \left(\frac{du}{dt} - g \right) = \rho_l V_g \left(\frac{du}{dt} - g \right) \tag{3.54}$$

式中，f_S 是表面力；σ 是应力张量。在积分量 u 中为均匀流的假定之下，重力项 $-\rho_l V_g g$ 代表阿基米德浮力，附加项 $\rho_l V_g \dfrac{du}{dt}$ 也由这一推论产生的。

（6）升力。升力的产生是由于载相流中存在涡旋，其力作用的方向垂直于气泡与流体的相对速度，其表达式为

$$f_L = -C_L \rho_L V_g (v-u) \times \omega \tag{3.55}$$

式中，f_L 是升力；C_L 是升力系数；$\omega = \nabla \times u$ 是流体涡量。

（7）历史力。当气泡受到加速时，由于黏滞性，在周围流体可以适应这一新状态之前有一段时间滞后，历史力考虑了这一现象，其表达式为

$$f_H = -6\pi r_g^2 \mu_l \int_0^t \frac{d(v-u)}{dt} \frac{d\tau}{\left[\pi v (t-\tau)^{1/2} \right]} \tag{3.56}$$

2）单个气泡迁移运动方程

由式（3.49）得

$$f_G + f_I + f_D + f_A + f_S + f_L + f_H = 0 \tag{3.57}$$

式中，f_G、f_I、f_D、f_A、f_S、f_L 和 f_H 分别表示重力、惯性力、曳力、附加惯性力、表面力、升力和历史力。在本书中，由于历史力是一个永久力，并且对逆解析过程产生影响，同时，历史力对于洁净气泡在 Re>50 时影响甚微，故忽略不计。本书主要考虑在低雷诺数下，对于球形，无形变气泡代入各力的数学表达式，得

$$\rho_g V_g g - \rho_g V_g \frac{dv}{dt} - C_D \frac{\pi r_g^2}{2} \rho_l |v-u|(v-u) + C_M \rho_l V_g \left(\frac{du}{dt} - \frac{dv}{dt} \right)$$

$$+ \rho_l V_g \left(\frac{du}{dt} - g \right) - C_L \rho_l V_g (v-u) \times \omega = 0 \tag{3.58}$$

令 $\gamma = \dfrac{\rho_g}{\rho_l}$ ，将 $V_g = 4\pi r_g^3 / 3$ 代入，两边同除 $\rho_l V_g$ 简化得

$$C_D \frac{3}{8r_g}|v - u|(v - u) = (C_M + 1)\frac{\mathrm{d}u}{\mathrm{d}t} - (C_M + \gamma)\frac{\mathrm{d}v}{\mathrm{d}t} - C_L(v - u) \times \omega + (\gamma - 1)g \qquad (3.59)$$

$$u = v - \left[\begin{array}{l} (C_M + 1)\dfrac{\mathrm{d}u}{\mathrm{d}t} - (C_M + \gamma)\dfrac{\mathrm{d}v}{\mathrm{d}t} \\ -C_L(v - u) \times \omega + (\gamma - 1)g \end{array} \right] \times \left[C_D \frac{3}{8r_g}|v - u| \right]^{-1} \qquad (3.60)$$

通过气泡运动方程的适用条件及逆解析的推求过程，可以看到逆解析法有其使用的限制条件。当同时满足下述 5 个条件时，可用逆解析法来计算速度场。

（1）气泡大约呈球形。

（2）当 Re<200 时，没有如之字形和螺旋形运动出现。

（3）当 Re>50 时，忽略历史力。

（4）气泡空隙率较小，可忽视气泡与气泡间的作用力。

（5）典型流动液体的空间比气泡尺寸大得多。

3.4.3 粒子图像测速技术的应用

PIV 发展初期主要用来测试单相流（空气和水等），随着 PIV 技术不断地向前发展，其应用领域不断拓宽，两相 PIV 图像中还包含了离散相颗粒（气泡）的丰富信息，不仅能给出速度分布，还能给出颗粒粒径与浓度分布。与单相流测量相比，两相数字图像处理技术要困难得多，它不仅要分辨代表同一粒子在已知时间间隔里移动位移，而且要将代表不同相的颗粒区分开来，而两相颗粒之间会发生碰撞、遮挡，甚至翻转。如果代表两相流动的颗粒光学性能不同，会给在同一底片上成像带来很大困难，颗粒很容易跑出片光照射的区域使在观测区域找不到相关点，因此两相测量的图像数字处理技术尚处于起步与发展之中。目前，国际上已开始将 PIV 技术用于气液两相流测量中。虽然，在 PIV 应用于气液两相流动时存在着连续相和分散相的粒子图像如何区别、照光光源的选择、图像处理算法的改进等许多难题，但已有一些研究者进行初步的探索，并取得了一些研究成果。

1. 鼓泡塔内气液两相流测试

气液鼓泡塔是气液两相进行质量、动量和能量传递及化学反应的重要设备，具有两相际接触面大、液体持有量多、传质和传热效率高、结构简单、操作稳定等特点，并具有在高温、高压下处理腐蚀性和有毒性气体的能力，在石油化工、生物化工等领域中得到广泛应用。鼓泡塔内气液两相流动是一种复杂的两相流动过程。一般来说，由于气泡的易塑性，气液两相流动形态呈无限的拓扑关系。多年来，尽管人们对气液两相间的相互作用及对各种流型的特征有了一定的认识，

但对各种流型产生的机理和流型过渡的本质并不十分清楚。Delnoij 等（2000）描述了一种新的集成相关多相流 PIV 技术，该测速仪使用连续记录气泡示踪图形的集合相关程序来测量液相和气泡的运动，该集合相关技术可以同时测量示踪剂颗粒和气泡的浓度，将该技术应用于鼓泡塔内气液两相流测试。Chung 等（2009）将标准二维粒子图像测速与新图像组合的方法处理算法已经被开发，来测量平均局部曝气速度及内液相的局部速度，在实验中使用 3μm 乳胶粒子测量液体速度，而对于气体速度测量，进行了单独的实验，用荧光罗丹明染料掺杂液相以允许气液接口被识别，通过测量垂直玻璃柱中气泡上升的速度验证了技术的准确性。Besbes 等（2015）使用粒子图像测速技术同时捕获气泡和聚酰胺示踪剂的 50μm 印迹，选择示踪粒子以提供足够的对比度且具有中性浮力，并通过 PIV 实验测定验证了欧拉-拉格朗日模型对气泡羽流模拟的准确性。上述工作对于人们认识和了解鼓泡塔内气液两相流动机理和流动特性起到了积极的作用，同时也表明 PIV 应用于气液两相流流动特性测试是可行的。

2. 气泡运动速度场测试

气液两相流是水利、能源、化工、环境中常遇到的一个问题，在一些工程应用的效果如何，很大程度上取决于气泡运动形态及分布。气液两相的流动结构是多样的，而且带有随机性。Cheng 等（2003a）提出了一种在高空隙率下气液两相流中曝气速度场的图像分析方法，该方法基于应用多重空间分辨力，即用回归互相关 PIV 法来求解气液两相流中气泡的速度，结果表明曝气速度高频率的振动发生在剪切层和上表面附近，而低频率振动时主要发生在试验装置的中部；特征频率将气泡振动强度的频谱划分为 2 个区域，在这 2 个区域形成了气泡羽流的紊流特性和宏观对流模式。Cheng 等（2005b）采用 PIV 技术测出气液两相流中曝气速度场，通过建立低雷诺数下微小气泡的运动方程，并采用逆解析法求解方程，可得到沿着气泡轨迹的液相流速，通过空间和时间的内插法建立了整个液相流场结构。同时，根据气泡运动的测量数据提出了估算液相流场的算法。Liu 等（2006）使用 PIV 技术研究气泡的运动特性，由 PIV 测量的瞬时液体流场显示了气泡在不同路径上升的多样性，基于此提出了一种计算气泡末端速度的相关性的方法。综上所述，PIV 应用于气泡场的测量已取得了成功，为 PIV 应用于气液两相流流动特性研究奠定了理论和实践基础。

3.5　粒子追踪测速技术

与 PIV 技术相对应的另一个分支是 PTV 技术。在气固、液固等两相流动中，对于颗粒相的测量问题，由于颗粒分布具有离散性，使得基于传统图像相关的 PIV

技术（目前的商业 PIV 技术大多采用该技术）由于无法辨别单个颗粒的运动而容易忽略颗粒分布的不均匀性。而基于颗粒位置相关的 PTV 技术的出现为两相流中颗粒相的测量带来了较大的希望，因为该技术可以对单个粒子的运动轨迹进行描绘，不仅能够测量二维流场，而且可以扩展到三维流场的测量当中，所以 PTV 技术得到了越来越广泛的应用。

根据撒入的示踪粒子浓度的不同，可以将广义上的 PIV 技术分为三种模式：当撒入的示踪粒子浓度非常低时，粒子跟随流体流动的情况类似于单个粒子，这是低成像密度的 PIV 模式，称之为粒子追踪测速（PTV）；当示踪粒子的浓度较大、成像分辨率较低或者位移小于激光的 1/4 个波长时，底片上粒子的图像就会发生重叠，这种情况下记录的将会是粒子的散斑，这是高成像密度的 PIV 模式，称之为激光散斑方式（Laser speckle velocimetry，LSV）；示踪粒子浓度介于前两者之间时，就是传统意义上的 PIV。与 PIV 比，PTV 具有两个优点：①由于 PTV 技术是直接跟踪流场中示踪粒子的运动，从而避免了 PIV 技术的平均效应，具有准确性和直观性（胡永亭等，2008）；②PTV 技术可以扩展到三维空间进行测量，但仅能应用于粒子浓度较低的流场，这也是 PTV 方法的局限性。

3.5.1　粒子追踪测速技术测定原理

PTV 技术的原理很简单，就是在流场中撒入示踪粒子，假设示踪粒子的运动准确代表了其所在流场内相应位置流体的运动。首先使用脉冲片光源照射流场中的一个测试平面，利用这些粒子对光的散射作用，使用成像的方法记录下流场中粒子的位置；其次对连续两帧或者多帧图像进行处理分析，得出各点粒子的位移；最后根据粒子位移和曝光的时间间隔，便可以计算出流场中各点的流速矢量，进而可以得到其他运动参数（包括流场速度矢量图、速度分量图、流线图和旋度图等）（许联锋等，2003）。

根据图像的记录方式的不同，PTV 可以分成单帧单脉冲、单帧多脉冲和多帧单脉冲三种方式。

（1）单帧单脉冲方式：对单帧图像进行操作，使用一个单独的矩形脉冲来形成粒子的曝光轨迹，粒子的曝光轨迹表现为一条短线。

（2）单帧多脉冲方式：对单帧图像进行操作，使用多个瞬时脉冲来形成粒子的曝光轨迹，粒子的曝光轨迹表现为一系列的点。

（3）多帧单脉冲方式：采用摄像机进行连续拍摄，得到多帧连续图像序列，使用一个单独的矩形脉冲来形成粒子的曝光轨迹，粒子的曝光轨迹表现为连续图像序列中相对应的点。

在三种形式中，单帧单脉冲方式是最简单的一种，因为它不需要进行粒子匹配，但是相应的测量误差也比较大，而且得到的流场图无法辨别流体的流动方向；

单帧多脉冲方式比单帧单脉冲方式更复杂，它需要对多次曝光的粒子进行正确的匹配，测量精度也比单帧单脉冲方式高，但它依然无法辨别流体的流动方向，而且不同时刻的粒子图像可能会发生重叠，这样就会影响到粒子图像分割和粒子匹配的准确性；多帧单脉冲方式是最复杂的一种，它可以在一段时间内持续跟踪示踪粒子的运动，因此测量精度更高，而且它不仅可以获得粒子速度的大小，还可以判断出粒子速度的方向，这就避免了方向模糊以及粒子图像重叠的问题（禹明忠，2002）。因为多帧单脉冲方式具有显著的优越性，所以在 PTV 技术中获得了更多的应用。而在采用多帧单脉冲方式的 PTV 技术中，关键的难题就是如何对各帧之间的粒子进行正确地匹配。

目前已有的粒子匹配方法包括：二值图像互相关（binary image cross-correlation，BICC）算法、弹簧模型粒子跟踪（spring model particle tracking，SPG）算法、人工神经网络算法以及最近邻法等。这些算法当中，原理最简单的就是最近邻法。但也正是由于该方法的简单性，当撒入示踪粒子的浓度较高时，或者粒子的运动速度较快时，很容易发生误匹配，得到的速度矢量也不正确。而人工神经网络技术的出现，使得粒子匹配的过程有可能完全自动进行，而且有可能保证比较低的错误率，但这类方法需要耗费相当多的计算时间，而且有些人工神经网络实用性还不够好。尽管现在还存在很多困难，但是基于模式识别和人工神经网络的自动低错误率的粒子匹配方法应该是 PTV 发展的方向（禹明忠，2002）。

3.5.2　粒子追踪测速技术算法

根据研究对象的不同，可以将已有的 PTV 匹配算法分为四类：单独研究单个粒子配对的 PTV 算法、结合附近粒子研究单个粒子配对的 PTV 算法（又叫互相关算法）、研究多个粒子整体配对的 PTV 算法、人工神经网络算法。其中，单独研究单个粒子配对的 PTV 算法是对单个粒子的匹配问题进行研究，计算过程中也仅涉及单个目标粒子；互相关算法也是研究单个粒子的匹配问题，但是在计算过程中结合了目标粒子周围的邻域粒子，这是考虑到流场中的邻域粒子具有相似的运动轨迹；研究多个粒子整体配对的 PTV 算法是对多个粒子的匹配问题进行研究；而人工神经网络算法则是将图像中的所有粒子结合在一起进行计算。总体来说，目前已有的算法以互相关算法居多，而且经过国内外学者数十年的研究和改进，这些算法已经广泛应用于固液、气固等两相流的研究当中，有较高的准确性和适用性。而人工神经网络算法还处于萌芽阶段，不足以满足研究的要求，但是此类算法具有非常广阔的发展空间，在国内外学者的共同努力下，相信它能够成为粒子图像测速的主导算法。

Okamot 等（1995）提出了一种弹簧模型粒子跟踪（SPG）算法，该算法使用两帧连续图像序列，通过计算两帧图像中粒子与周围粒子群组成的弹簧模型的形变压力，寻找压力最小时的对应粒子作为配对粒子，特点是在流场中应用了动态的模型，能够表现出流体流动的变形。Baek 等（1996）提出了一种两帧图像粒子跟踪算法，该算法使用两帧连续图像序列，通过反复迭代计算目标粒子与第二帧图像中候选粒子的配对概率，得到配对概率最大的粒子作为匹配粒子。然而这种算法不能表现出流体流动的变形，因为该算法仅依靠在目标粒子附近的一个小区域内是否能找到运动矢量相似的粒子来研究目标粒子能否被匹配。Labonté（1999）提出了一种新的人工神经网络算法来进行粒子跟踪测速，当流场方向有重大的改变也能得到更好的结果，而且考虑了不可匹配的粒子图像的存在，算法的合理性和准确性都有所提高，这也是人工神经网络算法研究的一个突破，为该算法的进一步研究打下了良好的基础。Ishikawa 等（2000）提出一种新颖的算法来处理流体的变形——速度梯度张量（velocity gradient tensor，VGT）算法，该算法被应用于基本的流体运动，如刚体转动的流动、库埃特流、扩张流以及漩涡流等，算法的适用范围比以往的算法大大提高，能够应用于许多复杂的流场中，但其原理比较难懂，处理图像的时间也比较长，算法效率不高。

3.5.3　粒子追踪测速技术的应用

近十几年来，随着激光技术和图像处理技术的成熟，粒子图像测速技术获得了人们的普遍认可。在能进行相分离的多相流运动中，都可以采用 PIV 技术、PTV 技术来分析其运动规律。这些技术作为研究各种复杂流场的一种基本手段，现在已经广泛应用于各种流动中，从定常流动到非定常流动、低速流动到高速流动、单相流动到多相流动等。气液两相流作为两相流中的一种，广泛应用于能源、化工、核能、冶金等领域。

1. 风沙输运测试

风沙输运是日益严重的沙漠化问题中的关键物理现象。鉴于该现象十分复杂、很难通过理论方法准确描述，采用不同手段，包括 PTV 方法进行的试验研究备受重视。其中以高速照相机或摄像机和连续光源进行的连续时间 PTV 技术主要用于沙粒跃移及爬流运动规律、特别是沙粒间及沙粒与反射表面间作用的研究（Wang et al., 2009；Zhang et al., 2007）；而以普通 CCD / CMOS 数字照相机和脉冲光源进行的沙粒速度的两帧 PTV 测量，可方便地与空气相的速度测试手段（如皮托管和 PIV 等）结合，获得两相的运动信息，对分析相间的双向耦合作用很有帮助（Yang et al., 2012；Valance et al., 2011；Zhang et al., 2008）。风沙输运的 PTV 测量一般在竖直平面内进行，尽管有学者指出沙粒严格上属于三维运动；另一个值得注意的问题是跃移底层的沙粒分布密度非常大，相互之间的碰撞频繁、运动不规律，导致这个区域"粒子"（即沙粒）的匹配较为困难（Zhang et al., 2007）。

2. 气泡运动速度场测试

含气泡的多相流动在化学及环境工程中较为常见，在强化传热和流动减阻等多种场合都有应用。尽管气泡和沙粒同属分散相，但前者一般尺寸较大、透明、存在变形和重叠、运动速度较慢，因此其 PTV 技术的实施细节与后者差别明显。通常的处理步骤是去除图像噪声后，确定气泡的轮廓、对图像进行二值化，计算各气泡的几何中心，最后进行相应"粒子"的匹配（周怒潮等，2013；Lelouvetel et al.，2011；Kitagawa et al.，2005）。由于气泡尺寸大、速度慢，正确匹配难度不大；但是之前的图像处理过程相比沙粒复杂，另气泡变形会在测速结果中引入误差，这些在实践中都需要注意的（周怒潮等，2013）。Cheng 等（2005b，2003b）采用 PTV 技术和逆解析结合对两相流中液相流场进行测试分析，结果表明该组合方法可以很好地重建气液两相流的液相流的流动。Nezu 等（2011）和 Shokri 等（2017）采用 PIV 和 PTV 技术对明渠流体的湍流开展实验研究，其中颗粒（或沙粒）采用 PTV 技术分析测试，研究发现在测试条件下颗粒显示比液相更高的流向和径向波动。PTV 在气液两相流动研究方面具有重要影响，往往与 PIV 技术联用实现全流场的可视化。

参 考 文 献

程易，王铁峰，2017. 多相流测量技术及模型化方法[M]. 北京: 化学工业出版社.

段俐，康琦，申攻，2000. PIV 技术的粒子图像处理方法[J]. 北京航空航天大学学报，26(1): 79-82.

冯旺聪，郑士琴，2003. 粒子图像测速(PIV)技术的发展[J]. 仪器仪表用户，10 (6): 1-3.

胡永亭，邵建斌，陈刚，2008. 几种 PTV 算法的比较研究[C]. 济南: 第二十一届全国水动力学研讨会暨第八届全国水动力学学术会议暨两岸船舶与海洋工程水动力学研讨会.

李海青，黄志尧，2000. 特种检测技术及其应用[M]. 杭州: 浙江大学出版社.

沈熊，2004. 激光多普勒测速技术及应用[M]. 北京: 清华大学出版社.

孙鹤泉，沈永明，康海贵，等，2004. PIV 技术的几种实现方法[J]. 水科学进展，15 (1): 105-108.

吴志军，孙志军，张建华，等，1993. 粒子图像速度场仪(PIV)成像系统开发[J]. 吉林工业大学自然科学学报，29(3): 6-11.

许联锋，陈刚，李建中，等，2003. 粒子图像测速技术研究进展[J]. 力学进展，33(4): 533-540.

禹明忠，2002. PTV 技术和颗粒三维运动规律的研究[D]. 北京: 清华大学.

张泽宝，2001. 医学影像物理学[M]. 北京: 人民卫生出版社.

周怒潮，邵虎泵，贺小华，2013. 刮板结构对薄膜蒸发器内气液两相液膜流场影响分析[J]. 压力容器，30(4): 33-38.

周云龙，李洪伟，范振儒，2008. 基于 PTV 法对油气水三相流流场的测定[J]. 化工学报，59 (10):2505-2510.

ACHARYA R, YENUMULA L, KUMAR U, et al., 2017. Performance evaluation of process tomography system for cold flow catalytic column[J]. Chemical engineering research and design, 125: 1-8.

ADRIAN R J, 1991. Particle-imaging techniques for experimental fluid mechanics[J]. Annual review fluid mechanics, 23(1): 261-304.

BAEK S J, LEE S J, 1996. A new two-frame particle tracking algorithm using match probability[J]. Experiments in fluids, 22(1): 23-32.

BESBES S, HAJEM M E, BEN AISSIA H, et al., 2015. PIV measurements and Eulerian-Lagrangian simulations of the unsteady gas-liquid flow in a needle sparger rectangular bubble column[J]. Chemical engineering science, 126: 560-572.

BRÖDER D, SOMMERFELD M, 2000. A PIV/PTV system for analyzing turbulent bubbly flow[J]. Experiments in fluids, 18: 20-26.

CHENG W, MURAI Y, ISHIKAWA M, et al., 2003a. An algorithm for estimating liquid flow field from PTV measurement data of bubble motion[J]. Journal of the visualization society of Japan, 23(11): 107-114.

CHENG W, MURAI Y, YAMAMOTO F, 2005a. Estimation of the liquid velocity field in two-phase flows using inverse analysis and particle tracking velocimetry [J]. Flow measurement and instrumentation 16(5): 303-308.

CHENG W, ZHOU X, SONG C, et al., 2003b. Experimental and numerical simulation of three-phase flow in an aeration tank [J]. Journal of hydrodynamics, 15(4): 118-123.

CHENG W, YUICHI M, TOSHIO S, et al., 2005b. Bubble velocity measurement with recursive cross correlation PIV technique[J]. Fluid measurement and instrumentation, 16(1): 35-46.

CHUNG K H K, SIMMONS M J H, BARIGOU M, 2009. Local gas and liquid phase velocity measurement in a miniature stirred vessel using PIV combined with a new image processing algorithm[J]. Experimental thermal and fluid science, 33(4): 743-753.

COLLINS J H P, SEDERMAN A J, GLADDEN L F, et al., 2017. Characterising gas behavior during gas-liquid co-current up-flow in packed beds using magnetic resonance imaging[J]. Chemical engineering science, 157: 2-14.

DEEN N G, WESTERWEEL J DELNOIJ E, 2002. Two-phase PIV bubbly flows: status and trend[J]. Experiments in fluids, 25 (1) :97-101.

DELNOIJ E, KUIPERS J A M, VAN SWAAIJ W P M, et al., 2000. Measurement of gas-liquid two-phase flow in bubble columns using ensemble correlation PIV[J]. Chemical engineering science, 55(17): 3385-3395.

GLADDEN L F, ANADON L D, DUNCKLEY C P, et al., 2007. Insights into gas-liquid-solid reactors obtained by magnetic resonance imaging[J]. Chemical engineering science, 62(24): 6969-6977.

GORE R A, CROWE C T, 1989. Effect of particle size on modulating turbulent intensity[J]. International journal of multiphase flow, 15(2): 279-285.

HREIZ R, GENTRIC C, MIDOUX N, et al., 2014. Hydrodynamics and velocity measurements in gas-liquid swirling flows in cylindrical cyclones[J]. Chemical engineering research and design, 92(11): 2231-2246.

ISHIKAWA M, MURAI Y, WADA A, et al., 2000. A novel algorithm for particle tracking velocimetry using the velocity gradient tensor[J]. Experiments in fluids, 29: 519-531.

KESKA J K, Williams B E, 1999. Experimental comparison of flow pattern detection techniques for air-water mixture flow[J]. Experimental thermal and fluid science, 19(1): 1-12.

KITAGAWA A, HISHIDA K, KODAMA Y, 2005. Flow structure of microbubble-laden turbulent channel flow measured by PIV combined with the shadow image technique[J]. Experiments in fluids, 38(4): 466- 475.

KULKARNI A A, JOSHI J B, KUMAR V R, et al., 2001a. Application of multiresolution analysis for simultaneous measurement of gas and liquid velocities and fractional gas holdup in bubble column using LDA[J]. Chemical engineering science, 56: 5037-5048.

KULKARNI A A, JOSHI J B, KUMAR V R, et al., 2001b. Simultaneous measurement of hold-up profiles and interfacial area using LDA in bubble columns: predictions by multiresolution analysis and comparison with experiments[J]. Chemical engineering science, 56(21-22): 6437-6445.

LABONTÉ G, 1999. A new neural network for particle-tracking velocimetry[J]. Experiments in fluids, 26(4): 340-346.

LEBLOND J, BENKEDDA Y, JAVELOT S, et al., 1994. Two-phase flows by pulsed field gradient spin-echo NMR[J]. Measurement science & technology, 5(4): 426-434.

LEBLOND J, JAVELOT S, LEBRUNETAL D, 1998. Two-phase flow characterization by nuclear magnetic resonance[J]. Nuclear engineering and design, 184 (2-3): 229-237.

LELOUVETEL J, NAKAGAWA M, SATO Y, et al., 2011. Effect of bubbles on turbulent kinetic energy transport in downward flow measured by time-resolved PTV[J]. Experiments in fluids, 50(4): 813-823.

LEMONNIER H, 1997. Multiphase instrumentation: the keystone of multidimensional multiphase flow modeling[J]. Experimental thermal and fluid science, 15(3): 154-162.

LIU Z, ZHENG Y, 2006. PIV study of bubble rising behavior[J]. Powder technology, 168(1):10-20.

LYSOVA A A, KOPTYUG I V, KULIKOV A V, et al., 2007. Nuclear magnetic resonance imaging of an operating gas-liquid-solid catalytic fixed bed reactor[J]. Chemical engineering journal, 130(2-3): 101-109.

MONTANTE G, PAGLIANTI A, 2015. Gas hold-up distribution and mixing time in gas-liquid stirred tanks[J]. Chemical engineering journal, 279: 648-658.

MUDDE R F, GROEN J S, 1998. Application of LDA to bubbly flows[J]. Nuclear engineering and design, 184(2-3): 329-338.

MYCHKOVSKY A G, CECCIO S L, 2012. LDV measurements and analysis of gas and particulate phase velocity profiles in a vertical jet plume in a 2D bubbling fluidized bed Part III: The effect of fluidization[J]. Powder technology, 220:37-46.

NEZU I, SANJOU M, 2011. PIV and PTV measurements in hydro-sciences with focus on turbulent open-channel flows[J]. Journal of hydro-environment research, 5(4): 215-230.

OKAMOTO K, HASSAN Y A, SCHMIDL W D, 1995. New tracking algorithm for particle image velocimetry[J]. Experiments in fluids, 19(5): 342-347.

PERERA K, PRADEEP C, MYLVAGANAM S, et al., 2017. Imaging of oil-water flow patterns by electrical capacitance tomography[J]. Flow measurement and instrumentation, 56: 23-34.

REINECKE N, PETRITSCH G, BODDEM M, et al., 1998. Tomographic imaging of the phase distribution in two-phase slug flow[J]. International journal of multiphase flow, 24(4): 617-634.

REYES J N, LAFI J A Y, SALONER D, 1998. The use of MRI to quantify multiphase flow patterns and transitions: an application to horizontal slug flow[J]. Nuclear engineering and design, 184(2): 213-228.

SHOKRI R, GHAEMI S, NOBES D S, et al., 2017. Investigation of particle-laden turbulent pipe flow at high-Reynolds-number using particle image/tracking velocimetry (PIV/PTV)[J]. International journal of multiphase flow, 89: 136-149.

STEVENSON P, SEDERMAN A J, MANTLE M D, et al., 2010. Measurement of bubble size distribution in a gas-liquid foam using pulsed-field gradient nuclear magnetic resonance[J]. Journal of colloid and interface science, 352(1): 114-120.

VALANCE A, HO T D, MOCTAR A O E, et al., 2011. Scaling laws in aeolian sand transport[J]. Physical review letters, 106(9): 1059-1062.

WANG Y, WANG D W, WANG L, et al., 2009. Measurement of sand creep on a flat sand bed using a high-speed digital camera[J]. Sedimentology, 56(6): 1705-1712.

WANG Z N, KANG Y, WANG X C, et al., 2018. Investigating the flow characteristics of air-lift pumps operating in gas-liquid two-phase flow[J]. Chinese journal of chemical engineering, 26(2): 219-227.

WILLERT C E, GHARIB M , 1991. Digital particle image velocimetry[J]. Experiments in fluids, 10(4): 181-193.

YANG F S, AOSHIMA D, OTAKEGUCHI K, et al., 2012. Experimental study on the local turbulence modulation in a horizontal particle laden flow with rigid fence[C]. Xi'an: AIP Conference Proceedings, 1547(1): 270-279.

YEH Y, CUMMINS H Z, 1964. Localized flow measurements with a He-Ne lase spectrometer[J]. Applied physics letters, 4 (10) :176-178

ZHANG W, KANG J H, LEE S J, 2007. Visualization of salta-tion sand particle movement near a flat ground surface[J]. Journal of visualization, 10(1) : 39-46.

ZHANG W, WANG Y, LEE S J, 2008. Simultaneous PIV and PTV measurements of wind and sand particle velocities[J]. Experiments in fluids, 45(2): 241-256.

第4章 曝气池中气液两相流数学模型理论

气液两相反应器是一类重要的工业反应器，广泛应用于石油化工、生物化学、食品化工、能源化工和环境工程等许多工业过程中。目前，气液两相反应器的设计及放大仍是一个工业难题，主要有两个原因：一是反应器形式多种多样，包括搅拌釜、鼓泡床以及气升式环流反应器等，实验手段和测量技术也千差万别，实验数据不具有普遍性；二是多相流本身作为一种复杂的物理现象，影响因素很多，且相互耦合，对其机理的认识和了解还远远不够。气液反应器在结构设计、装置放大、优化操作以及性能预测方面仍然缺乏足够的理论指导，因此针对气液反应器内的多相流动行为的理论分析仍是一项具有意义的基础研究工作。

气液两相流体系具有典型的多尺度特征，如图 4.1 所示为曝气池中气液两相流动示意图。气相中存在气泡和气泡群两个尺度：气泡群的空间螺旋运动导致液体的循环，具有床径的空间尺度和 1～10s 的时间尺度；气泡尺度的运动包括湍流涡的剪切脱落、液体绕流单个气泡以及气泡和气泡间的相互作用，具有气泡直径的空间尺度和 0.1～1s 的时间尺度。对于液相中的湍流涡，则具有跨度很大的空间尺度和时间尺度（Buwa et al., 2006）。反应器宏观上的流动行为取决于这些过程的混合、传递和相互作用，因此需要发展有效的数学模型来定量描述物性参数、操作参数、结构参数等与宏观流动行为间的关系。

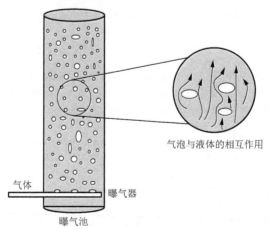

图 4.1 曝气池中气液两相流动示意图

4.1　双流体模型

气液体系中的液相可以很方便地采用欧拉方法对其行为进行描述。气相作为分散相，描述的方法分两种：一种是欧拉法（Eulerian method），把分散相视为拟连续相；另一种是拉格朗日法（Lagrangian method），对单个气泡或样品气泡进行跟踪。因此，气液两相流的描述分为欧拉-欧拉法（Eulerian-Eulerian method）和欧拉-拉格朗日法（Eulerian-Lagrangian method）（程易等，2017）。

（1）欧拉-欧拉法：欧拉-欧拉模型是将连续相（液相）和分散相（气相）看作可以互相渗透的连续介质，气液两相的控制方程具有相同的形式，故也称双流体模型，是两相流模拟中使用频率较高的一种模型（金宁德等，2007）。该模型是利用平均化技术，在单相流 N-S（纳维-斯托克斯）方程的基础上推导出的两相流基本控制方程，该模型的基本思路是认为将气液两相流场看作两相各自运动和相互作用的整体，各自遵循各自的控制方程组。欧拉-欧拉法将气相和液相均视为连续相，并假设气相和液相之间相互渗透。获得连续相的基本控制方程可以有三种平均方法：一是时间平均法；二是体积平均法；三是统计平均法（Crowe，2005）。如图 4.2（a）所示，时间平均法基于计算流动中某个固定点流动性质的平均值。如果物理量为速度，则速度随时间的变化曲线如图 4.2（b）所示，平均时间的尺度介于局部的脉动时间 t' 和系统时间 T_a 之间。体积平均法基于计算一个体积单元内在某个瞬间的流动性质平均值，如图 4.2（c）所示，平均体积的尺度介于气泡间的特征体积 l 和系统的特征体积 L 之间，统计平均法为基于某段给定的时间内在特定结构中的流场概率分布，多相流数学模型中大多数都是采用体积平均法。

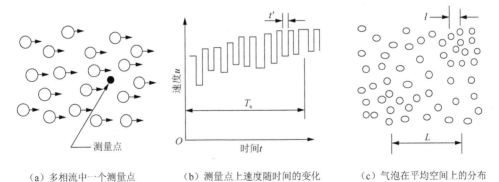

（a）多相流中一个测量点　　　　（b）测量点上速度随时间的变化　　　　（c）气泡在平均空间上的分布

图 4.2　连续相控制方程的平均方法

（2）欧拉-拉格朗日法：欧拉-拉格朗日模型是先将分散相看作离散的颗粒，在拉格朗日坐标系中对每个离散颗粒的运动方程进行积分求解，最后考虑分散相在连续相中的受力及湍流扩散等获得离散相的运动轨迹（Zhou et al., 2014）。欧拉-拉格朗日法中对连续相的处理采用欧拉平均法，而单气泡或气泡群的运动则通过建立该气泡或气泡群的力学平衡方程进行求解。在特定的体积范围内，气泡或气泡群的轨迹可以通过拉格朗日法计算出来。在欧拉-欧拉法的方程推导中，气泡的轨迹没有显示出来。拉格朗日法可以同时应用于稀相和密流运动中，在稀相运动中，气泡和气泡间的碰撞时间大于气泡的响应时间，因此气泡的运动取决于气泡和液相间的相互作用以及气泡和壁面的相互碰撞。在密流运动中气泡的响应时间大于气泡和气泡间的碰撞时间，因此气泡和气泡的相互作用同时受到气泡动力学、气液相互作用以及气泡和壁面的碰撞三个因素影响。当流动为稳态的稀相时，拉格朗日形式的一种求解方法为轨迹法（trajectory method）；当流动为不稳态的密相时，则需要采用更广义的离散元方法（discrete element approach）（Crowe，2005）。

与欧拉-拉格朗日法相比，欧拉-欧拉法具有如下优点：一是气泡相和液相采用同一套数值方法，计算量较小；二是对气泡个数很多的情况适用性较好。但是该方法也存在一定的局限性：一是气泡相对液相施加的作用、气泡间的相互作用和气泡大小分布的机理描述还不够清楚和准确；二是边界条件较难处理；三是气泡相稀疏时方程难以适用。

4.1.1　双流体模型概述

双流体模型属于欧拉-欧拉法，采用双流体模型建立两相流方程的观点和基本方法是：首先建立每一相瞬时的、局部的守恒方程，然后采用某种平均方法得到两相流方程和各种相间作用的表达式。双流体模型中连续相和分散相的控制方程组可以用统一的形式表达为

$$\frac{\partial}{\partial_t}(\rho\alpha\varphi)_k + \nabla\cdot(\rho\alpha\varphi u)_k = \nabla\cdot(\Gamma_\varphi\alpha_k\nabla\varphi)_k + S_{\varphi,k} \qquad (4.1)$$

式中，k 为液相（l）或气相（g）；φ 为某物理量，如速度分量、温度、焓、质量分数、湍动能和湍能耗散速率等；∇ 为拉普拉斯算子，在此处表示某矢量的散度；$S_{\varphi,k}$ 为表示各相自身的源项和相间作用引起的源项；ρ 为第 k 相的密度；α_k 为第 k 相的容积比率；Γ_φ 为应力张量。

式（4.1）加上构成源项、输运系数模型以及一些本构方程和关系式（如状态方程、温焓关系、热传导关系式和化学动力学关系式等）构成封闭的双流体模型方程组。

针对具体的模拟对象和体系，需要对式（4.1）进行修改，如修改扩散系数和修改源项等。在气液体系的双流体模型中，通过修改源项可以加入气泡径向力、

修改曳力以及加入气泡对液相湍流的影响。

双流体模型基本控制方程包括质量守恒方程、动量守恒方程和能量守恒方程。在基本控制方程的基础上，还需要对相间作用相和扩散系数等建立方程使双流体模型封闭。对于气液固浆态体系，固体颗粒平均粒径很小，对应的沉降速度与液相相比可以忽略，因此通常将液相和固体颗粒相近似处理为均相，固体颗粒的影响通过在模型中采用浆相的物理性质（如黏度和密度）等进行表征，这种处理方法在气液固浆态体系中被广泛采用。

（1）质量守恒方程（连续性方程）。

气相：

$$\nabla \cdot (\rho_g \alpha_g u_g) = 0 \tag{4.2}$$

液相：

$$\nabla \cdot (\rho_l \alpha_l u_l) = 0 \tag{4.3}$$

式中，ρ_g 为气相密度；ρ_l 为液相密度；α_g 为气相的容积比率；u_g 为气相速度；u_l 为液相速度。

（2）动量守恒方程（运动方程）。

气相：

$$\nabla \cdot (\rho_g \alpha_g u_g u_g) = -\alpha_g \nabla P' + \nabla \cdot [\alpha_g \mu_{eff,g} (\nabla u_g + \nabla u_g^T)] + F_{g,l} + \rho_g \alpha_g g \tag{4.4}$$

液相：

$$\nabla \cdot (\rho_l \alpha_l u_l u_l) = -\alpha_l \nabla P' + \nabla \cdot [\alpha_l \mu_{eff,l} (\nabla u_l + \nabla u_l^T)] - F_{g,l} + \rho_l \alpha_l g \tag{4.5}$$

式中，$F_{g,l}$ 为液相作用于气相上的相互作用力；$\mu_{eff,g}$ 为气相有效黏度；g 为重力加速度；∇u_g 为气相上运动速度的梯度；∇u_g^T 为气相沿切向的速度梯度；P' 为修正压力；$\mu_{eff,l}$ 为液相有效黏度，定义为

$$P' = P + \frac{2}{3} \mu_{eff,l} \nabla u_l + \frac{2}{3} \rho_l k_l \tag{4.6}$$

式中，k_l 为液相湍功能；P 为应力源项。

液相有效黏度 $\mu_{eff,l}$ 由式（4.7）进行计算：

$$\mu_{eff,l} = \mu_{lam,l} + \mu_{tl,s} + \mu_{tl,b} \tag{4.7}$$

式中，$\mu_{lam,l}$ 为液相的层流黏度。

有效黏度由层流黏度和湍流黏度两部分组成，其中湍流黏度又由液相剪切引起的湍流黏度 $\mu_{tl,s}$ 和气泡引起的湍流黏度 $\mu_{tl,b}$ 两部分组成，即 $\mu_{tl} = \mu_{tl,s} + \mu_{tl,b}$。可采用 Sato 等（1981）提出的模型对气泡引起的湍流黏度进行计算：

$$\mu_{tl,b} = C_{\mu b} \rho_l \alpha_g d_b |u_g - u_l| \tag{4.8}$$

式中，d_b 为平均气泡直径；$C_{\mu b}$ 为经验参数，根据 Sato 等（1981）的结果取值为 1.2。

4.1.2 湍流模型

湍流出现在速度变动的地方，这种波动使得流体介质之间相互交换动量、能量和浓度，并且引起数量的波动。由于这种波动是小尺度且是高频率的，在实际工程计算中直接模拟的话对计算机的要求会很高。实际上瞬时控制方程可能在时间上、空间上是均匀的，或者可以人为的改变尺度，这样修改后的方程耗费较少的计算机。但是，修改后的方程可能包含有未知的变量，湍流模型需要用已知变量来确定这些变量。当连续相液相为湍流时，选择合适的湍流模型非常重要。这是因为湍流具有高度的非线性特征，湍流情况下的基本控制方程没有解析解，需要采用数值方法进行求解。湍流模型就是 CFD 模型的难点，很大程度上决定着数值模拟结果的优劣，需要根据流动特点、数值计算精度、计算资源和计算时间等因素综合考虑（李鹏飞等，2015；于勇等，2011）。

湍流模型根据模拟的复杂性分为三大类：一是直接模拟法（direct numerical simulation，DNS）；二是雷诺时均法（Reynolds-averaged navier-stokes equations，RANS）；三是大涡模拟法（large eddy simulation，LES）（Moin et al.，1998）。采用 DNS 求解湍流中所有尺度的涡结构不存在模型封闭问题，其优点是精度高，可以提供流场的全部信息；缺点是由于采用很小的时间和空间步长，计算量极大。目前 DNS 仅限于雷诺数较低的情况，而无法采用于工程数值计算。对多相流而言，DNS 还需要引入一定的相界面追踪算法（Rafique et al.，2004）。RANS 是基于统计理论，只计算湍流中的平均速度以及平均湍动能等时均信息，但求解过程中需要引入外部的封闭模型对控制方程进行封闭，优点是计算量较小，缺点是由于大尺度湍流涡的性质与边界条件密切相关，导致封闭模型缺乏适应性（张兆顺等，2005）。RANS 由于计算量经济，有一定合理的精度，而广泛应用于工程领域。LES 的复杂性介于 DNA 和 RANS 之间，其思想是通过某个过滤函数将大尺度涡和小尺度涡分开，对于大尺度涡直接进行数值计算，而对小尺度涡采用一定的模型假设进行封闭。由于 LES 的计算量仍然很大，仅局限于比较简单的剪切流和管装流，还无法在工程上广泛应用。RANS 和 LES 都采用欧拉-欧拉平均方法，都不直接对小尺度涡进行模拟。

本章主要从 $k\text{-}\varepsilon$ 模型和雷诺应力模型（Reynolds stress model，RSM）介绍双流体模型中涉及气液两相流动的湍流模型。

1. $k\text{-}\varepsilon$ 模型

最简单的完整湍流模型是两个方程的模型，要解两个变量，速度和长度尺度。在 CFD 模型中，标准 $k\text{-}\varepsilon$ 模型自从被 Launder 等（1972）提出之后，就成了工程流场计算中的主要工具，由于其适用范围广、经济以及合理的特点，在工业流场和热交换模拟中得到了广泛的应用。它是个半经验的公式，是从实验现象中总结出来的。由于 k-ε 模型具有一定的适用范围，在标准 k-ε 模型基础上进行改进，改进后的模型主要包含 RNG（renormalization group）k-ε 模型和可变（Realizable）k-ε 模型两种，使得模型的应用范围更加广泛。

1）标准 k-ε 模型

标准 k-ε 模型是个半经验公式，主要是基于湍流动能和扩散率，属于湍流模型中的两个方程模型。湍动能方程 k 是精确方程，扩散方程 ε 是由经验公式导出的方程。该模型计算量经济、适用性好且计算精度高，因此在工程流体计算模拟中得到广泛应用。

k-ε 模型假定流场完全是湍流，分子之间的黏性可以忽略，因此只对完全是湍流的流场有效。

湍动能方程 k：

$$\nabla \cdot (\rho_1 \alpha_1 k_1 u_1) = \nabla \cdot \left\{ \alpha_1 \left[\mu_{\mathrm{lam},1} + (\mu_{\mathrm{tl}} + \mu_{\mathrm{tb}}) / \sigma_k \right] \nabla k_1 \right\}$$
$$+ \alpha_1 (G_{k,1} - \rho_1 \varepsilon_1) + S_{k,1} \tag{4.9}$$

式中，μ_{tl} 为液相湍流黏度；μ_{tb} 为气相湍流黏度；$\mu_{\mathrm{tl}} + \mu_{\mathrm{tb}}$ 表示湍流黏度。

扩散方程 ε：

$$\nabla \cdot (\rho_1 \alpha_1 \varepsilon_1 u_1) = \nabla \cdot \left\{ \alpha_1 \left[\mu_{\mathrm{lam},1} + (\mu_{\mathrm{tl}} + \mu_{\mathrm{tb}}) / \sigma_\varepsilon \right] \nabla \varepsilon_1 \right\}$$
$$+ \alpha_1 \frac{\varepsilon_1}{k_1} (C_{\varepsilon 1} G_{k,1} - C_{\varepsilon 2} \rho_1 \varepsilon_1) + S_{\varepsilon,1} \tag{4.10}$$

式中，$S_{k,1}$ 和 $S_{\varepsilon,1}$ 为气泡湍动项的影响；$C_{\varepsilon 1}$ 和 $C_{\varepsilon 2}$ 为常数；$G_{k,1}$ 为湍动能产生项；k_1 为液相的湍动能；σ_k 和 σ_ε 分别为 k 和 ε 的普朗特数。

$$G_{k,1} = \mu_{\mathrm{eff},1} \nabla u_1 \cdot \left[\nabla u_1 + (\nabla u_1)^{\mathrm{T}} \right] - \frac{2}{3} \nabla u_1 \left(\mu_{\mathrm{eff},1} \nabla u_1 + \rho_1 k_1 \right) \tag{4.11}$$

$$\mu_{\mathrm{tl}} = C_\mu \left(\rho_1 k_1^2 / \varepsilon_1 \right) \tag{4.12}$$

式中，C_μ 取 0.09（Politano et al.，2003）。

Lopez 等（1994）对气液两相流的 k-ε 湍流模型中湍能修正进行了研究，对比了单时间常数模型（single time constant model）和双时间常数模型（two time constant model）。采用双时间常数模型时，把源项附加到 k 项和 ε 项中。Lopez 等（1994）将 CFD 模拟结果与实验结果对比证明，采用双时间常数模型进行液相湍流修正更为合理。双时间常数模型可表述为

$$k_{1,t} = k_1 + k_{1,\mathrm{g}} \tag{4.13}$$

$$\varepsilon_{1,t} = \varepsilon_1 + \varepsilon_{1,\mathrm{g}} \tag{4.14}$$

式中，$k_{1,t}$ 为液相总的湍动能；$\varepsilon_{1,t}$ 为液相总的湍流耗散率；k_1 和 ε_1 为液相的湍动

能和湍流耗散率; $k_{1,g}$ 为气泡引起的附加湍动能; $\varepsilon_{1,g}$ 为气泡引起的附加湍流耗散率。

$k_{1,g}$ 和 $\varepsilon_{1,g}$ 可采用式（4.15）和式（4.16）求解计算:

$$k_{1,g} = \frac{1}{2}\alpha_g C_{VM} u_{slip}^2 \tag{4.15}$$

$$\varepsilon_{1,g} = \frac{M_{1,g}}{\rho_1} u_{slip} = \alpha_g g u_{slip} \tag{4.16}$$

式中, C_{VM} 为附加重力系数, 取值 0.5; u_{slip} 为气液滑移速度; $M_{1,g}$ 为气液相间动量传递项。

气相采用 Jakobsen（1979）提出的关联式, 将气相湍流黏度 μ_{tg} 与液相湍流黏度 μ_{tl} 相关联:

$$\mu_{tg} = \frac{\rho_g}{\rho_1}\mu_{tl} \tag{4.17}$$

从式（4.17）可以看出, 气泡引起的湍流中只考虑了局部含气率的影响, 并未考虑气泡形状和大小的影响。

$S_{k,1}$ 项为气泡受到曳力时能量损耗转化成的液相湍动能。Lucas 等（2001）认为 $S_{k,1}$ 项与气泡上升时间成反比, 与该时间内气泡排斥液体改变的势能成正比, 提出 $S_{k,1}$ 项和 $S_{\varepsilon,1}$ 项的表达式:

$$S_{k,1} = C_1 f_D \cdot (u_g - u_1) = \frac{3}{4}C_1 C_D \rho_1 \alpha_g \frac{u_{slip}^3}{d_b} \tag{4.18}$$

$$S_{\varepsilon,1} = C_2 \frac{S_{k,1}}{\tau} \tag{4.19}$$

式中, 系数 C_1 为 0.03; f_D 为曳力; 系数 C_2 与 τ 有关, 而 τ 为时间尺度。

根据 Hosokawa 等（2010）的实验结果, 气泡对湍能修正存在以下三种机理: 一是气泡诱导产生湍能, 使湍动增强; 二是气泡可以破碎湍流涡, 阻碍剪切引发的湍流涡从壁面到床中心的长大, 减少中心处的湍动能的耗散; 三是气泡相间的传递湍流涡能量, 改变湍流涡速度分布。

2）RNG k-ε 模型

RNG k-ε 模型是由 N-S 方程推导出来的, 使用了一种叫"renormalization group"的数学方法。该模型解析解是基于标准 k-ε 模型修正得到的, 不仅具有标准 k-ε 模型的优点, 还兼有一些其他功能。

（1）在湍动能耗散率方程增加了附加项, 改进了对快速应变流（rapidly strained flows）的预测能力。

（2）包含了旋转对湍流的影响, 改进了对旋转流的预测能力。

（3）RNG k-ε 模型包含了普朗特数的解析式, 而标准 k-ε 模型的普朗特数是由用户给定的常数。

（4）标准 k-ε 模型适用于高雷诺数区域，而 RNG k-ε 模型还适用于低雷诺数区域。

RNG k-ε 模型一般比标准 k-ε 模型更准确，适用范围也更广，其模型方程如下。

湍动能方程 k：

$$\nabla \cdot \left(\rho_1 \alpha_1 k_1 u_1\right) = \nabla \cdot \left(P_k \alpha_1 \mu_{\text{eff}} \nabla k_1\right) + \alpha_1 \left(G_{k,1} - \rho_1 \varepsilon_1\right) + \alpha_1 S_{k,1} \tag{4.20}$$

式中，μ_{eff} 为有效黏度；$S_{k,1}$ 为气泡受到阻力时能量损耗转化成为的液相湍动能。

扩散方程 ε：

$$\nabla \cdot \left(\rho_1 \alpha_1 \varepsilon_1 u_1\right) = \nabla \cdot \left(P_\varepsilon \alpha_1 \mu_{\text{eff}} \nabla \varepsilon_1\right) + \alpha_1 \frac{\varepsilon_1}{k_1} \left(C_{\varepsilon 1} G_{k,1} - C_{\varepsilon 2} \rho_1 \varepsilon_1\right) + \alpha_1 S_{\varepsilon,1} - R_\varepsilon \tag{4.21}$$

式中，$S_{\varepsilon,1}$ 为气泡受到阻力时能量损耗转化成液相的湍流耗散率；P_k 和 P_ε 分别表示相应的有效普朗特数。

RNG k-ε 模型与标准 k-ε 模型主要区别在于扩散项增加了 R_ε：

$$R_\varepsilon = \frac{C_\mu \rho \eta^3 (1 - \eta / \eta_0)}{1 + \beta \eta^3} \frac{\varepsilon_1^2}{k_1} \tag{4.22}$$

式中，C_μ 为常数，取值为 0.0845；$\eta = sk_1 / \varepsilon_1$；$\eta_0 = 4.38$；$\beta = 0.012$。

湍流黏度 $\hat{v}$：

$$\text{d}\left(\frac{\rho_1^2 k_1}{\sqrt{\varepsilon_1 \mu}}\right) = 1.72 \frac{\hat{v}}{\sqrt{\hat{v}^3 - 1 + C_v}} \text{d}\hat{v} \tag{4.23}$$

$$\hat{v} = \mu_{\text{eff}} / \mu \tag{4.24}$$

式中，μ 为湍流黏度；C_v 为常数，约为 100。

3）Realizable k-ε 模型

Realizable k-ε 模型也是标准 k-ε 模型的一个改进模型，与标准 k-ε 模型相比，Realizable k-ε 模型在以下两方面进行改进。

（1）Realizable k-ε 模型采用了一个新形式的湍流黏度计算公式。

（2）采用一个由描述旋涡湍动的控制方程发展而来的湍能耗散速率方程。

相对于标准 k-ε 模型和 RNG k-ε 模型，Realizable k-ε 模型更接近物理实际，因此也有更好的预测能力。Realizable k-ε 模型的表达式如下。

湍动能方程 k：

$$\nabla \cdot \left(\rho_1 \alpha_1 k_1 u_1\right) = \nabla \cdot \left\{\alpha_1 \left[\mu_{\text{lam},1} + \left(\mu_{\text{tl}} + \mu_{\text{tb}}\right) / \sigma_k\right] \nabla k_1\right\}$$
$$+ \alpha_1 \left(G_{k,1} - \rho_1 \varepsilon_1\right) + \alpha_1 S_{k,1} \tag{4.25}$$

扩散方程 ε：

$$\nabla \cdot \left(\rho_1 \alpha_1 \varepsilon_1 u_1 \right) = \nabla \cdot \left\{ \alpha_1 \left[\mu_{\text{lam},1} + \left(\mu_{\text{tl}} + \mu_{\text{tb}} \right) / \sigma_\varepsilon \right] \nabla \varepsilon_1 \right\} + \alpha_1 \rho_1 C_1 S_{\varepsilon,1}$$

$$- \alpha_1 \rho_1 C_2 \frac{\varepsilon_1^2}{k + \sqrt{\nu \varepsilon}} + \alpha_1 S_{\varepsilon,1} \tag{4.26}$$

液相湍流黏度：

$$\mu_{\text{tl}} = C_\mu \left(\rho_1 k_1^2 / \varepsilon_1 \right) \tag{4.27}$$

$$C_\mu = 1 \Big/ \left(A_0 + A_s \frac{k_1 U^*}{\varepsilon_1} \right) \tag{4.28}$$

式中，A_0 和 A_s 为模型常数；C_1 和 C_2 均为常数；U^* 为相的加权速度。

2. RSM

RSM 不采用涡体黏度各向同性假设，而是通过计算雷诺应力来封闭 N-S 方程。与 k-ε 模型相比，RSM 在二维模拟时需要额外计算 7 个方程，其优点在于可以更准确地预测复杂流动行为。但是 RSM 的准确模拟仍依赖对压力应变（pressure strain）和湍能耗散速率的准确封闭。RSM 的控制方程为：

$$\frac{\partial}{\partial x_k} \left(\rho_1 \alpha_1 u_k \overline{u_i'} \, \overline{u_j'} \right) = \alpha_1 \left(D_{\text{T},ij} + D_{\text{L},ij} + P_{ij} + G_{ij} + \phi_{ij} + \varepsilon_{ij} + F_{ij} + S \right) \tag{4.29}$$

$$D_{\text{T},ij} = -\frac{\partial}{\partial x_k} \left[\rho_1 \overline{u_i' u_j' u_k'} + \overline{p \left(\delta_{kj} u_i' + \delta_{ki} u_j' \right)} \right] \tag{4.30}$$

$$D_{\text{L},ij} = \frac{\partial}{\partial x_k} \left[\mu \frac{\partial}{\partial x_k} \overline{\left(u_i' u_j' \right)} \right] \tag{4.31}$$

$$P_{ij} = -\rho_1 \left(\overline{u_i' u_k'} \frac{\partial u_j}{\partial x_k} + \overline{u_j' u_k'} \frac{\partial u_i}{\partial x_k} \right) \tag{4.32}$$

$$G_{ij} = -\rho_1 \beta \left(g_{\text{L},i} \overline{u_j' \theta} + g_{\text{L},j} \overline{u_i' \theta} \right) \tag{4.33}$$

$$\phi_{ij} = \overline{P \left(\frac{\partial u_i'}{\partial x_k} + \frac{\partial u_j'}{\partial x_k} \right)} \tag{4.34}$$

$$\varepsilon_{ij} = -2\mu \overline{\left(\frac{\partial u_i'}{\partial x_k} \frac{\partial u_j'}{\partial x_k} \right)} \tag{4.35}$$

$$F_{ij} = -2\rho_1 \Omega_k \left(\overline{u_j' u_m'} \varepsilon_{ikm} + \overline{u_i' u_m'} \varepsilon_{jkm} \right) \tag{4.36}$$

式中，u_i'、u_j' 和 u_k' 分别为 i、j、k 方向的波动速度；P_{ij} 为压强；δ_{ki} 和 δ_{kj} 分别为液相在 ki 和 kj 平面的厚度；μ 为湍流黏度；$g_{\text{L},i}$ 和 $g_{\text{L},j}$ 分别为 i、j 方向的特征离心加速度；β 为系数；θ 为浮力垂向夹角；$D_{\text{T},ij}$ 为湍流扩散项；$D_{\text{L},ij}$ 为分子扩散项；P_{ij} 为应力源项；G_{ij} 为浮力源项；ϕ_{ij} 为压力张力项；ε_{ij} 为湍流耗散项；F_{ij} 为

旋转源项；S 为用户源项；Ω_k 为平均转速张量；ε_{ikm} 和 ε_{jkm} 分别为旋转源项的湍流耗散率。

不同于 RANS 湍流模型，LES 对大尺度湍流涡的动量方程和能量方程直接进行数值求解，并建立小尺度湍流涡对大尺度湍流涡影响的数学模型，也称为亚格子模型（subgrid-scale model）。这是因为小尺度湍流涡更加均匀和各向同性，受到边界条件的影响更小，与 RANS 相比，LES 的模型更加简单，对于同步流动，需要调整的幅度较小。

LES 模拟的第一步是建立过滤器函数，过滤掉小尺度湍流涡；第二步是建立大尺度湍流涡基本控制方程；第三步是建立亚格子模型对方程进行封闭。

常见的过滤器函数有三种：一是傅里叶谱截断过滤器；二是高斯过滤器；三是盒式过滤器。

傅里叶谱截断过滤器在波空间的表达式为

$$G(k) = \int_{D_{T,L}} G(x)\mathrm{e}^{-ikx}\mathrm{d}x = \begin{cases} 1, & k \leqslant \pi/\overline{\varDelta} \\ 0, & k > \pi/\overline{\varDelta} \end{cases} \tag{4.37}$$

式中，$G(k)$ 为任意主滤波器的函数；k 为基于网格大小的截止波数；$\overline{\varDelta}$ 为网格大小；$D_{T,L}$ 为扩散项。

高斯过滤器为

$$G(x) = \sqrt{\frac{6}{\pi\overline{\varDelta}^2}\exp\left(-\frac{6x^2}{\overline{\varDelta}^2}\right)} \tag{4.38}$$

盒式过滤器在实际空间的表达式为

$$G(x) = \begin{cases} 1/\overline{\varDelta}, & |x| \leqslant \overline{\varDelta}/2 \\ 0, & |x| > \overline{\varDelta}/2 \end{cases} \tag{4.39}$$

采用高斯过滤器后得到的控制方程表达式为

$$\frac{\partial u_i}{\partial x_i} = 0 \tag{4.40}$$

$$\frac{\partial u_i}{\partial t} + \frac{\partial}{\partial x_j}(u_i u_j) = -\frac{1}{\rho}\frac{\partial \overline{p}}{\partial x_i} - \frac{\partial \tau_{ij}}{\partial x_j} + \nu\frac{\partial^2 u_i}{\partial x_i \partial x_j} \tag{4.41}$$

式中，亚格子应力 τ_{ij} 为

$$\tau_{ij} = \overline{u_i u_j} - u_i u_j \tag{4.42}$$

τ_{ij} 需要通过亚格子模型进行计算，亚格子模型的介绍参见张兆顺等（2005）的研究。

4.1.3 相间作用力模型

在动量守恒方程中，需要给定相间作用力的表达方式使方程进行封闭。相间作用力包括曳力、附加重力和径向力。近年来的研究结果表明，径向力包括升力、湍动扩散力和壁面润滑力，这些径向力对含气率的径向分布具有决定性影响（Lucas et al.，2001；Tomiyama，1998；Tomiyama et al.，1998）。接下来分别对各种相间作用力的模型进行介绍。

1. 曳力

曳力是气液相间动量传递最主要的作用力，常见的曳力表达式为

$$f_D = \frac{3}{4d_b}\alpha_g C_D \rho_l \left| u_g - u_l \right| (u_g - u_l) \tag{4.43}$$

式中，f_D 为曳力；d_b 为气泡平均直径；C_D 为气泡群曳力系数。

曳力的影响因素非常多，除了物性参数外，还包括气泡大小、气泡形状、气泡的表面波动或变形、气泡间的相互影响等，并且其中某些因素还相互关联。这些因素影响了气泡与液体界面的流场，从而改变了气泡的受力状态。在计算气泡群曳力系数 C_D 时通常以单气泡曳力系数的计算公式作为参照，CFD 中最常见的单气泡曳力系数公式为 Tomiyama 等（1998）的曳力公式。

对于纯液体体系：

$$C_D = \max\left\{\min\left[\frac{16}{Re}(1+0.15Re^{0.687}), \frac{48}{Re}\right], \frac{8}{3}\times\frac{E_0}{E_0+4}\right\} \tag{4.44}$$

对于含有轻微杂质的体系：

$$C_D = \max\left\{\min\left[\frac{24}{Re}(1+0.15Re^{0.687}), \frac{72}{Re}\right], \frac{8}{3}\times\frac{E_0}{E_0+4}\right\} \tag{4.45}$$

对于含有大量杂质的体系：

$$C_D = \max\left[\frac{24}{Re}(1+0.15Re^{0.687}), \frac{8}{3}\times\frac{E_0}{E_0+4}\right] \tag{4.46}$$

早期的双流体模型中主要考虑了曳力的影响。在均匀鼓泡区，当含气率较低时，气泡间相互作用较弱，这种条件下气液相间作用通常可以直接采用单气泡曳力模型进行计算；当含气率较高时，由于气泡的相互阻挡作用，曳力系数变小。在不均匀鼓泡区，由于大气泡的尾涡作用，气泡上升速度明显高于单气泡的上升速度，但气泡尾涡对气泡的影响机制非常复杂。Ishii 等（1979）建议不均匀鼓泡区气泡群的曳力系数等于单气泡曳力系数的 $(1-\alpha_g)^2$ 倍；Krishna 等（1999）提出了将气泡相分为大气泡相和小气泡相分布处理，并基于床层塌落（dynamic gas disengagement）方法测得的实验数据给出了大气泡速度和小气泡速度的关联式；Wang 等（2001）主要考虑了大气泡尾涡的加速作用，引入大气泡分率对单气泡的曳力系数进行修正。

2. 附加重力

当气泡相对于液体加速运动时，周围部分液体被加速，使气泡受到附加重力（f_{VM}）作用，可用式（4.47）进行计算（Wang et al.，2006）：

$$f_{VM} = \alpha_g \rho_1 C_{VM} \frac{\mathrm{d}}{\mathrm{d}t}(u_g - u_1) \qquad (4.47)$$

式中，C_{VM} 为附加重力系数，一般可取值 0.5。

3. 升力

气泡所受径向升力的影响因素非常复杂，一般认为主要的影响因素有液速梯度、滑移速度和气泡大小及形状等。气泡所受升力（f_L）可采用式（4.48）进行计算：

$$f_L = -C_L \alpha_g \rho_1 (u_g - u_1) \frac{\partial u_1}{\partial r} \qquad (4.48)$$

式中，C_L 为升力系数。当 C_L 为正值时，升力指向壁面；C_L 为负值时，升力指向床中心；r 为气泡半径。

近年来对气泡受力进行了更为深入的研究，发现当气泡大小和形状不同时，升力的方向会发生改变。Tomiyama（1998）对气泡升力进行了实验研究，发现气泡大小是影响气泡升力方向的关键因素，升力系数与气泡雷诺数 Re_b 和修正 Eötvös 数 E_o'（基于气泡最大水平尺寸计算）有关。空气-甘油水溶液体系中单气泡的升力系数可用式（4.49）和式（4.50）进行计算：

$$C_L = \begin{cases} \min\left[0.288\tanh(0.121 Re_b), f(E_o')\right], & E_o' < 4 \\ f(E_o'), & 4 \leqslant E_o' \leqslant 10 \\ -0.29, & E_o' > 10 \end{cases} \qquad (4.49)$$

$$f(E_o') = 0.00105 E_o'^3 - 0.0159 E_o'^2 - 0.0204 E_o' + 0.474 \qquad (4.50)$$

由关联式（4.49）和式（4.50）可知，在气液鼓泡床和气升式环流反应器中，小气泡所受升力指向壁面，大气泡所受升力则指向床中心。

式（4.49）和式（4.50）是基于高黏度体系单气泡的实验数据得到的，不能直接用于低黏度体系（如空气-水体系）多气泡体系升力的计算。将升力系数作为模型参数，并根据各模拟工况采用的升力系数进行回归，得出空气-水体系多气泡体系升力的关联式，可表示为

$$C_L = \begin{cases} \min\left[0.288\tanh(0.121\mathrm{Re_b}), f\left(E_o'\right)\right], & E_o' < 4 \\ f\left(E_o'\right), & 4 \leqslant E_o' \leqslant 10 \\ -0.29, & E_o' > 10 \end{cases} \qquad (4.51)$$

$$f(E_o') = 0.00952 E_o'^3 - 0.0995 E_o'^2 + 1.088 \qquad (4.52)$$

4. 湍动扩散力

湍动扩散力(f_{TD})是由液相湍动和含气率径向分布引起的，其作用效果是使含气率径向分布趋于均匀。Lahey 等（1993）给出了如下的计算公式：

$$f_{TD} = -C_{TD}\alpha_g \rho_l k_l \frac{\partial \alpha}{\partial r} \qquad (4.53)$$

式中，对于气液两相体系，C_{TD} 为湍动扩散系数，取值为 1.0。

5. 壁面润滑力

Antal 等（1991）考虑到靠近壁面的气泡周围流场具有不对应性，气泡受到壁面润滑力的作用，其效果是使近壁面区域的气泡远离壁面运动。Tomiyama 等（1998）的关联式进行了改进，其结果为

$$f_w = -C_w \alpha_g \frac{d_b}{2}\left[\frac{1}{(R_m - r)^2} - \frac{1}{(R_m + r)^2}\right]\rho_l(u_g - u_l)^2 \qquad (4.54)$$

式中，C_w 为壁面润滑力系数，在空气-水的湍流鼓泡体系中约为 0.1；d_b 为气泡平均直径；ρ_l 为液相密度；R_m 为管道半径。

4.1.4　双流体模型数值模拟与验证

双流体模型控制方程为一些在数学形式上相似的偏微分方程组，其通用形式可用式（4.1）表示。双流体模型的控制方程组一般无法进行解析求解，需要采用数值方法进行离散求解。已经发展的数值求解方法包括有限元差分法（finite difference method）、有限容积法（finite volume method）和有限元法（finite element method），其中有限容积法是目前使用比较普遍的方法。该方法的主要思路是：将守恒型的控制方程在任意控制容积和时间间隔内做积分；选定未知函数及其导数对时间和空间的局部分布曲线；对方程各项按选定的型线积分，整理成关于节点上未知量的代数方程（程易等，2017）。

1. 数值方法

在流场计算中，为了解决没有单独的压力控制方程问题，通常采用 Patankar 等（1972）提出的 SIMPLE 算法或其改进算法。

目前,主要的算法包括 SIMPLE 算法、SIMPLER 算法、SIMPLEC 算法和 PISO 算法四种, 具体如下。

(1) SIMPLE 算法。这种算法是最初的一种计算方法, 其余方法都是在这个方法的基础上发展起来的。SIMPLE 算法属于压力修正法的一种, 是求解压力耦合方程组的半隐式方法, 核心是采用"猜测-修正"的过程, 在交错网格的基础上来计算压力场, 从而达到求解动量方程的目的。其基本思想是: 对于给定的压力场, 求解离散形式的动量方程, 得出速度场。因为压力场是假定的或不精确的, 由此得到的速度场一般不满足连续方程, 所以必须对给定的压力场加以修正。修正的原则是: 与修正后的压力场相对应的速度场能满足这一迭代层次上的连续方程。据此原则, 把由动量方程的离散形式所规定的压力与速度的关系代入连续修正后的压力场, 求得新的速度场, 然后检查速度场是否收敛。若不收敛, 用修正后的压力值作为给定的压力场, 开始下一层次的计算。如此反复, 直到获得收敛的解。

(2) SIMPLER 算法。在 SIMPLE 算法中, 为了确定动量离散方程的系数, 一开始就假定了一个速度分布, 同时又独立地假定了一个压力分布, 两者之间一般是不协调的, 从而影响了迭代计算的收敛速度。而实际上, 无须在初始时刻单独假定一个压力场。另外, 对压力修正值 P' 采用了欠松弛处理, 而欠松弛因子难以确定。因此, 速度场的改进和压力场的改进不能同步进行, 最终影响收敛速度, Patankar 等 (1972) 提出了 P' 只用来修正速度, 压力场的改进则另谋更合适的方法, 这就是 SIMPLER 算法。

(3) SIMPLEC 算法。这种算法是 SIMPLE 算法的改进算法之一, 基本思想是: 在 SIMPLE 算法中, 为求解方便, 略去了速度修正值方程中的 $\sum_{nb} a_{nb} P'_{nb}$, 从而把速度的修正完全归结为由压差项的直接作用。这一做法虽然不影响收敛解的值, 但加重了修正值 P' 的负担, 使得整个速度场迭代收敛速度降低。而 SIMPLEC 算法没有将 $\sum_{nb} a_{nb} P'_{nb}$ 项忽略, 因此得到的压力修正值 P' 一般是比较合适的。

(4) PISO 算法。这种算法是基于压力与速度之间高度的近似关系的压力速度耦合算法, 也属于 SIMPLE 算法系列。SIMPLE 算法的一个缺陷就是求解压力校正方程之后新的速度及其相应的通量不满足动量平衡, 因此必须重复计算以满足动量平衡。为提高计算效率, PISO 执行如下两种修正: 邻值修正和扭曲率修正。该方法的主要思想是去掉 SIMPLE 算法中求解压力校正方程所需要的重复计算, 在 PISO 的一个或几个循环后, 修正速度将更加满足连续和动量方程。这一迭代过程称为动量修正或"邻值修正", PISO 的每一迭代需要的 CPU 时间稍微多些, 但却大大降低了收敛所需的迭代次数, 对于瞬态问题表现得更明显。

2. 双流体模型适应性评价

为了验证双流体模型计算的准确性和可靠性, 需要与流场的实验测量结果进行对比分析。本小节采用 CFD 商业软件对方形曝气池中的流场进行模拟研究，并采用 PIV 技术测定曝气池中流场的流速，验证双流体模型的可靠性与适用性。

1）曝气池物理结构

方形曝气池的有效高度为 800mm，考虑到水的紊动程度，最大水深定为 1000mm，长度为 300mm，宽度为 40mm；曝气池采用厚度为 8mm 的有机玻璃制作，背侧贴有厚度为 3mm 的瓷白玻璃；曝气池靠近底部处留有排空孔，为了防止漏水，在底板与仪器法兰接触面之间垫有厚的橡胶垫；在其底部为一中间留有方孔的有机玻璃法兰盘，方孔大小为 140mm×20mm，具体如图 4.3 所示。

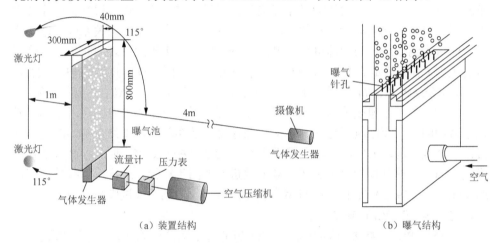

（a）装置结构 （b）曝气结构

图 4.3 方形曝气池结构示意图

2）物理模型构建

对方形曝气池的结构进行适当的简化，在 CFD 模型的前处理模块 gambit 软件中构建模型结构，采用非结构的三角形网格对计算区域进行网格生成。为了提高计算求解的精度，对模型的主要区域进行网格适当加密，网格结构如图 4.4 所示。对划分画网格的模型结构，对边界区域进行边界条件的指定，其中气体入口采用速度进口边界条件，曝气池的边壁定义为墙壁边界，出口定位自由出流边界，生成求解器可读取的模型文件。

图 4.4 网格划分

3）数值模拟求解

在方形曝气池中，曝气池中的液体在曝气作用下开始流动，其中涉及气、液两相流动问题，在数值计算中需要重点考虑。本节采用 Fluent 软件对曝气池中的气液两相流运动特性进行计算求解，采用欧拉-欧拉双流体模型和标准 $k\text{-}\varepsilon$ 模型求解计算气液两相运动规律，气液两相之间的相互作用采用相间作用力模型进行处理,动量方程与湍流方程采用二阶迎风离散格式离散,体积分数采用 Quick 离散格式离散,压力速度耦合采用简化的相耦合(phase-coupled simple)法求解,时间步长设为 0.01～0.001s,迭代求解计算直至计算收敛为止,结果采用 Tecplot 软件处理,分析不同条件下气液两相运动规律。

4) 模拟结果验证

为了验证数值模拟结果的准确性,本小节将数值模拟结果与 PIV 流场测定实验结果进行对比分析。图 4.5 为三种纵横比条件下,实验结果与数值模拟结果对比图。

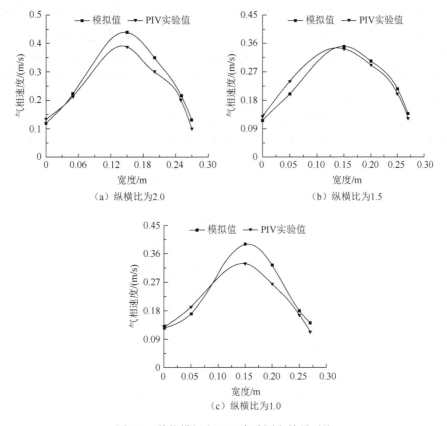

（a）纵横比为2.0

（b）纵横比为1.5

（c）纵横比为1.0

图 4.5　数值模拟和 PIV 实验测定结果对比

根据图 4.5 的结果,可以得出数值模拟结果与 PIV 实验测定结果基本吻合,但部分点位的速度误差超过了 20%,主要有以下四个原因:①数值模拟边界条件的设置存在误差;②拍摄范围较大,单位像素所占的面积较大;③ PIV 测速技术所选用的诊断窗口过大,导致诊断窗口速度的平均效应太强,数值模拟计算的是三维区域,而 PIV 测速技术测量的是二维区域,这样也会产生误差;④实验装置在加工、安装存在的误差,有机玻璃对激光的折射,CCD 本身的误差也在所难免。

然而从整体上分析，数值模拟结果与 PIV 实验测定基本吻合，两者的误差大部分均小于 20%，因此可认为数值模拟结果是准确可靠的，可用于多相流的研究中。

4.2　CFD-PBM 耦合模型

计算流体力学-气泡群平衡（computational fluid dynamics-population balance model，CFD-PBM）耦合模型将 CFD 预测流场的能力和 PBM 计算气泡大小分布的优点相结合，具体实现方式如图 4.6 所示。PBM 基于气泡聚并和破碎对气泡大小分布进行计算，计算中需要给定局部含气率、速度场和液相团能耗散速率，这些参数可以通过 CFD 模拟求得。基于 PBM 计算得到的气泡大小分布对相间作用力和湍能修正进行计算以挂进双流体模型，通过上述方式实现 CFD 和 PBM 的耦合（Wang et al.，2007，2006）。由于考虑了气泡大小分布对其相间作用的影响，CFD-PBM 耦合模型能够对均匀鼓泡区和不均匀鼓泡区的流动进行预测。采用CFD-PBM 耦合模型还可以有局部含气率和气泡分布大小进一步求得气液相界面面积。

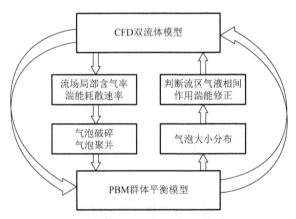

图 4.6　CFD-PBM 耦合模型示意图（程易等，2017）

4.2.1　群体平衡模型

在双流体模型模拟中，分散相粒子不仅需要对其在几何空间的位置进行描述，还需要对粒子的属性空间位置进行描述。一般将几何空间坐标称为外部坐标，以 $R=(R_1,R_2,R_3)$ 表示，定义域为 Ω_R；属性空间坐标称为内部坐标，以 $X=(X_1,X_2,X_3,\cdots,X_d)$ 表示，定义域为 Ω_X。两种坐标体系联合构成了分散相粒子的状态空间。对于分散相而言，单位体积状态空间内的粒子数量十分重要。定义 t 时刻下，粒子状态空间 (X,R) 的粒子密度函数为 $n(X,R,t)$，并假定 $n(X,R,t)$

是关于变量 X,R,t 的平滑函数。若 $\mathrm{d}V_X$ 和 $\mathrm{d}V_R$ 分别表示属性空间和几何空间内的无限小体积，则状态空间内的粒子总数应为 $n(X,R,t)\mathrm{d}V_X\mathrm{d}V_R$。

因此，单位几何空间内的粒子数目应为

$$N_{VR}(X,R,t) = \int_X n(X,R,t)\mathrm{d}V_X \tag{4.55}$$

单位属性空间内的粒子数目应为

$$N_{VX}(X,R,t) = \int_R n(X,R,t)\mathrm{d}V_R \tag{4.56}$$

根据粒子密度函数的定义，粒子密度函数为 $n(X,R,t)$ 的变化速率应为 $\dfrac{\mathrm{d}n(X,R,t)}{\mathrm{d}t}$，该函数由 3 部分组成：①数密度函数随时间变化函数，$\dfrac{\partial n(X,R,t)}{\partial t}$；②外部坐标变化引起的数密度变化，$\dfrac{\partial[n(X,R,t)]}{\partial R}\cdot\dfrac{\partial R}{\partial t}$；③外部坐标变化引起的数密度变化，$\dfrac{\partial[n(X,R,t)]}{\partial X}\cdot\dfrac{\partial X}{\partial t}$。其中，$\dfrac{\partial R}{\partial t}$ 和 $\dfrac{\partial X}{\partial t}$ 分别为外部坐标和内部坐标随时间的变化速度：

$$U_R = R(t)\frac{\partial R}{\partial t} \tag{4.57}$$

$$U_X = X(t)\frac{\partial X}{\partial t} \tag{4.58}$$

假定 $\varphi(X,R,t)$ 为粒子状态空间 (X,R) 内的延伸变量（extensive property），若 $V(t)$ 表示粒子状态空间，$\mathrm{d}V'$ 则为粒子状态空间 $V(t)$ 内的控制体微元 $\mathrm{d}V'=\mathrm{d}V_X\cdot\mathrm{d}V_R$，则 $V(t)$ 内的延伸变量 $\varphi(X,R,t)$ 的总量为

$$\varPhi(X,R,t) = \int\varphi(X,R,t)n(X,R,t)\mathrm{d}V' \tag{4.59}$$

若在粒子状态空间 $V(t)$ 内使用欧拉法考察延伸变量 $\varphi(X,R,t)$ 的守恒性，由雷诺运输定律可知，在任意控制微元体 CV 内 $\varphi(X,R,t)$ 将满足以下关系：控制微元体 CV 内 $\varphi(X,R,t)$ 的变化速率＝进出微元体的净流量＋控制微元体 CV 内 $\varphi(X,R,t)$ 的生产速率，其表达式为

$$\frac{\partial\int(\varphi\cdot n)\mathrm{d}V}{\partial t} = -\int(U\varphi\cdot n)\cdot e\cdot\mathrm{d}A + \int s\mathrm{d}V \tag{4.60}$$

式中，A 为控制体微元表面积；e 为控制体微元表面的法向矢量；s 为粒子的净生产速率；U 为粒子状态空间内微元表面速率。

分散相粒子的状态空间由几何空间和属性空间共同构成，因此有

$$U = U_X + U_R = X + R \tag{4.61}$$

由高斯定理，式（4.60）可表示为

$$\frac{\partial \int (\varphi \cdot n)\mathrm{d}V}{\partial t} = -\int \nabla \cdot (U\varphi \cdot n)\cdot e \cdot \mathrm{d}A + \int s\mathrm{d}V \tag{4.62}$$

控制体微元体积不变，$\dfrac{\partial \int (\varphi \cdot n)\mathrm{d}V}{\partial t} = \int \dfrac{\partial (\varphi \cdot n)}{\partial t}\mathrm{d}V$，因此有

$$\int \left(\frac{\partial (\varphi \cdot n)}{\partial t} + \nabla \cdot (U\varphi \cdot n) - s \right)\mathrm{d}V = 0 \tag{4.63}$$

因为积分空间为任意值，所以有

$$\frac{\partial (\varphi \cdot n)}{\partial t} + \nabla \cdot (U\varphi \cdot n) - s = 0 \tag{4.64}$$

将式（4.62）代入式（4.64）可得

$$\frac{\partial (\varphi \cdot n)}{\partial t} + \nabla \cdot (U_R\varphi \cdot n) + \nabla \cdot (U_X\varphi \cdot n) - s = 0 \tag{4.65}$$

式（4.65）即为粒子状态空间 (X,R) 内任意延伸变量 φ 的守恒方程。当 $\varphi = 1$ 时，式（4.65）即为粒子数密度的守恒方程：

$$\frac{\partial n}{\partial t} + \nabla \cdot (U_R n) + \nabla \cdot (U_X n) - s = 0 \tag{4.66}$$

式中，$\nabla \cdot (U_R n)$ 表示由对流引起的粒子数密度的变化速率；s 表示粒子的净生产速率。在本书中，粒子为气泡，粒子数密度变化主要由气泡的聚并及破碎作用引起，因此不考虑传热、传质和反应过程，即 $s = 0$。$\nabla \cdot (U_X n)$ 为粒子属性变化引起的粒子数密度变化速率，该项的组成较为复杂，为简化起见，使用 $s(X,R,t)$ 来表示：

$$s(X,R,t) = B_{\mathrm{C}}(X,R,t) - D_{\mathrm{C}}(X,R,t) + B_{\mathrm{B}}(X,R,t) - D_{\mathrm{B}}(X,R,t) \tag{4.67}$$

式中，$B_{\mathrm{B}}(X,R,t)$ 为气泡破碎发生速率；$D_{\mathrm{C}}(X,R,t)$ 为气泡聚并灭失速率；$B_{\mathrm{C}}(X,R,t)$ 为气泡聚并产生速率；$D_{\mathrm{B}}(X,R,t)$ 为气泡破碎灭失速率。

将式（4.67）代入式（4.66），可得到欧拉坐标系内的数密度守恒方程，即

$$\frac{\partial n}{\partial t} + \nabla \cdot (R \cdot n) = B_{\mathrm{C}}(X,R,t) - D_{\mathrm{C}}(X,R,t) + B_{\mathrm{B}}(X,R,t) - D_{\mathrm{B}}(X,R,t) \tag{4.68}$$

对于气泡而言，气泡直径 d 是重要的属性，因此式（4.68）可写为

$$\frac{\partial n(d,R,t)}{\partial t} + \nabla \cdot (R \cdot n(d,R,t)) = B_{\mathrm{C}}(X,R,t) - D_{\mathrm{C}}(X,R,t) \\ + B_{\mathrm{B}}(X,R,t) - D_{\mathrm{B}}(X,R,t) \tag{4.69}$$

其中，气泡破碎发生速率为

$$B_{\mathrm{B}}(X,R,t) = \int_1^\infty n(d_i,R,t)b_{\mathrm{B}}(d_i,d,R,t)\mathrm{d}d_i \tag{4.70}$$

气泡破碎灭失速率为

$$D_{\mathrm{B}}(X,R,t) = n(d,R,t)\int_1^d b(d_i,d,R,t)\mathrm{d}d_i \tag{4.71}$$

式中，$B_{\mathrm{B}}(X,R,t)$ 表示所有直径大于 d_i 的气泡 d 破碎后生成气泡直径 d_i 速率；$b_{\mathrm{B}}(d_i,d,R,t)\mathrm{d}d_i$ 为 d 破碎后生成 d_i 的频率；$D_{\mathrm{B}}(X,R,t)$ 表示所有直径大于 d_i 的气泡 d 破碎后灭失的气泡直径 d_i 速率；$b(d_i,d,R,t)$ 为 d 破碎后灭失成 d_i 的频率。

气泡聚并产生速率等于所有小于 d 的气泡 d_i 与 d_j 聚并产生速率的和，即

$$B_{\mathrm{C}}(d,R,t) = n(d,R,t)\int_1^d a_{\mathrm{C}}(d_i,d_j,R,t)n(d_j,R,t)\mathrm{d}d_i \tag{4.72}$$

式中，$d_j = \left(d^3 - d_i^3\right)^{1/3}$。

气泡聚并灭失速率指直径为 d 的气泡与 d_i 的气泡产生聚并，所导致的气泡数密度减少速率为

$$D_{\mathrm{C}}(d,R,t) = \int_1^\infty a_{\mathrm{C}}(d_i,d_j,R,t)n(d_j,R,t)\mathrm{d}d_i \tag{4.73}$$

式中，$a_{\mathrm{C}}(d_i,d_j,R,t)$ 表示气泡的二元聚并的频率函数。

将式（4.70）～式（4.73）代入式（4.69）中，可得到气泡群平衡模型：

$$\frac{\partial n(d,R,t)}{\partial t} + \nabla \cdot \left(R \cdot n(d,R,t)\right)$$

$$= n(d,R,t)\int_1^d a_{\mathrm{C}}(d_i,d_j,R,t)n(d_j,R,t)\mathrm{d}d_i - \int_1^\infty a_{\mathrm{C}}(d_i,d_j,R,t)n(d_j,R,t)\mathrm{d}d_i$$

$$+ \int_1^\infty n(d_i,R,t)b_{\mathrm{B}}(d_i,d,R,t)\mathrm{d}d_i - n(d,R,t)\int_1^d b(d_i,d,R,t)\mathrm{d}d_i \tag{4.74}$$

式（4.74）中的 U_R 可由两相流双流体模型求得，其余变量为未知量。求解该方程，需要适合的聚并频率函数 a_{C} 和气泡破碎函数 b_{B} 的封闭模型。

4.2.2　气泡聚并模型

在气液体系中，液相的湍动和气泡本身的摆动使气泡具有一定的湍动速度，气泡之间由于瞬时的运动速度不同而发生相互碰撞，部分碰撞的气泡发生聚并。气泡聚并速率函数可表示为

$$a_{\mathrm{C}}(d_i,d_j,R,t) = \omega_{\mathrm{C}}(d_i,d_j,R,t) \times P_{\mathrm{C}}(d_i,d_j,R,t) \tag{4.75}$$

式中，ω_{C} 与 P_{C} 分别表示气泡的碰撞频率函数与聚并效率函数。一般认为，气泡的聚并主要由三种机理引起：①湍流涡体机制；②气泡尾涡机制；③气泡上升速度差机制（Fu et al.，2002；Prince et al.，1990）。气泡的聚并速率应为以上三种聚并机制速率之和，即

$$a_{\mathrm{C}}(d_i,d_j,R,t) = \omega_{\mathrm{C}}^{\mathrm{T}}(d_i,d_j,R,t) \times P_{\mathrm{C}}^{\mathrm{T}}(d_i,d_j,R,t) + \omega_{\mathrm{C}}^{\mathrm{B}}(d_i,d_j,R,t)$$

$$\times P_{\mathrm{C}}^{\mathrm{B}}(d_i,d_j,R,t) + \omega_{\mathrm{C}}^{\mathrm{LS}}(d_i,d_j,R,t) \times P_{\mathrm{C}}^{\mathrm{LS}}(d_i,d_j,R,t) \tag{4.76}$$

式中，T 表示湍流涡体机制；B 表示气泡尾涡机制；LS 表示气泡上升速度差机制。

　　目前，对后面两种气泡聚并机理的研究还缺乏深入的了解，气液两相流数值模拟大多只考虑液相湍流作用诱导气泡脉动所引起的气泡聚并，接下来对该模型进行深入介绍。

　　1. 湍流涡体引起的聚并

　　由湍流理论可知，在湍流液相中存在大小不同的湍流涡体，湍流涡体携带气泡一起湍动使气泡发生碰撞，碰撞的气泡以一定的概率发生聚并。接着分别就气泡碰撞频率和气泡聚并效率进行讨论。

　　液相湍流导致的气泡碰撞作用与分子间的碰撞作用相似，其碰撞的频率可表示为（齐洪波，2015）

$$\omega_{\mathrm{C}}^{\mathrm{T}}\left(d_i, d_j, R, t\right) = \frac{\pi}{4}\left(d_i + d_j\right)^2 \left(\bar{u}_i^2 + \bar{u}_j^2\right)^{1/2} \tag{4.77}$$

式中，$\frac{\pi}{4}\left(d_i + d_j\right)^2$ 表示气泡 d_i 与 d_j 间的碰撞面积；$\left(\bar{u}_i^2 + \bar{u}_j^2\right)^{1/2}$ 为气泡 d_i 与 d_j 间的相对速度；$\bar{u}_i$ 与 $\bar{u}_j$ 分别表示气泡 d_i 和 d_j 的脉动速度。当气泡直径较小时，气泡的脉动响应较快，可以认为气泡的脉动速度约等于同尺寸的湍流脉动速度（Pan et al.，2011）。当气泡直径较大时，气泡的响应速度变慢，这时不能使用湍流的脉动速度来表示气泡的脉动速度。

　　由 Kolmogorov 湍流理论可知，当湍流涡直径 λ 相对于湍流尺寸 L 足够小时，湍流的脉动速度 $\bar{u}_\lambda$ 可表示为

$$\bar{u}_\lambda = \sqrt{2}\left(\varepsilon\lambda\right)^{1/3} \tag{4.78}$$

　　由于气泡占部分液相体积，当气泡含量较大时，其运动空间会减少，碰撞频率增加（赵小浑，2013）。因此，将式（4.78）代入式（4.77），并引入修正系数以表征以上两方面因素影响，整理得到气泡碰撞频率为

$$\omega_{\mathrm{C}}^{\mathrm{T}}\left(d_i, d_j, R, t\right) = \frac{\alpha_{\max}}{\alpha_{\max} - \alpha} \Gamma_{ij} \sqrt{2}\varepsilon^{1/3} \cdot \frac{\pi}{4}\left(d_i + d_j\right)^2 \left(d_i^{2/3} + d_j^{2/3}\right)^{1/2} \tag{4.79}$$

式中，$\dfrac{\alpha_{\max}}{\alpha_{\max} - \alpha}$ 表示对气泡体积的影响；Γ_{ij} 表示气泡体积影响修正系数；ε 为湍流耗散率；$\alpha_{\max}$ 为最大含气率，由于气液体系中气泡大小有一定分布，因此最大含气率接近 1。

　　系数 Γ_{ij} 与气泡平均湍动距离和气泡平均间距的比值有关，该比值越大，Γ_{ij} 越接近 1，反之越接近 0，因此采用式（4.80）估算：

$$\Gamma_{ij} = \exp\left[-\left(l_{\mathrm{bt},ij} / h_{\mathrm{b},ij}\right)^{6.0}\right] \tag{4.80}$$

式中，$l_{\mathrm{bt},ij}$ 为第 i 子区间和第 j 子区间气泡之间的湍动距离，可以有气泡的平均湍

动距离求得，即

$$l_{\text{bt},ij} = \left(l_{\text{bt},i}^2 + l_{\text{bt},j}^2\right)^{1/2} \tag{4.81}$$

式中，气泡平均湍动距离 l_{bt} 与携带气泡运动的湍流涡体的速度 $\bar{u}_{\text{bt}}$ 和寿命 τ_{e} 有关，可用式（4.82）估算：

$$l_{\text{bt}} = \bar{u}_{\text{bt}}\tau_{\text{e}} = \sqrt{2}\left(\varepsilon d_{\text{b}}\right)^{1/3}\left(r_{\text{b}}^2 / \varepsilon\right)^{1/3} = 0.89d_{\text{b}} \tag{4.82}$$

$h_{\text{bt},ij}$ 与第 i 子区间和第 j 子区间气泡之间的距离有关，用式（4.83）计算：

$$h_{\text{b},ij} = k\left(n_i + n_j\right)^{-1/3} \tag{4.83}$$

式中，$n_i = N_i / \Delta d_i$，根据实验测得的气泡大小分布取 k 值为 6.3。

在气泡运动过程中，碰撞后不一定发生聚并，聚并发生的频率取决于有效碰撞的比例。气泡发生聚并需要经过三个阶段：第一阶段气泡发生有效碰撞，两气泡间存在部分液体在气泡之间形成液膜；第二阶段液膜因气泡的挤压作用开始变薄；第三阶段当气泡间液膜厚度小于临界值时，液膜会发生破裂，两气泡完成聚并。假设气泡聚并的概率是气泡碰撞时的接触时间与液膜内液体排除时间的函数，其表达式为

$$P_{\text{C}}\left(d_i, d_j, R, t\right) = \exp\left(\frac{t_{ij}}{\tau_{ij}}\right) \tag{4.84}$$

式中，t_{ij} 与 τ_{ij} 分别表示气泡的聚并时间与接触时间。

下面主要介绍三种确定 t 和 τ 的典型模型。

（1）Luo 模型。Luo 等（1996a，1996b）基于能量守恒分析提出了估算气泡接触时间的模型，称为 Luo 模型，该模型对 Chester 等（1981）和 Chester（1991）的气泡聚并时间公式进行了扩展，获得最终表达式为

$$\tau_{ij} = \left(1 + \xi_{ij}\right)\sqrt{\frac{\left(\rho_{\text{g}} / \rho_{\text{l}} + C_{\text{VM}}\right)}{3\left(1 + \xi_{ij}^2\right)\left(1 + \xi_{ij}^3\right)} \cdot \frac{\rho_{\text{l}}d_i^3}{\sigma}} \tag{4.85}$$

式中，$\xi_{ij} = d_i / d_j$；C_{VM} 为虚拟重力，式中取 0.5。

气泡聚并所需时间 t_{ij} 可以通过式（4.87）估算（Chester，1991）：

$$t_{ij} = 0.5\frac{\rho_{\text{l}}\overline{u_{ij}}d_i^2}{\left(1 + \xi_{ij}\right)^2 \sigma} \tag{4.86}$$

式中，$\overline{u_{ij}} = \left(\bar{u}_i^2 + \bar{u}_j^2\right)^{1/2}$。

将式（4.86）和式（4.85）代入式（4.84），并引入修正系数 C_{e} 后气泡聚并效率为

$$P_C(d_i, d_j, R, t) = \exp\left(-\frac{t_{ij}}{\tau_{ij}}\right) = \exp\left\{-c_e \frac{\left[0.75\left(1+\xi_{ij}^2\right)\left(1+\xi_{ij}^3\right)\right]^{1/2}}{\left(\rho_g / \rho_1 + \gamma\right)\left(1+\xi_{ij}\right)^3} We_{ij}^{1/2}\right\} \quad (4.87)$$

式中，C_e 可取值 1.0；We_{ij} 为韦伯准数。

$$We_{ij} = \frac{\rho_1 d_i \overline{u_{ij}}}{\sigma} \quad (4.88)$$

（2）Prince 模型。在该模型中，认为气泡的接触时间近似等于和气泡等大小的湍流涡体间的接触时间，由湍流理论可得

$$\tau_{ij} = \frac{r_{ij}^{2/3}}{\varepsilon^{1/3}} \quad (4.89)$$

气泡聚并所需的时间 t_{ij} 可以通过求解液膜中液体的流出控制方程获得，在方程的求解过程中，还需要提供液膜的初始厚度及临界厚度值 h_0，最终表达式为（Princ et al., 1990；Oolman et al., 1986）

$$\tau_{ij} = \left(\frac{r_{ij}^3 \rho_1}{16\sigma}\right)^{1/2} \ln\frac{h_0}{h_f} \quad (4.90)$$

式中，h_0 为初始液膜厚度，在水-空气体系中 h_0 约为 10^{-4}m（Kirkpartrick et al., 1974）；h_f 为气泡发生聚并时的临界液膜厚度，约为 10^{-7}m；r_{ij} 为气泡当量直径，其表达式为

$$r_{ij} = \left[\frac{1}{2} \cdot \left(\frac{1}{r_i} + \frac{1}{r_j}\right)\right]^{-1} \quad (4.91)$$

（3）Lehr 模型。Lehr 等（2001）通过实验发现气泡相对速度超过一定值时，气泡碰撞时彼此弹开而不发生聚并。基于这一现象，提出气泡聚并速率为

$$r_2(d_i, d_j) = \frac{\pi}{4}(d_i + d_j)^2 \min(u', u_{crit}) \exp\left[-\left(\frac{\alpha_{max}^{1/3}}{\alpha^{1/3}} - 1\right)^2\right] \quad (4.92)$$

式中，u_{crit} 为气泡聚并的临界速度，当发生碰撞的两气泡相对速度大于此临界值时，气泡不发生聚并，水-空气体系的 $u_{crit} = 0.08$m/s。u' 为同时考虑湍流涡体和曝气速度差两种碰撞机制时，气泡的有效相对速度：

$$u' = \max\left(\sqrt{2}\varepsilon^{1/3}\sqrt{d_i^{2/3} + d_j^{2/3}}\right) \quad (4.93)$$

式（4.92）中，右侧最后一项用来表示气泡体积对气泡聚并速率的影响，α_{max} 为最大含气率，Lehr 等（2001）推荐 α_{max} 取值为 0.6。

2. 气泡尾涡作用引起的聚并

气泡在尺寸较大时一般为球帽形，具有明显的尾涡区。当其他气泡进入该气

泡的尾涡区时，由于受到气泡尾涡内流场的影响而加速上升，并导致部分气泡发生聚并（Stewart，1995）。根据 Otake 等（1977）的研究结果，气泡尾涡的有效影响范围为气泡直径的 3~5 倍，其他气泡进入该范围内运动会受明显影响。小气泡的尾涡不明显，对气泡聚并的影响可以忽略，大气泡和小气泡的划分界限可以通过式（4.94）进行估算：

$$d_c = 4\sqrt{\frac{\sigma}{g\Delta\rho}} \tag{4.94}$$

估算结果为水-空气体系的 $d_c \approx 10\text{mm}$ 。

由于大气泡尾涡作用引起的气泡聚并速率与大气泡尾涡内的气泡个数以及气泡在大气泡尾涡内的上升速度有关，直径为 d_i 的大气泡的有效尾涡内直径为 d_j 的气泡个数为

$$N_{wi,j} = V_{wi}N_j = \frac{\pi}{4}d_i^2\left(L_w - \frac{d_i}{2}\right)N_j \tag{4.95}$$

式中，V_{wi} 为直径 d_i 的大气泡的有效尾涡体积。假设尾涡内气泡和前面气泡碰撞的平均时间 ΔT ，则直径分别为 d_i 和 d_j 气泡之间的碰撞频率为

$$\overline{w}_w\left(d_i,d_j\right) = k_1 N_{wi,j} / \left(N_j\Delta T\right) = \frac{\pi}{4}k_1 k_2 d_i^2 \overline{u}_{wi,j} \tag{4.96}$$

式中，$\overline{u}_{wi,j}$ 为两气泡的平均相对速度。相对速度的解析解为

$$\frac{u_w}{u_\infty} \approx \left(\frac{C_D A}{\beta^2 y^2}\right)^{1/3} \tag{4.97}$$

式中，A 为气泡投影面积；β 为混合长和气泡尾涡宽度之比；y 为距离前面气泡中心距离；C_D 为曳力系数，球帽形气泡取值约为 8/3；u_∞ 为球帽形气泡的滑移速度（Bilicki et al.，1987）。

气泡尾涡内的平均相对速度可以通过对式（4.97）进行积分得

$$\overline{u}_{wi,j} = \frac{\gamma \overline{u}_{slip0,i}}{L_w / d_i - 1/2}\left[\left(\frac{L_w}{d_i/2}\right)^{1/3} - 1\right] \tag{4.98}$$

式中，L_w 为有效尾涡距离。

将式（4.98）代入式（4.96），得

$$\overline{w}_w\left(d_i,d_j\right) = \frac{\pi}{4}k_1 k_2 \frac{\gamma u_{slip}}{L_w / d_i - 1/2}\left[\left(\frac{L_w}{d_i/2}\right)^{1/3} - 1\right]d_i^2 \overline{u}_{slip0,i} = Kd_i^2 \overline{u}_{slip0,i} \tag{4.99}$$

式中，K 取值为 15.4（Hibiki et al.，2000）。

球帽形气泡平均相对滑移速度 $\overline{u}_{slip0,i}$ 为

$$\overline{u}_{slip0,i} = 0.71\sqrt{gd_i} \tag{4.100}$$

气泡尾涡效应的气泡聚并效率可以采用式（4.102）计算（秦玉建等，2013）：

$$P_{cw}\left(d_i, d_j\right) = \exp\left[-K_w \frac{\rho_1^{1/2}\varepsilon^{1/3}}{\sigma^{1/2}}\left(\frac{d_i d_j}{d_i + d_j}\right)^{5/6}\right] \tag{4.101}$$

式中，参数 K_w 取值为 0.46。

将式（4.99）和式（4.101）相乘并考虑气泡间距的影响，得气泡尾涡引起的聚并速度表达式为

$$C_w\left(d_i, d_j\right) = K\Theta\Gamma_{ij}d_i^2\overline{u}_{slip0,i}\exp\left[-K_w 6\sqrt{\frac{\rho_1^3\varepsilon^2}{\sigma^3}\left(\frac{d_i d_j}{d_i + d_j}\right)^5}\right] \tag{4.102}$$

式中，d_i 为碰撞两气泡中较大气泡直径，这里只考虑直径大于 d_c 的大气泡之间由于尾涡作用引起的聚并，因此当 d_j 小于 d_c 时，由于尾涡引起的聚并速率为零，在式（4.103）中以修正系数 Θ 表示，其表达式为

$$\Theta = \begin{cases} \left(d_j - \dfrac{d_c}{2}\right)^6 \bigg/ \left[\left(d_j - \dfrac{d_c}{2}\right)^6 + \left(\dfrac{d_c}{2}\right)^6\right], & d_i \geqslant d_c/2 \\ 0, & \text{其他} \end{cases} \tag{4.103}$$

3. 气泡上升速度差引起的聚并

气泡上升速度差引起的气泡聚并模型和湍流涡体引起的气泡聚并模型类似，只是将式（4.77）中特征速度 $\left(\overline{u}_i^2 + \overline{u}_j^2\right)^{1/2}$ 采用气泡上升速度差代替。由于气泡上升速度沿竖直方向，不需对含气率的影响进行修正，为安全起见，气泡上升速度差引起的聚并效率取值为 0.5（程易等，2017）。

4.2.3 气泡破碎模型

完整的气泡破碎模型包含气泡破碎速率和子气泡大小分布。气泡的破碎模型大致可分为基于算法的模型和基于现象的模型。对上述气泡破碎模型进行比较，发现模型之间在以下几方面存在明显的不一致性：等大小破碎的概率是较大还是较小；气泡破碎是否和液相的湍能耗散速率有关；破碎生成较小的子气泡的概率是不是为零；破碎是否和母气泡大小有关；等大小破碎概率是否为零。根据现有研究成果，可以发现模型在以上方面明显不一致，说明需要对气泡破碎过程进行更深入的研究。

气泡破碎的机理分为三种：气泡表面受到来自湍流涡脉动所产生的不均匀挤压，导致气泡破碎；气泡受到来自液相流场的速度梯度，导致气泡发生拉伸形变破碎；Raleigh-Taylor 和 Kelvin-Helmholtz 不稳定性导致的气泡破碎。在气液两相流中，尤其是气速较高的情况下，一般认为湍流涡脉动引起的气泡破碎作用最为主要。

本小节主要从有湍流涡体碰撞引起的破碎和大气泡由于表面不稳定引起的破碎两方面，进行深入介绍。

1. 湍流涡体碰撞引起的破碎

在充分发展的湍流中，气泡破碎主要由湍流涡体的碰撞引起。在建立气泡破碎模型中，做出以下几点假设。

（1）只考虑气泡和湍流涡体的两两碰撞，多个湍流涡体同时和气泡碰撞可以忽略，Hesketh 等（1991）对气泡破碎的试验研究也证实了这一点。

（2）只有尺寸等于或小于气泡尺寸且具有足够动能的湍流涡体才对气泡破碎有贡献，因为当湍流涡体尺寸大于气泡时，湍流涡体只是对气泡起到输运的作用（Lehr et al.，2002）。

（3）由于湍流涡体的湍动，尺寸为 λ 的湍流涡体具有一定的能量分布，可以用能量谱来表示（Angelidou et al.，1979）。

（4）当尺寸为 λ 湍流涡体具有的动能为 $e(\lambda)$ 时，子气泡大小受两个制约因素控制：湍流涡的动压 $0.5\rho_1 u_\lambda^2$ 必须大于表面张力引起的附加压力 σ/r，这一制约因素决定了气泡的最小破碎比 $f_{V_s,\min}$；第二个制约因素为湍流涡体的动能必须大于气泡破碎引起的表面能增量，这一制约因素决定了气泡的最大破碎比 $f_{V_s,\max}$。

（5）当尺寸为 λ 的湍流涡体具有的动能为 $e(\lambda)$ 时，体积为 V_s 的气泡破碎成体积为 $V_s f_{V_s}$ 和 $V_s\left(1-f_{V_s}\right)$ 的两个子气泡的概率在破碎比 $f_{V_s,\min}\left[d,e(\lambda)\right]$ 和 $f_{V_s,\max}\left[d,e(\lambda)\right]$ 之间均匀分布。

气泡破碎速率函数可以表示为

$$b\left(f_{V_s},d\right)=\int_{\lambda_{\min}}^{d} P_{\mathrm{b}}\left(f_{V_s}\Big|d,\lambda\right)\overline{w}_\lambda\left(d\right)\mathrm{d}\lambda \tag{4.104}$$

式中，$P_{\mathrm{b}}\left(f_{V_s}\Big|d,\lambda\right)$ 为尺寸为 d 的气泡和尺寸为 λ 的湍流涡体碰撞后以破碎比 f_{V_s} 破碎的概率密度函数；$\overline{w}_\lambda\left(d\right)$ 为尺寸位于 λ 和 $\lambda+\mathrm{d}\lambda$ 之间的湍流涡体和大小为 d 的气泡之间的碰撞频率。

Hagesaether 等（2002）建立的气泡破碎速率模型是基于各向同性均匀湍流理论和概率统计，该模型近几年得到了广泛的应用。经过分析发现，该模型存在两个主要缺陷，其一是模型中考虑了能量约束条件，即如果湍流涡体的动能大于气泡破碎引起的表面能增量即发生气泡破碎，这是不合理的。当破碎比 f_{V_s} 趋于 0 时，气泡破碎引起的表面能增加也趋于 0，因此所有的湍流涡体都会导致气泡破碎，这和实际的物理过程不符。因为当破碎比 f_{V_s} 很小时，对应的附加压力很高，湍流涡体的动压不足以克服，所以这样的破碎不能发生。另外，根据 Luo 等（1996a，1996b）的假设，所有的湍流涡体都会导致气泡破碎，则气泡破碎速率应和尺寸等于或小于气泡尺寸的湍流涡体和气泡碰撞的频率相等，这与 Luo 模型最终给出的结果不符，原因在于该模型推导中有不正确的处理，其中认为气泡和湍流涡体碰撞后，以破碎比 f_{V_s} 的破碎概率等于湍流涡体动能大于或等于气泡破碎（气泡破碎比 f_{V_s}）引起的表面能增量的概率，这种假设有待商榷。由于 Luo 模型只考虑了能量约束条件，假设湍流涡体能够使气泡以破碎比 f_{V_s} 破碎，则破碎比越小，气泡破碎引起的表面能越小，该湍流涡体也能使气泡以任何小于 f_{V_s} 的破碎比破碎。近几年，Lehr 等（2001）只利用压力约束条件建立了气泡破碎模型，认为气泡破碎时气泡表面张力引起的附加压力等于气泡发生碰撞的湍流涡体的惯性力。在实际碰撞过程中，湍流涡体的惯性力通常大于气泡的附加压力，在这样的条件下气泡变形不断扩大直到破碎发生。Wang 等（2003）提出气泡破碎模型同时考虑了能量约束条件和压力约束条件。

1）气泡和湍流涡体的碰撞频率

气泡和湍流涡体的碰撞频率密度函数 $\bar{w}_\lambda(d)$，可以类比气体分子运动论计算。

$$\bar{w}_\lambda(d) = \frac{\pi}{4}(d+\lambda)^2 \bar{u}_\lambda n_\lambda n \tag{4.105}$$

式中，n_λ 表示尺寸为 λ 的湍流涡体的个数密度；λ 为湍流涡体尺寸。

考虑到对气泡破碎有效的湍流涡体的尺寸位于惯性子区，采用各向同性湍流理论对于气液体系，虽然整体上不是各向同性，但是局部可以用各向同性假设近似。直径为 d 的气泡的湍流速度和等大小的湍流涡体的湍流速度相等，湍流涡体的平均湍动速度 $\bar{u}_\lambda$ 可以表示为

$$\bar{u}_\lambda = \sqrt{2}(\varepsilon\lambda)^{1/3} \tag{4.106}$$

式中，ε 为湍流耗散率。

能量谱和湍流涡体个数密度函数之间的关系为

$$n_\lambda \rho_1 \frac{\pi}{6} \lambda^3 \frac{\bar{u}_\lambda^2}{2} d\lambda = E(k)\rho_1(1-\alpha_g)(-dk) \tag{4.107}$$

湍流的能量谱为

$$E(k) = \alpha \varepsilon^{2/3} k^{-5/3} \tag{4.108}$$

式中，α 为相的容积比率；l 为湍流涡体特征长度。

尺寸为 λ 的湍流涡体的个数密度为

$$n_\lambda = \frac{0.822(1-\alpha_g)}{\lambda^4} \exp\left[-\frac{3}{2}\pi\beta\alpha^{1/2}\left(\frac{2\pi}{\lambda}l\right)^{-4/3}\right] \tag{4.109}$$

将式（4.106）和式（4.109）代入式（4.105），得

$$\bar{w}_\lambda(d) = 0.923(1-\alpha_g)n\varepsilon^{1/3}\frac{(\lambda+d)^2}{\lambda^{11/3}} \tag{4.110}$$

2）破碎概率

大多数基于表面能的气泡破碎模型只考虑了能量约束条件，因此模型结果在破碎比 f_{V_s} 趋于 0 时气泡破碎概率最大（Tsouris et al.，1994），这与实际的物理过程和实验观察都不符合。同时考虑能量约束条件和压力约束条件。当尺寸为 d 的气泡和湍流涡体尺寸为 λ 并且湍动能 $e(\lambda)$ 的湍流涡体相碰撞时，子气泡大小的最大值受表面能增量的限制，最小值受表面张力的附加压力的限制。

当气泡和湍流涡体碰撞时，如果湍流涡体的动压 $0.5\rho_l u_\lambda^2$ 大于气泡附加压力 σ/r（σ 为气泡表面张力，γ 为气泡的半径），气泡就会发生变形并最终破碎（Levich，1962）。在气泡破碎过程中，曲率半径随时间和气泡表面位置变化，最小曲率半径近似和较小气泡的曲率半径相等。因此，当气泡破碎最终发生时，湍流涡体的动压需要满足以下约束条件：$\dfrac{\rho_c u_\lambda^2}{2} \geqslant \dfrac{\sigma}{d_1}$，即

$$d_1 \geqslant \frac{\sigma V_{s,\lambda}}{e(\lambda)}, \quad f_{V_s,\min} = \left[\frac{\pi\lambda^3\sigma}{6e(\lambda)d}\right] \tag{4.111}$$

式中，d 为母气泡直径；d_1 为较小气泡直径；$e(\lambda)$ 为尺寸为 λ 的湍流涡体的动能；$V_{s,\lambda}$ 为尺寸为 λ 的湍流涡体体积；u_λ 为湍流涡体尺寸为 λ 的速度。

当直径 d 的气泡以破碎比 f_{V_s} 发生破碎，即破碎成体积为分别为 $V_{s,\lambda}f_{V_s}$ 和 $V_s(1-f_{V_s})$ 的两个子气泡时，表面能的增量为

$$\Delta\left(f_{V_s,\max}, d\right) = \left[f_{V_s,\max}^{2/3} + \left(1-f_{V_s,\max}\right)^{2/3} - 1\right]\pi d^2\sigma = c_f\pi d^2\sigma \tag{4.112}$$

式中，c_f 为破碎比 $f_{V_s,\max}$ 的函数。

要导致气泡破碎，湍流涡体湍动能 $e(\lambda)$ 满足等于或大于表面能增量 $\Delta e_i\left(f_{V_s,\max}, d\right)$：$e(\lambda) \geqslant c_f\pi d^2\sigma$。

$$c_{f,\max} = \min\left[\left(2^{1/3}-1\right), \frac{e(\lambda)}{\pi d^2\sigma}\right] \tag{4.113}$$

气泡最大破碎比 $f_{V_s,\max}$ 由式（4.112）和式（4.113）进行计算。

在尺寸为 d 的气泡和尺寸为 λ 的湍流涡体碰撞后发生破碎时，可能的破碎比位于 $f_{V_s,\min}$ 和 $f_{V_s,\max}$ 之间。由于对该过程缺乏实验数据以及更为深入的认识，假设气泡破碎比在 $f_{V_s,\min}$ 和 $f_{V_s,\max}$ 之间均匀分布：

$$P_b\left[f_{V_s} \big| d, e(\lambda), \lambda\right] = \begin{cases} \dfrac{1}{f_{V_s,\max} - f_{V_s,\min}}, & f_{V_s,\max} - f_{V_s,\min} \geqslant \delta, f_{V_s,\min} < f_{V_s} < f_{V_s,\max} \\ 0, & \text{其他} \end{cases} \tag{4.114}$$

式中，引入 δ 是为了避免 $f_{V_s,\min}$ 和 $f_{V_s,\max}$ 相等时出现奇异值，取值为 0.01，同时考

虑该参数对子气泡大小分布的影响。

要计算 $P_b\left[f_{V_s}\middle|d,\lambda\right]$，需要给出湍流涡体的能量分布。Angelidou 等（1979）提出了液液体系液滴的能量分布密度函数；Hagesaether 等（2002）采用这一函数表征气液体系中湍流涡体的能量分布，该模型的表达式为

$$P_b\left[e(\lambda)\right]=\frac{1}{\overline{e}(\lambda)}\exp\left[-e(\lambda)/\overline{e}(\lambda)\right] \tag{4.115}$$

式中，$\overline{e}(\lambda)$ 为湍流涡体的平均湍动能。

$$\overline{e}(\lambda)=\frac{\pi}{6}\lambda^3\rho_1\frac{\overline{u}_\lambda^2}{2} \tag{4.116}$$

尺寸为 d 的气泡和尺寸为 λ 的湍流涡体碰撞后以破碎比 f_{V_s} 发生破碎的概率可以通过式（4.117）进行计算：

$$P_b\left(f_{V_s}\middle|d,\lambda\right)=\int_0^\infty P_b\left[f_{V_s}\middle|d,e(\lambda),\lambda\right]P_b\left[e(\lambda)\right]\mathrm{d}e(\lambda) \tag{4.117}$$

3）破碎速率和子气泡大小分布

将式（4.110）和式（4.117）代入式（4.104），可以得到计算尺寸为 d 的气泡以破碎比 f_{V_s} 发生破碎的速率密度函数 $b\left(f_{V_s},d\right)$，其中惯性子区湍流涡尺寸下限 $\lambda_{\min}$ 取值为 Kolmogorov 尺度的 $11.4\sim31.4$ 倍。

尺寸为 d 的气泡破碎速率可通过 $b\left(f_{V_s}\middle|d\right)$ 对 f_{V_s} 进行积分得

$$b(d)=\int_0^{0.5}b\left(f_{V_s}\middle|d\right)\mathrm{d}f_{V_s} \tag{4.118}$$

子气泡大小分布为

$$\beta\left(f_{V_s},d\right)=\frac{2b\left(f_{V_s}\middle|d\right)}{\int_0^1 b\left(f_{V_s}\middle|d\right)\mathrm{d}f_{V_s}} \tag{4.119}$$

2. 大气泡表面不稳定引起的破碎

当气泡大小超过一定值时，由于气泡表面的不稳定性迅速发生破碎，这种机制引起的气泡破碎速率可以通过式（4.120）进行估算：

$$b_2(d)=b^*\frac{(d-d_{c2})^m}{(d-d_{c2})^m+d_{c2}^m} \tag{4.120}$$

式中，$b^*=100\mathrm{s}^{-1}$；$m=6$；水-空气体系 $\mathrm{We}_{c2}=\left(d_{c2}^2 g\rho_1\right)/\sigma$ 的取值为 100，对应于气泡的 b_{c2} 为 27mm（Carrica et al.，1993）。目前，大气泡形状的复杂性以及对气泡表面不稳定引起气泡破碎机制的研究还不充分，考虑到湍流涡体碰撞引起气泡破碎的机制中大气泡主要以不均匀破碎为主，因此假设大气泡由于表面不稳定引起的破碎为等大小破碎。

4.2.4　CFD-PBM 耦合模型的构建与验证

以下列出了 CFD-PBM 耦合模型的主要方程，考虑到计算量的要求，在该模型中将气液相简化成一相，但是采用 PBM 对气泡大小分布进行计算，在基于气泡大小分布对相间作用进行计算，这样可以在计算量增加不多的条件下实现 CFD 和 PBM 的耦合。

1. 双流体模型基本方程

（1）质量守恒方程（连续方程）。

气相：

$$\nabla \cdot \left(\rho_g \alpha_g u_g \right) = 0 \tag{4.121}$$

液相：

$$\nabla \cdot \left(\rho_l \alpha_l u_l \right) = 0 \tag{4.122}$$

（2）动量守恒方程（运动方程）。

气相：

$$\nabla \cdot \left(\rho_g \alpha_g u_g u_g \right) = -\alpha_g \nabla P' + \nabla \left[\alpha_g \mu_{\text{eff},g} \left(\nabla u_g + \nabla u_g^T \right) \right] + F_{g,l} + \rho_g \alpha_g g \tag{4.123}$$

液相：

$$\nabla \cdot \left(\rho_l \alpha_l u_l u_l \right) = -\alpha_l \nabla P' + \nabla \left[\alpha_l \mu_{\text{eff},l} \left(\nabla u_l + \nabla u_l^T \right) \right] + F_{g,l} + \rho_l \alpha_l g \tag{4.124}$$

式中，$\mu_{\text{eff},g}$ 为气相有效黏度；$\mu_{\text{eff},l}$ 为液相有效黏度；P' 为修正压力，定义为

$$P' = P + \frac{2}{3} \mu_{\text{eff},l} \nabla \cdot u_l + \frac{2}{3} \rho_l k_l \tag{4.125}$$

液相有效黏度 $\mu_{\text{eff},l}$ 由式（4.126）进行计算：

$$\mu_{\text{eff},l} = \mu_{\text{lam},l} + \mu_{t,l} + \mu_{tb} \tag{4.126}$$

$$\mu_{tb} = C_\mu \rho_l \alpha_g d_b \left| u_g - u_l \right| \tag{4.127}$$

式中，C_μ 为常数，d_b 为气泡平均直径。

2. 气泡群平衡方程

在气液体系中，如果忽略压力变化和气液传质对气泡的影响，描述气泡大小分布的气泡群平衡模型的离散方程：

$$\underbrace{\frac{dN_i(t)}{dt}}_{\text{I}} + \underbrace{\nabla \cdot \left[u_b N_i(t) \right]}_{\text{II}} = \underbrace{\sum_{j,k}^{j \geq k} \left(1 - \frac{1}{2} \delta_{i,k} \right) \eta_{i,j,k} c(g_j, g_k) N_j(t) N_k(t)}_{\text{IV}'}$$

$$\underbrace{- N_i(t) \sum_{k=1}^{M} c(g_i, g_j) N_k(t)}_{\text{V}'} + \underbrace{\sum_{k=i}^{M} \gamma_{i,k} b(g_k) N_k(t)}_{\text{VI}'} - \underbrace{b(g_i) N_i(t)}_{\text{VII}'} \tag{4.128}$$

双流体模型中对流-扩散方程的一般形式为

$$\frac{\partial}{\partial t}(\rho\alpha\varphi)_k + \nabla\cdot(\rho\alpha\varphi u)_k = \nabla\cdot(\Gamma_\varphi\alpha\nabla\varphi)_k + S_{\varphi,k} \tag{4.129}$$

要将气泡群平衡模型加入到 CFX 或 Fluent 多相流模型中，需要对气泡群平衡模型进行变形。气泡个数密度 N_i 和含气率 α_g 之间存在如下关系：

$$\alpha_g f_i = N_i V_{bi} \tag{4.130}$$

式中，f_i 为第 i 组气泡在气相中所占的比率；V_{bi} 为直径为 d_{bi} 的气泡的体积。

将式（4.130）代入群体平衡方程，整理得

$$\underbrace{\frac{\partial}{\mathrm{d}t}(\alpha_g f_i)}_{\mathrm{I}^*} + \underbrace{\nabla\cdot\left[\alpha_g u_b f_i\right]}_{\mathrm{II}^*} = \underbrace{\sum_{j,k}^{j\geqslant k}\left(1 - \frac{1}{2}\delta_{i,k}\right)\eta c_{j,k}\alpha_g f_i\alpha_g f_k V_{bi}/(V_{bj}/V_{bk})}_{\mathrm{IV}^*}$$

$$\underbrace{-\alpha_g f_i\sum_{k=1}^{M}c_{i,j}\alpha_g f_k/V_{bk}}_{\mathrm{V}^*} + \underbrace{\sum_{k=i}^{M}n_{i,k}b_k\alpha_g f_k V_{bi}/V_{bk}}_{\mathrm{VI}^*} - \underbrace{b_i\alpha_g f_i}_{\mathrm{VII}^*} \tag{4.131}$$

3. 相间作用力

相间作用力与双流体模型基本一致，仅根据气泡模型对相间作用力模型进行修正，其中附加重力和湍流扩散力与 4.1 节中相间作用力模型描述一致，曳力、升力和壁面润滑力略有不同，具体方程如下。

（1）曳力。气液体系 CFD 模拟中，对气泡曳力的处理有两种方式：第一种方式直接采用单气泡曳力模型；第二种方式考虑气泡之间的相互作用，通常基于含气率对曳力系数进行修正。在 CFD-PBM 耦合模型中，可以基于气泡大小分布计算曳力：

$$f_D = \sum_{i=1}^{M}k_{b,large}f_i\alpha_g\rho_l\frac{3C_{Di}}{4d_{bi}}(u_g - u_l)\left|u_g - u_l\right| \tag{4.132}$$

$$C_{Di} = \max\left[\frac{24}{Re_i}\left(1 + 0.15Re_i^{0.687}\right), \frac{8}{3}\times\frac{E_0}{E_0 + 4}f_{C_D}\right] \tag{4.133}$$

式（4.132）中，系数 $k_{b,large}$ 代表大气泡尾涡引起的加速效应。在不均匀鼓泡区内大气泡尾涡对其他气泡有明显的加速作用，因此单纯考虑气泡大小对曳力的影响不能完全反映出不均匀鼓泡区气泡群曳力系数和单气泡曳力系数的差别。系数 $k_{b,large}$ 和大气泡所占体积分率有关，由式（4.134）计算。

$$k_{b,large} = \max(1.0, 50.0\alpha_g f_{b,large}) \tag{4.134}$$

式中，$f_{b,large}$ 为大气泡的分率。

（2）升力。基于 PBM 计算的气泡大小分布对升力进行计算：

$$F_{L} = -\sum_{i=1}^{M} f_i C_{Li} \alpha_g \rho_1 \left(u_g - u_1 \right) \frac{\partial u_1}{\partial r} \tag{4.135}$$

$$C_{Li} = \begin{cases} \min\left[0.288\tanh(0.121\mathrm{Re}_i), f\left(E_{oi}\right)\right], & E_{oi} < 3.4 \\ f(E_{oi}), & 3.4 \leqslant E_{oi} \leqslant 5.3 \\ -0.29, & E_{oi} > 5.3 \end{cases} \tag{4.136}$$

$$f\left(E_{oi}\right) = 0.00952 E_{oi}^3 - 0.0995 E_{oi}^2 + 1.088 \tag{4.137}$$

式中，E_{oi} 表示考虑气泡形变的 Eotvos 数。

（3）壁面润滑力

$$F_{w} = -\sum_{i=1}^{M} f_i C_{wi} \alpha_g \frac{d_{bi}}{2} \left[\frac{1}{\left(R-r\right)^2} - \frac{1}{\left(R+r\right)^2} \right] \rho_1 \left(u_g - u_1 \right)^2 \tag{4.138}$$

式中，d_{bi} 为气泡平均直径；C_w 为壁面润滑系数，取值 0.1。

4. CFD-PBM 耦合模型适应性评价

Guo 等（2017）采用 CFD-PBM 耦合模型对不同性质的液体中气泡柱进行数值模拟研究，通过网格的无因化验证，获得最佳网格数量。在此基础上对不同性质的液体中气泡柱进行计算模拟，图 4.7 为不同液体中，实验测定和数值模拟的大气泡和小气泡中含气率的分布状况。从不同性质的液体中可以发现，CFD-PBM 耦合模型的模拟结果与实验测定结果基本一致，在石油和甲苯中数值模拟结果与实验的一致程度相对较高，而水中模拟结果和实验结果存在一定误差，但从整体趋势和实验测定会存在误差的角度分析，CFD-PBM 耦合模型在气液两相流动方面具有较高的精度，尤其在对气泡的研究中尤为突出。

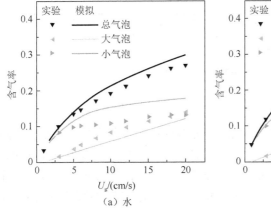

（a）水

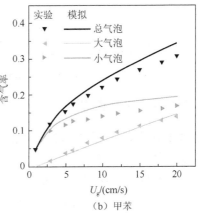

（b）甲苯

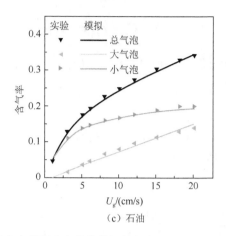

（c）石油

图 4.7　水、甲苯和石油中实验测定和数值模拟的气泡含气率分布状况（Guo et al.，2017）

4.3　CFD 与气泡群平衡耦合模型

气泡群平衡模型（bubble population balance model，BPBM,）是群体平衡模型在气泡直径模拟中的一种特殊应用，其基本思想是对分散相建立守恒关系，如图 4.8 所示。本章基于 4.1 节和 4.2 节双流体模型和气泡模型的理论基础，重点介绍气泡群平衡模型（BPBM 模型）的构建以及模型的适用性评价，提出了 BPBM 模型与 CFD 双流体模型耦合计算气液两相流流场的思路。

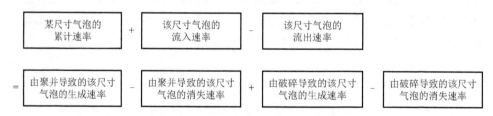

图 4.8　气泡群平衡模型基本思想

4.3.1　气泡群平衡模型构建

BPBM 模型方程[式（4.131）]为二阶非线性偏微积分方程，其数值求解过程需对其积分部分进行积分。目前，主要采取的两种计算方法有矩量算法和离散区间算法。离散区间算法因其气泡区间划分灵活、算法简便、计算量少、程序易实现以及精度高等优点，使用最为广泛。本小节将采用离散区间算法对 BPBM 模型进行数值求解。

离散区间算法首要选择合适的气泡直径离散格式。若采用随机气泡离散方程，在气泡破碎时需判断破碎后气泡的分布区间，及气泡聚并的概率，这样极大增加了计算量和计算的难度。因此，在数值计算中，一般会采取规律化的气泡离散方程，如假设气泡直径等量增大（$d_i = a \cdot d_{i-1}$）及气泡体积等量增大（$V_i = a \cdot V_{i-1}$）等。采用气泡体积等量增大离散方程，即

$$V_i = 2 \times V_{i-1} = 2^{i-1} \times V_{i-1} \tag{4.139}$$

则相邻气泡的尺寸关系应为

$$d_i = 2^{\frac{1}{3}} \times d_{i-1} = 2^{\frac{i-1}{3}} \times d_{i-1} \tag{4.140}$$

假设当直径为 d_i（体积为 V_i）的气泡发生破碎时，其破碎气泡为小于气泡 d_i 的气泡 d_j（$d_j \leqslant d_{i-1}$），则另一破碎气泡的尺寸必定大于或等于 d_{i-1}。当气泡聚并生成直径为 d_i 的大气泡时，聚并气泡必定为气泡 d_j 和 d_{i-1}。上述方法能显著降低计算量及算法程序实现的难度。

由此可建立气泡 d_i 的聚并产生（$\mathrm{GB_c^i}$）、聚并损失（$\mathrm{LB_c^i}$）、破碎产生（$\mathrm{GB_d^i}$）和破碎损失（$\mathrm{LB_B^i}$）的表达式如下。

聚并产生（$\mathrm{GB_c^i}$），由气泡 d_j 和 d_{i-1} 聚并生成：

$$\mathrm{GB_c^i} = \sum_{j=1}^{i-1} c_i^{\mathrm{b}} N_j N_{i-1} a_{\mathrm{c}}^{j,i-1} \tag{4.141}$$

式中，N_j 为气泡直径 d_j 的气泡数量；N_{i-1} 为气泡直径 d_{i-1} 的气泡数量；a_{c} 为气泡聚并频率函数。

聚并损失（$\mathrm{LB_c^i}$），由 3 部分组成：

$$\mathrm{LB_c^i} = \sum_{j=1}^{i-1} \left(1 - c_i^{\mathrm{b}}\right) N_i N_j a_{\mathrm{c}}^{i,j} + \sum_{j=i+1}^{\mathrm{BG}} N_i N_j a_{\mathrm{c}}^{i,j} + 2 N_i N_j a_{\mathrm{c}}^{i,j} \tag{4.142}$$

破碎产生（$\mathrm{GB_d^i}$），由气泡 d_i 破碎生成气泡 d_j 和 d_{i-1} 组成：

$$\mathrm{GB_d^i} = \sum_{j=1}^{\mathrm{BG}} b_{\mathrm{B}}^{i,j} N_j + \sum_{j=i-1}^{i} g_i^{\mathrm{s}} b_{\mathrm{B}}^{i-1,j} N_{i-1} \tag{4.143}$$

破碎损失（$\mathrm{LB_B^i}$）：

$$\mathrm{LB_B^i} = \sum_{j=1}^{i=1} \left(1 - g_i^{\mathrm{b}}\right) b_{\mathrm{B}}^{i,j} N_i \tag{4.144}$$

式中，气泡 d_i 破碎生成气泡 d_j 时，气泡 d_j 的产生系数为 1；气泡 d_{i-1} 的产生系数为 g_i^{s}；气泡 d_i 的损失数目系数为 $1 - g_i^{\mathrm{b}}$；b_{B} 表示气泡组分数。把式（4.141）～式（4.144）代入离散的气泡数密度平衡方程可得

$$\frac{\partial N_i}{\partial t} + \nabla \cdot \left(N_i U_{gi}\right) = \left(\sum_{j=1}^{i-1} c_i^b N_j N_{i-1} a_c^{j,i-1}\right)$$
$$- \left[\sum_{j=1}^{i-1}\left(1-c_i^b\right)N_i N_j a_c^{i,j} + \sum_{j=i+1}^{BG} N_i N_j a_c^{i,j} + 2N_i N_j a_c^{i,j}\right]$$
$$+ \left(\sum_{j=1}^{BG} b_B^{i,j} N_j + \sum_{j=i-1}^{i} g_i^s b_B^{i-1,j} N_{i-1}\right) - \left[\sum_{j=1}^{i=1}\left(1-g_i^b\right)b_B^{i,j} N_i\right] \quad （4.145）$$

式（4.145）即为构建的气泡群平衡数值离散模型。

4.3.2　CFD 与气泡群平衡模型求解

CFD 的数值模拟大致分为以下几个步骤：完成计算网格建模；确定模型边界条件；建立基本守恒方程组；建立或选择计算模型；建立离散化方程；建立附加模型模块；编写并调试计算程序；进行迭代计算。其工作流程图如图 4.9。

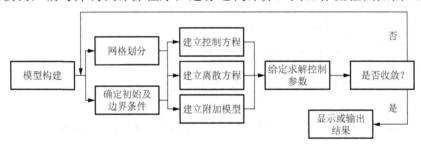

图 4.9　CFD 工作流程图

为了实现 CFD 与 BPBM 的耦合，需要引入用户自定义函数（user-defined function，UDF），通过该函数将气泡群平衡数值离散方程导入 CFD 软件，使 CFD 与 BPBM 耦合求解气液两相流运动规律。UDF 是用户使用 C 语言编写的程序，通过编译器编译后可以和 CFD 程序一起运行，以提高和增强 CFD 处理复杂模拟机应用的功能。BPBM-CFD 耦合计算模型工作流程图如图 4.10 所示。首先，将式（4.146）求解时所需的程序模块写入 Fluent 用户定义函数，BPBM 可为 CFD 模拟提供气泡的相间作用力及聚并与破碎过程，同时，CFD 模拟也可为 BPBM 的气泡聚并与破碎计算提供必要的流场参数，如气液速度、湍动能、含气率、压力分布等，最终耦合的 BPBM 与 CFD 双流体模型可以得到更准确的气液两相流流场模拟。其时间步长具体计算过程如下。

（1）步骤一更新状态属性数据，如平均直径和气泡数密度等。

（2）步骤二求解动量方程组，获得气液流场速度矢量。

（3）步骤三求湍流方程组，获得气液流场湍流动能和湍流耗散率。

（4）步骤四采用 SIMPLE 算法求解压力-连续性耦合方程，获得压力场分布及气液相含率。

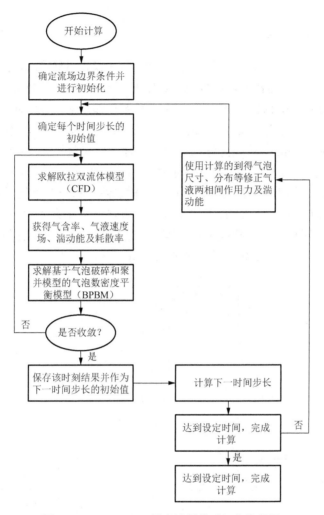

图 4.10　BPBM-CFD 耦合计算模型工作流程图

（5）步骤五基于气相速度场、湍流耗散率和含气率分布，求解气泡数密度方程组。

（6）步骤六判断收敛，若收敛，则进入下一个时间步长，若不收敛，则返回步骤一再次求解。

4.3.3　CFD 与气泡群平衡耦合模型验证

为了验证 CFD 与气泡群平衡耦合模型在曝气池中气液两相流模拟中的适用性，选择圆形曝气池作为实验对象，采用 PIV 技术和建立的耦合模型对曝气池中流场分布进行研究，对比评价耦合模型在气液两相流模拟中的适用性。

1. 圆形曝气池结构

实验装置主要由圆柱体气液反应器、长方体水箱、曝气器分布盘、逆止阀、气室、气体管路及管路控制器等构成，具体见图 4.11。实验装置为 1 cm 厚的有机玻璃管，高 700 mm，内径 250 mm。为了消除圆柱体反应器在观测时的光学折射，在圆柱体反应器外部设有长方体水箱，为厚度 1 cm 的有机玻璃箱体，高 800 mm，内径长宽均为 280 mm。将长方体水箱罩在圆柱体反应器外侧，以法兰连接，并在长方体水箱与圆柱体反应器直接充满液体，可以消除圆柱体反应器产生的光线折射。圆柱体反应器底部为曝气器分布盘，同样以法兰相连。曝气器分布盘上，曝气器呈环形绕中心曝气器布置，每环设 4 孔，其半径分别为 41.7 mm、62.5 mm 与 83.3 mm，即将圆柱体反应器底部圆形等分。曝气器通过塑胶软管与逆止阀，控制阀和气室相连。实验装置各部件如图 4.12 所示。

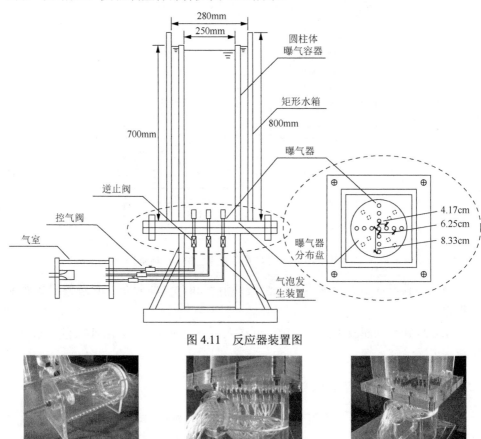

图 4.11　反应器装置图

（a）气室　　　　　　　（b）逆止阀　　　　　　　（c）曝气器分布盘

图 4.12　实验装置部件图

　　为了使计算的精度和速度更快,将如图 4.11 的反应器装置简化成如图 4.13(a)所示,几何形状为竖直放置的圆柱管,底部与细曝气器相连,管径大小 D=250mm,管高 H_g=700mm,曝气孔间隔 62.5mm,曝气孔直径 2mm。对反应器底部及曝气出口处进行分区划分,采用 Tri/Pave 网格单元,底面网格划分完成后,再由底面网格沿垂直方向进行横扫(Hex/Wedge 网格 Cooper 方式),进行圆柱体网格划分,总网格数分别为 613311,具体见图 4.11 (b)。反应器底部空气入口为速度进口边界条件,顶部出口为压力出口边界条件,底部曝气孔外及反应器壁面为非滑移壁面边界条件。

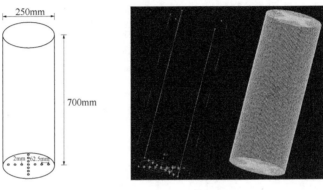

（a）反应器装置简化结构　　　　　　　　（b）网格示意图

图 4.13　气液反应器装置简化结构及网格示意图

2. 数值模拟方法

　　采用 Fluent 软件对曝气池中的气液两相流运动特性进行计算求解,采用欧拉-欧拉双流体模型和标准 k-ε 模型求解计算气液两相运动规律,将 BPBM 方程通过 UDF 导入 Fluent 软件模拟气泡聚并与破碎过程,气液两相之间的相互作用采用相间作用力模型进行处理,动量方程与湍流方程采用二阶迎风离散格式离散,体积分数采用 Quick 离散格式离散,压力速度耦合采用二阶 SIMPLE 算法求解,时间步长设为 0.001s,迭代求解计算直至计算收敛为止,结果采用 Tecplot 软件处理,分析不同条件下气液两相运动规律。BPBM-CFD 耦合计算模型求解的步骤如图 4.10 所示。

3. 耦合模型适应性评价

　　图 4.14 为 PIV 实验测定和数值模拟的气相速度分布结果。对比可以看出,CFD-BPBM 耦合模型进行数值模拟得到的流场气相速度结果与实验得到的结果吻合较好,流场趋势基本一致,除实验中不可避免的误差外,两种方法测得的气相速度分布差别较小,最大误差 11.8%,最小误差 0.5%,而流场平均误差可控制

在 10%左右。同时，从实验和数值结果可看出气相速度的径向分布满足指数规律，最大值出现在气柱中心，气柱向流场中心聚集的一侧，速度平均值要略大于另一侧，符合实际情况，与 Besbes 等（2015）和张从菊等（2011）研究中观测到的气液两相流流场规律基本一致。

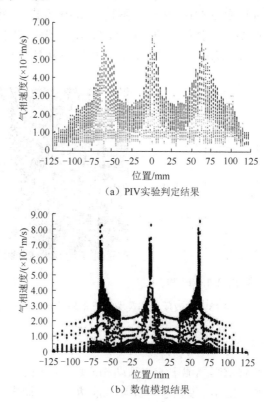

（a）PIV实验判定结果

（b）数值模拟结果

图 4.14 PIV 实验测定和数值模拟气相速度分布结果

参 考 文 献

程易, 王铁峰, 2017.多相流测量技术及模型化方法[M]. 北京: 化学工业出版社.

金宁德, 吴红梅, 张军霞, 等, 2007. 气液两相流流动参数软测量方法研究[J]. 测井技术, 31(5):425-429.

李鹏飞, 徐敏义, 王飞飞, 2015. 精通 CFD 工程仿真与案例实战[M]. 北京: 人民邮电出版社.

齐洪波, 2015. 流化床气液两相流数值模拟研究[J]. 应用能源技术, (1):19-22.

秦玉建, 靳海波, 2013. 加压鼓泡塔反应器中气液两相流 CFD 数值模拟[J]. 化学工业与工程, 30(2):45-52.

于勇,张俊明, 姜连田, 2011.Fluent 入门与进阶教程[M]. 北京: 北京理工大学出版社.

张从菊, 王双凤, 王远成, 等, 2011. 曝气池内气液两相流 CFD 模拟及分析[J]. 山东建筑大学学报, 26(2): 110-114.

张兆顺, 崔桂香, 徐春晓, 2005. 湍流理论与模拟[M]. 北京: 清华大学出版社.

赵小浑, 2013. 曝气池气液两相流数值模拟及优化研究[D]. 西安: 西安理工大学.

ANGELIDOU C, PSIMPOPOULOS M, JAMESON G J, 1979. Size distribution function of dispersions[J]. Chemical engineering science, 34(5): 671-676.

ANTAL S P, LAHEY R T, FLAHERTY J E, 1991. Analysis of phase distribution in filly developed laminar bubble two-phase flow[J]. International journal of multiphase flow, 17(5): 635-652.

BESBES S, HAJEM M E, AISSIA H B, et al., 2015. PIV measurements and Eulerian-Lagrangian simulations of the unsteady gas-liquid flow in a needle sparger rectangular bubble column [J]. Chemical engineering science, 126: 560-572.

BILICKI A, KESTIN J, 1987. Transition criteria for two-phase flow patterns in vertical upward flow[J]. International journal of multiphase flow, 13(3): 283-294.

BUWA V V, DEO D S, RANADE V V, 2006. Eulerian-Lagrangian simulations of unsteady gas-liquid flows in bubble columns[J]. International journal of multiphase flow, 32(7): 864-885.

CARRICA P M, CLAUSSE A, 1993. A mathematical description of the critical heat flux as nonlinear dynamic instability[M]//GOUESBET G, BERLEMONT A. Instabilities in Multiphase Flow. Berlin: Springer.

CHESTERS A K, HOFMAN G, 1981. Bubble coalescence in pure liquids[J]. Applied scientific research, 38(1):353-361.

CHESTERS A K, 1991. Modelling of coalescence processes in fluid-liquid dispersion: A review of current understanding[J]. Chemical engineering research and design, 69(4) : 259-270.

CROWE C T, 2005. Multiphase Flow Handbook[M]. Boca Raton: CRC Press.

FU X Y, ISHII M, 2002. Two-group interfacial area transport in vertical air water flow I. Mechanistic model[J]. Nuclear engineering and design, 219(2): 143-168.

GUO K, WANG T, LIU Y, WANG J, et al., 2017. CFD-PBM simulations of a bubble column with different liquid properties[J]. Chemical engineering journal, 329: 116-127.

HAGESAETHER L, JAKOBSEN H A, SVENDSEN H F, 2002. A model for turbulent binary breakup of dispersed fluid particles[J]. Chemical engineering science, 57(16): 3251-3267.

HESKETH R P, ETCHELLS A W, 1991. Bubble breakup in pipeline flow[J]. Chemical engineering science, 46(1): 1-9.

HIBIKI T, ISHII M, 2000. Two-group interfacial area transport equations at bubbly-to-slug transition[J]. Nuclear engineering and design, 202(1): 39-76.

HOSOKAWA S, TOMIYAMA A, 2010. Effects of bullets on turbulent flows in vertical channels[C]. Tampa: Proceeding of the 7th international conference on Multiphase flow.

ISHII M, ZUBER N, 1979. Drag coefficient and relative velocity in bubbly, droplet or particulate flows[J]. AIChE journal, 25(5): 843-855.

JAKOBSEN H, 1979. On the modeling and simulation of bubble column reactors using a two-fluid[D]. Trondheim, Norway: Norwegian Institute of technology.

KIRKPARTRICK R D, LOCKETT M J, 1974. The influence of approach velocity on bubble coalescence[J]. Chemical engineering science, 29(12): 2362-2373.

KRISHNA R, URSEANU M I, VAN BATEN J M, et al., 1999. Influence of scale on the hydrodynamics of bubble columns operating in the churn-turbulent regime: experiments vs. Eulerian simulations[J]. Chemical engineering science, 54(21): 4903-4911.

LAHEY R T, BERTODANO M L D, JONES O C, et al., 1993. Phase distribution in complex geometry conduits[J]. Nuclear engineering and design, 141(1): 177-201.

LAUNDER B, SPALDING D, 1972. Mathematical Models of Turbulence[M]. New York: Academic Press.

LEHR F, MEWES D, 2001. A transport equation for the interfacial area density applied to bubble columns[J]. AIChE journal, 48(11): 2426-2443.

LEHR F, MILLIES M, MEWES D, 2002. Bubble size distributions and flow fields in bubble columns[J]. AIChE journal, 48(11): 2426-2443.

LEVICH V G, 1962. Physicochemical hydrodynamics[M]. Englewood Cliffs N J: Prentice-Hall Inc.

LOPEZ D B L M, LAHEY R T, JONES O C, 1994. Development of a k-ε model for bubbly two-phase flow[J]. Journal of fluid engineering, 116(1): 128-134.

LUCAS D, KREPPER E, PRASSER H M, 2001. Prediction of radial gas profiles in vertical pipe flow on the basis of bubble size distribution[J]. International journal of thermal sciences, 40(3): 217-225.

LUO H, SVENDSEN H F, 1996a. Modeling and simulation of binary approach by energy conservation analysis[J]. Chemical engineering communications, 145(1): 145-153.

LUO H, SVENDSEN H F, 1996b. Theoretical Model for drop and bubble breakup in turbulent dispersions[J]. AIChE journal, 42(5): 1225-1233.

MOIN P, MAHESH K, 1998. Direct numerical simulation: a tool in turbulence research [J]. Annual review of fluid mechanics, 30(1): 539-579.

OOLMAN T O, BLANCH H W, 1986. Bubble coalescence in air-sparged bioreactors[J]. Biotechnology and bioengineering, 28(4): 578-584.

OTAKE T, TONE S, NAKAO K, et al., 1977. Coalescence and breakup of bubbles in liquids[J]. Chemical engineering science, 32(4): 377-383.

PAN B, WANG W, JIANG W, 2011. Gas-liquid two-phase flow numerical simulation of centrifugal pump[J]. Petrochemical industry application, 30(12): 102-104.

PATANKAR S V, SPALDING D B, 1972. A calculation Procedure for Heat, Mass and Momentum Transfer in Three-Dimensional Parabolic Flows[J]. International journal of heat and mass transfer, 15(10): 1787-1806.

PIOMELLI U, 1999. Large-eddy simulation: achievements and challenges[J]. Progress in aerospace sciences, 35(4): 335-362.

POLITANO M S, CARRICA P M, CONVERTI J, 2003. A model for turbulent polydisperse two-phase flow in vertical channels[J]. International journal of multiphase flow, 29(7): 1153-1182.

PRINCE M J, BLANCH H W, 1990. Bubble coalescence and break-up in air sparged bubble columns[J]. AIChE journal, 36(10): 1485-1499.

RAFIQUE M, CHEN P, DUDUKOVIĆ M P, 2004. Computational modeling of gas-liquid flow in bubble columns[J]. Reviews in chemical engineering, 20(3-4): 225-375.

SATO Y, SADATOMI M, 1981. Momentum and heat transfer in two- phase flow—I [J]. International journal of multiphase flow, 7(2): 167-177.

STEWART C W, 1995. Bubble interaction in low-viscosity liquid[J]. International journal of multiphase flow, 21(6): 1037-1046.

TENNEKES H, LUMLEY J L, 1973. A first course in turbulence[M]. Cambridge: The MIT Press.

TOMIYAMA A, 1998. Struggle with computational bubble dynamics[J]. Multiphase science and technology, 10(4): 369-405.

TOMIYAMA A, KATAOKA I, ZUN I, et al., 1998. Drag coefficients of single bubbles under normal and micro gravity conditions[J]. JSME international journal series b-fluids and thermal engineering, 41(2): 472-479.

TSOURIS C, TAVLARIDES L L, 1994. Breakage and coalescence models for drops in turbulent dispersions[J]. AIChE journal, 40(3): 395-406.

WANG T, WANG J, JIN Y, 2003. A novel theoretical breakup kernel function for bubbles/droplets in a turbulent flow[J]. Chemical engineering science, 58(20): 4629-4637.

WANG T, WANG J, JIN Y, 2006. A CFD-PBM coupled model for gas-liquid flows[J]. AIChE journal, 52(1): 125-140.

WANG T, WANG J, 2007. Numerical simulation of gas-liquid mass transfer in bubble columns with a CFD-PBM coupled model[J]. Chemical engineering science, 62(24): 7107-7118.

ZHOU D, LI C, ZHANG L, 2014. Numerical simulation of full flow system of pumped storage power station under turbine conditions based on VOF model[J]. Journal of Hohai University, 42(1): 67-72.

第5章 曝气池中气泡羽流的运动特性

气泡的形成及其因浮力的上升运动是气液两相流中重要的基本现象，当连续地将气体释放到液体中去，由于气流与周围液体中压力产生浮力以及气-液交界面处表面张力之间的不平衡等因素，气流破碎成气泡，在其作用下，气泡上升并带动液体形成主要是向上的流动，称气泡羽流。气泡羽流是一种气液两相流动，与其他工程科学一样，也是一个理论研究和实验相互依赖、互相促进的探索过程。气泡羽流是曝气过程中产生的一种复杂的气液两相流动，由于其流动带有随机性，变化形式多样，其运动特性往往很难描述。本章通过对气泡羽流的空隙率分布特性、摆动机理和运动规律的阐述，揭示曝气池中气液两相流流动不稳定性的规律，为提高气液两相流传质效率奠定理论基础。

5.1 气泡羽流的概述

气泡羽流在工程中具有广泛的应用价值（吴凤林等，1989），如减轻波浪对建筑结构的破坏，在河口用气泡幕防止盐水入侵，控制水库和湖泊中的分层结构以改善水质，防止水路和港口结冰，优化污水处理过程的氧传质效率等（王双峰等，1999）。曝气过程中产生气泡羽流是一种复杂的气液两相流动，直接影响曝气池内气液固三相的接触、混合以及氧转移速率，进而影响到污水处理效果和运行费用（肖柏青等，2014，2012；Fayolle et al.，2010）。空隙率可以描述气液两相流中气泡分散相间相互作用（刘磊等，2006），通过空隙率的观测可以直接反映出气泡羽流运动过程中气泡的变化特征（宋策等，2011）。

气泡羽流形成过程是当流体进入静止环境中时，与周围静止流体之间存在速度不连续的间断面，间断面一般受到不可避免的干扰，从而失去稳定而产生涡旋，涡旋卷吸周围流体进入射流，同时不断移动、变形和分裂产生紊动，其影响逐渐向内外两侧发展，形成内外两个自由紊动的混合层。由于动量的横向传递，卷吸进入的流体取得动量而随同原来的流体向前流动，原来的流体失去动量而降低速度，在混合层中形成一定的流速梯度，出现剪切应力，故也称剪切层。卷吸与混合作用的结果使羽流断面不断扩大，流速则不断减低，流量却沿程增加，如图 5.1 所示（宋策等，2011）。

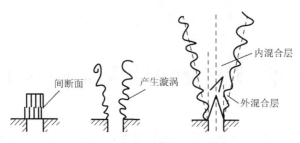

图 5.1　气泡羽流的形成过程

气泡羽流在形成稳定的流动形态后，整个羽流可划分为几个区段：由曝气口边界起向内外扩展的紊动掺混部分为紊流剪切层混合层。中心部分未受到掺混影响，保持原来出口流速，称为核心区。从出口至核心区末端的一段称为射流的起始段，紊动充分发展以后的部分成为羽流的主体段。主体段与起始段之间有过渡段。过渡段较短，在分析中为简化起见常被忽略，只将羽流分为起始段和主体段。羽流体到达液体表面时具有速度梯度的横向流动层，称表面流影响区。羽流外边缘区延长线将相交于喷口下方的一点，该点称为虚源点，两边缘线所夹角为扩散角。核心区边缘线也可交于此点，各区段的划分如图 5.2 所示（徐婷婷，2009）。

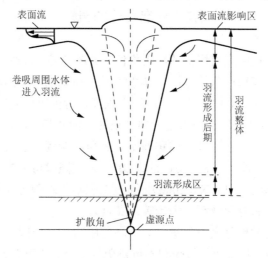

图 5.2　气泡羽流分区段示意图

根据影响气泡羽流流运动特性和规律的各种主要因素,可将其组合成许多类型。

（1）若环境流体在气泡羽流流入以前处于静止状态，则这类气泡羽流称为静止环境中的气泡羽流；反之称为流动环境中的气泡羽流。受纳流体（即环境流体）又可根据密度分布分为均匀环境和分层环境，而这两种环境中的气泡羽流运动是不同的。

（2）若受纳流体所占的空间是无限的，则其中的气泡羽流称为自由气泡羽流；

反之，称为受限气泡羽流，它的运动受固壁或自由面的影响。在受限气泡羽流中，若仅一面受限，而在沿平面方向上都可以自由扩展的气泡羽流，称为半受限气泡羽流。若气泡羽流是沿固壁发展的，称为附壁气泡羽流；沿水体自由表面发展的，称为表面气泡羽流。

（3）根据气体喷口或喷嘴的几何形状，可分为圆形气泡羽流、矩形气泡羽流和条缝型气泡羽流等。若气体喷口是圆形的，或者气体从多孔的圆盘射出，称为圆形（或轴对称，或三维）气泡羽流，若喷口是狭缝，则为二维（或平面）气泡羽流。

（4）同一般流动一样，气泡羽流还可分为不可压缩的和可压缩的，层流的和湍流的，非恒定的和恒定的。

总之，根据上述影响气泡羽流运动特性和规律的主要因素，可将气泡羽流组合成许多类型。

5.2　气泡羽流的获取方法

为研究曝气过程气泡羽流的运动特性，利用 PIV 的测量方式来获取流场信息，在实验室制作气液两相流装置，通过改变相关曝气参数条件，来研究气泡羽流的形态变化特性。

5.2.1　基于 PIV 技术的气泡羽流测定

制作可改变气泡直径、气相流量相关的气液两相流实验装置，如图 4.11 所示，改变实验条件，空隙率不同、纵横比不同所造成的气液两相流流动形态变化的特性，研究气液两相流中气相、液相的运动规律，分别采用回归相关法（recursive cross correlation，RCC）和基于快速傅里叶变换的 PIV 算法求出气相的速度。

1. 实验装置与测量装置

整个实验设备由实验装置和测量装置两部分组成。

（1）实验装置。由实验主体装置、气泡发生装置、空气压缩机、控制阀门、压力表、流量计和泄水阀组成，见第 4 章的图 4.11 和图 4.12。气泡发生装置：气泡在水平宽度为 40mm 的长方体装置中产生气泡羽流，压缩空气通过三排曝气针孔（孔径在 0.02～0.18mm）形成气泡喷射到装置的底部，产生气泡的直径在 1.0mm 到 2.5mm，气泡喷射的区域宽 80mm。在气泡发生装置与实验段之间为防止漏水多加了一层有机玻璃板和一层橡胶，以增加其密闭性。为反映真实流场，实验装置不需加入其他示踪粒子，气相流场中示踪粒子即为空气泡。

（2）测量装置。主要包括光路系统和图像分析系统。研究的光路系统由两个卤素灯组成，固定在实验装置的后部，与摄像机观察角度成 115°，可以拍摄到整个平面的流场信息。图像分析系统由 CCD 摄像机、计算机以及自编 PIV 测速程序构成。

在实际测试中，气泡羽流的运动状态是可视的，且通过改变曝气实验装置中气流速度、水深和曝气针孔孔径等，记录了 53 次气泡羽流的运动状态，研究不同状态下的气液两相流，由每秒 30 帧的数字图像记录了 40s，分别处理每种情况下 1200 帧连续的图像，来计算流场各特征参数（瞬时速度场、时均速度、时均涡量和总紊动强度等）。实验中水为自来水，其运动黏滞系数为 10^{-6} m^2/s，密度为 $1000kg/m^3$，气相为空气，其密度为 1.28 kg/m^3，实验温度为 $13\sim15℃$，Q 表示气流速度，H/W 表示纵横比，r_g 为气泡半径。

2. 气泡羽流测定

利用 PIV 技术测定的对象是悬浮在装置中的气泡。PIV 技术可以测定瞬时和多维的流场信息，但是在应用 PIV 测定气泡速度场时存在一些问题。在测定过程中，气泡图像的面积比率远大于通常所用的示踪粒子法的粒子图像，由于气泡密度的增加，气泡图像将会严重重叠；气泡运动在曝气过程中包含无序行为，即使流体处于层流状态，气泡运动的时空连续性也会遭到破坏；当气泡尺寸有较大偏差时，PIV 技术的精度难以估计；宏观气泡群的对流速度和单个气泡速度不一致，气泡运动比较复杂；和周围的流体相比，由于惯性小，在高频下气泡运动对外力的干扰很敏感，使得应用 PIV 技术变得更加困难；而且，由于气泡本身特殊的散射特性，在气泡受到轻微变形的情况下，平面图像上的气泡移动不连续。

粒子图像测速的关键问题是要从连续的两幅图像中找出匹配的粒子对。图像灰度分布互相关是目前最为流行的一种粒子匹配算法，该算法能够处理高密度粒子图像，目前常用的有基于快速傅里叶变换的粒子匹配算法和基于灰度分布互相关的回归相关算法。基于快速傅里叶变换可以高效、快速地处理粒子图像得到流场，但这种方法所能检测到的粒子最大位移只能达到查询窗口的一半，而由于实际图像不可避免地存在噪声的影响，实际上这种方法所能检测到的粒子最大位移只能达到诊断窗口的 1/3，基本原理见 3.4.1 小节。为获得较高的有效数据率，有关学者建议最大粒子位移不要超过查询窗口的 25%，但是当实际流场局部位移超过该粒子图像测速算法的有效最大测速位移时，将会出现错误矢量。

对于气泡流动图像，由于气泡分布的不均匀减去局部平均灰度以避免匹配偏差。回归相关算法通过从大查询区域到小查询区域重复由式（5.1）定义的相关计算（Hector et al.，2007），可以减轻计算的负担和在最终的计算结果中增加空间数据输出密度，图 5.3 所示为应用回归相关 PIV 法获取气泡速度的过程。起初通过一个 32 像素×32 像素的查询区域获得稀疏的速度分布，使用这一结果指导下一次的搜索，用 1/4 的面积实行第二次处理。重复这一过程几次，就能提取到很好的空间分辨率的最终数据。

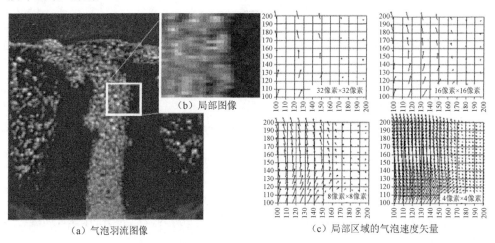

（a）气泡羽流图像　　　　　　　　（c）局部区域的气泡速度矢量

（b）局部图像

图 5.3　应用回归相关 PIV 法测定气泡速度

使用回归相关来处理气泡流动图像的特别优势在于：在初始阶段，在相对大的查询区域提取速度不会由于气泡固有的运动产生无规律的气泡散射光和气泡重叠恶化等不利因素，因此对所有以后阶段的速度提取产生致命错误的影响因子，在初始阶段大部分就没有了；在确定的小区域，单个气泡速度或局部速度在最终阶段能顺利获得。基于这两个优点，任意空间分辨率的气泡速度场可以直接从数据中估计，状态如水平，对流速度和单个气泡速度很容易被归类来讨论分散相多相流流体动力学的本质特性。基于曝气装置中气泡羽流变化的复杂性，本章选用回归相关算法来计算分散相瞬时速度场。

5.2.2　空隙率计算

采用图像处理技术，利用图像中气泡不重叠的部分，得到空隙率跟气泡阴影分布之间的关系，计算气泡局部的平均亮度，再对投影空隙率加以测量。投影空隙率的二维坐标函数是获得空隙率的主要方法，投影空隙率是指划分的每一个体积网格中气体所占总体积的百分比，在这里研究的方法关于在不同情况下气泡图像的重叠概率，通过这一方法可以得到气泡局部平均灰度与投影空隙率间的相关曲线，投影空隙率 $\alpha(N)$ 为

$$\alpha(N) = \frac{(4/3)\pi R_3 N}{A_S L} \tag{5.1}$$

式中，R 为球形气泡的半径；$A_S L$ 为划分的体积；A_S 为划分网格中的投影面积。

根据 Murai 等（2000）的计算公式，当分别有 N 个气泡和一个气泡的投影面积为 A_b 时，投影率 $\beta(N)$ 为

$$\beta(N) = \frac{\left[N - \sum_{i=1}^{N-1}\beta(i)\right]A_b}{A_S} \qquad (5.2)$$

划分网格的气泡灰度值 $B(i,j)$ 计算公式为

$$B(i,j) = f(i,j)[1 - \beta(N)] \qquad (5.3)$$

式中，i、j 表示气泡数字化图像的坐标。当有 N 个气泡在网格区域中，气泡局部平均灰度值 $B(N)$ 计算为

$$B(N) = [\sum_{j=1}^{n_j}\sum_{i=1}^{n_i}B(i,j)]/A_S + B_0 \qquad (5.4)$$

式中，n_i、n_j 为网格区域的水平方向和垂直方向的像素；B_0 为原始图像的背景灰度值。

可以得到投影空隙率 $\alpha(N)$ 和平均灰度值 $B(N)$ 的关系，由于原始图像的背景灰度值 B_0 为 37.0，并且通过 L_2/A_S 确定纵横比为 ζ，L/n_i 为气泡大小的比率，取值为 1.0，C 为灰度。

每个平均灰度图是计算 1200 幅连续图片（40s 内拍摄的）每个像素点的平均值后得到的，从平均的灰度图片上显示定性的时均空隙率分布，从灰度图片中可以清楚地观察到气泡羽流在不同纵横比时的运动结构。在获得灰度值及灰度图后，根据三组不同纵横比（1.0、1.5 和 2.0）的结果，选取每组图片同一位置的一个 10 像素×10 像素区域，得到一个局部平均灰度值。以投影空隙率为横坐标，局部平均灰度值为纵坐标，获得两者的相关曲线及关系式，如图 5.4 所示，即可测得气泡羽流空隙率值的二维分布。这里的投影空隙率是在实验过程中测得的，即通入的空气量（即气相）体积所占总体积的百分比。

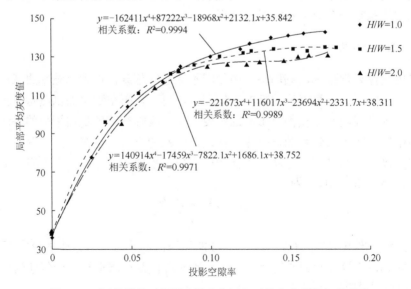

图 5.4 不同纵横比时投影空隙率与局部平均灰度值的相关曲线

5.3　气泡羽流二维空隙率的分布特性

在曝气装置中，主要考虑了气流速度、气泡大小、压强、空隙率及纵横比等影响因素。气流速度是影响实验条件空隙率的主要因素之一，而且对压强和气泡羽流的二维空隙率分布也有影响。在计算得到三种纵横比下的气泡羽流空隙率分布后，选取压强、纵横比和初始空隙率三个相对独立的影响因子分析不同实验条件下，空隙率分布情况与气泡羽流不稳定结构及其对氧传质效率的影响。

5.3.1　压强对空隙率分布的影响

压强大小主要由空气压缩机的气流速度进行控制。由于实验条件的限制，主要选择三种压强 P 分别为 15kPa、25kPa 和 30kPa 的情况下，分析气泡羽流在纵横比为 1.0 下空隙率的分布情况。

随着压强的增大，气体流量和气泡半径都随之变大。当压强较小时，气泡沿着羽流中心线上缓慢上升，底部有轻微摆动。随着压强增大，会看到气泡羽流的运动形态逐渐发生变化，摆动幅度加大。在压强为 30kPa 时，气泡羽流的气泡开始出现在两侧，气泡数量增多，形成了较为稳定的"冷却塔"结构，如图 5.5 所示。

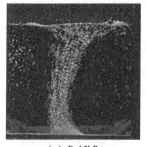 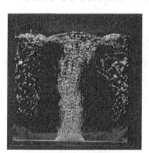 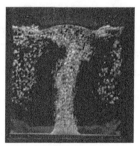

（a）P=15kPa　　　　　　　（b）P=25kPa　　　　　　　（c）P=30kPa

图 5.5　不同压强条件下的气泡羽流图

随着压强增大，空隙率分布有着明显的不同，如图 5.6 和彩图 5.7 所示。压强较小时，空隙率值虽然较小但分布较均匀，大小为 4%左右，气泡羽流的运动和结构都很稳定；随着压强的增大，气流也增大，气泡羽流摆动幅度加大，空隙率分布在底部出现交错的情况，但未影响气泡羽流的空隙率的分布，其分布较为均匀，结构稳定。当压强达到 30kPa 时，气泡羽流出现"冷却塔"的形态，空隙率的分布与气泡羽流的形态一致，空隙率最大值在气泡羽流的中心，达到 18%，而气泡羽流顶端的空隙率值较小。此时，气泡羽流中的气泡多集中在羽流中心，其余的气泡将进入气泡羽流两侧的循环。因此，气泡在水中的停留时间延长，有利于提高氧在水中的传质效率，气泡羽流受到气相体积的影响较小并且结构稳定。

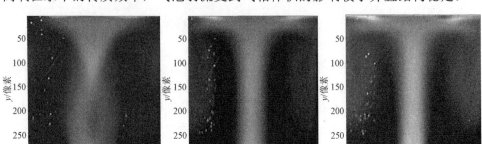

（a）P=15kPa　　　　　　（b）P=25kPa　　　　　　（c）P=30kPa

图 5.6　不同压强条件下的平均灰度图

5.3.2　纵横比对空隙率分布的影响

纵横比是指实验装置的宽度（H）与水深（W）的比值，通过改变水深，从而改变纵横比。由于实验条件的限制，主要选择纵横比分别为 1.0、1.5 和 2.0 时，分析压强 P=15kPa 条件下纵横比对空隙率的分布、气泡羽流运动形态及其结构的影响。

气泡羽流的空隙率分布与其运动形态一致，不同纵横比条件下气泡羽流及平均灰度分别见图 5.8 和图 5.9。纵横比不同，压强为 15kPa 的情况下，看到气泡羽流的运动形态如下：当纵横比为 1.0 时，气泡羽流的运动变化主要在底部；当纵横比为 1.5 时，气泡羽流的运动变化主要在中间，摆动幅度较大；当纵横比为 2.0 时，气泡羽流的运动变化呈现弯曲的蛇形，摆动幅度较大。

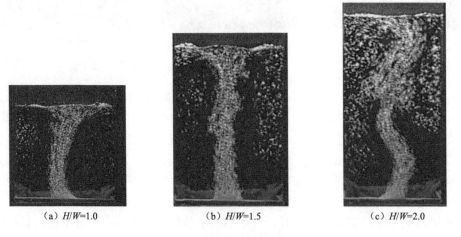

（a）H/W=1.0　　　　　　（b）H/W=1.5　　　　　　（c）H/W=2.0

图 5.8　不同纵横比条件下的气泡羽流图

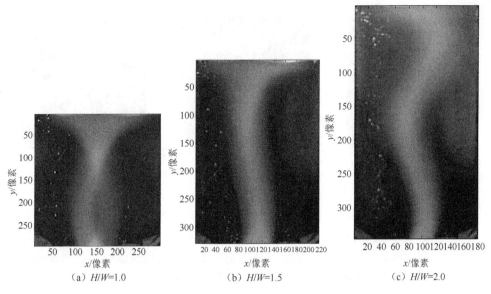

（a）H/W=1.0　　　　（b）H/W=1.5　　　　（c）H/W=2.0

图 5.9　不同纵横比条件下的平均灰度图

在压强为 15kPa 时，三种纵横比下空隙率的分布如彩图 5.10 所示。当纵横比为 1.0 时，空隙率的分布较均匀，在 8%左右，气相体积对气泡羽流的影响较小，氧传质效果较好，气泡羽流保持稳定的运动状态；当纵横比为 1.5 时，最大空隙率值均匀分布于气泡羽流中心和顶端的位置，在 10%左右，气泡在羽流顶端较为集中，氧传质效果有所降低，气泡羽流的运动型态较为稳定；当纵横比为 2.0 时，气泡羽流呈蜿蜒的蛇形运动，摆动明显，空隙率值分布均匀，在 7%左右，但气泡羽流的顶部中心出现的空隙率值较大的分布情况达到 20%，气相体积在气泡羽流中的影响较小，但是因为纵横比较大，气泡容易在羽流顶端聚集溢出水面，使得气泡羽流顶端结构不稳定。

5.3.3　初始空隙率对空隙率分布的影响

空隙率 α 指的是气泡（气相）所占体积占气液两相总体积的百分比。空隙率是实验研究的一个重要条件。在此条件的影响下，选择初始空隙率 α 分别为 8%、12% 和 16%开展实验研究，分析纵横比为 1.0 条件下气泡羽流的空隙率分布情况。

不同初始空隙率条件下气泡羽流如图 5.11 所示。初始空隙率增大时，明显看到气泡数量增多，气泡羽流的运动形态也有变化。在较低初始空隙率条件下，气泡运动呈羽流状，在一侧有气泡回流状态；在初始空隙率为 12%时，羽流形态出现"冷却塔"结构，气泡羽流形态较稳定，在两侧区域气泡回流；随着初始空隙率继续增加，气泡羽流的运动形态未发生明显改变。

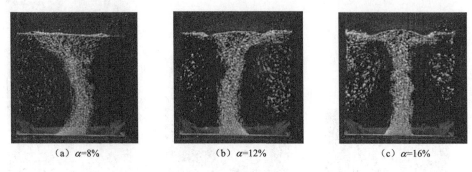

(a) α=8%　　　　　　　(b) α=12%　　　　　　　(c) α=16%

图 5.11　不同初始空隙率条件下的气泡羽流图

不同初始空隙率条件下的平均灰度图和空隙率分布分别如图 5.12 和彩图 5.13 所示。当 α=8%时，气泡羽流运动形态稳定，空隙率值的分布较为集中，对氧传质效率不利。当 α=12%时，空隙率的分布沿羽流的中心向两侧分布逐渐变小，气泡羽流的两侧沿曝气池壁出现气泡，但气泡数量不多，因此空隙率分布形态出现"冷却塔"结构，此时羽流结构较为稳定且氧传质效果较好。当 α=16%时，空隙率的分布呈现"冷却塔"结构，随着初始空隙率的增加，整个反应器中空隙率的分布与 α=12%时的分布基本相同，说明初始空隙率超过 12%对气泡在流场中的分布基本无影响。研究发现，当空隙率为 12%时，可能对反应器的氧传质较为有利，对微生物的生长代谢具有很好的促进作用。

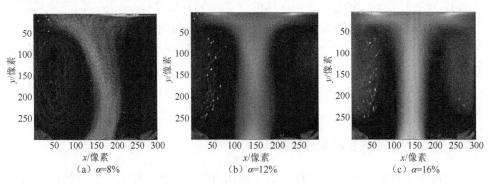

(a) α=8%　　　　　　　(b) α=12%　　　　　　　(c) α=16%

图 5.12　不同初始空隙率条件下的平均灰度图

5.4　气泡羽流的摆动机理

5.4.1　气泡羽流的时间连续分布

图 5.14 为随时间变化的平面气泡羽流中气泡分布图。纵横比为 1.0 时，气泡羽流沿曝气池中心线上升；纵横比为 1.5 时，气泡羽流最初在平面呈蛇形上升，

到达顶部时为发散状，当气泡羽流自身大部分保持为层流状态时，在水平方向气泡羽流以大约 40s 的长周期摆动。纵横比为 2.0 时，气泡羽流伴随着底部曲折运动，且由于许多气泡再循环的出现，气泡羽流被破坏，这种情况下气泡羽流是不稳定的。

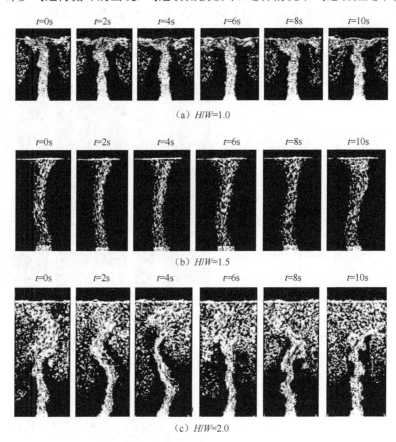

图 5.14　随时间变化的平面气泡羽流中气泡的分布图

　　曝气池中气泡羽流在时间连续时，在池中不同位置也有不同的变化规律。本书中所使用的图片是在三种状态（不同纵横比）下拍摄的气泡羽流图片，纵横比指实验装置的宽度与水深的比值，在以下的研究中，选择气泡羽流三个不同的水深位置，截取该位置的图片，采用图片拼接的方法得到气泡羽流三种纵横比下的时间连续图片，研究其连续的 40s 里，气泡羽流在不同深度处的运动形态及规律；进一步计算出选择水深处的气泡羽流中心偏移量，用快速傅里叶变化得到气泡羽流的中心在这三个水深处的中心频谱变换，即摆动频谱。

　　当纵横比为 1.0 时，气泡羽流沿着曝气池的中心线上升，两侧出现气泡沿池壁均匀上流是高度对称的，如图 5.15 所示。当纵横比为 1.5 时，气泡羽流最初沿着圆柱中心线直线上升，似乎形成了环流"冷却塔"结构。然而，随着时间的增加，流体结构变成一个有两个曲折循环单元的更复杂的结构，这些环流再循环单元影响了气泡羽流，气泡羽流在两个环流循环单元之间上升，运动类型高度对称，见图5.16。当纵横比为2.0时，气泡羽流在曝气池内连续地左右摆动，气泡羽流曲折运动着穿过液体而上升，自由表面形成的多个漩涡影响了羽流运动。从图5.17中可以看到流体结构受成列交错排列的漩涡的干扰，同时，可以看到气泡羽流的顶部时间连续图片上，气泡分散在曝气池表面附近的柱体的断面上。

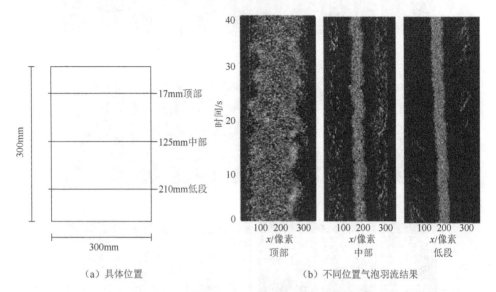

图 5.15　纵横比为 1.0 时时间连续的气泡羽流图

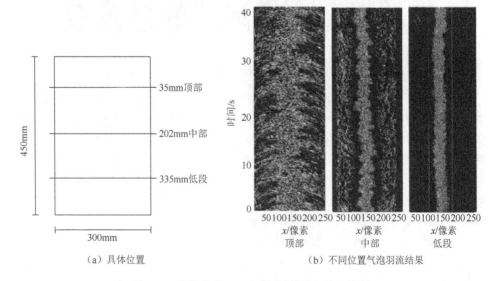

图 5.16　纵横比为 1.5 时时间连续的气泡羽流图

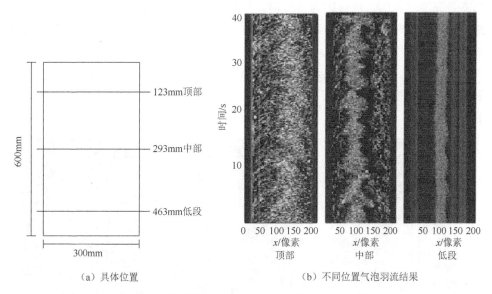

（a）具体位置 　　　　（b）不同位置气泡羽流结果

图 5.17　纵横比为 2.0 时时间连续的气泡羽流图

5.4.2　气泡羽流的摆动与波动频谱

通过对气泡羽流摆动频谱和气泡速度的波动频谱的计算，实验中选择压强、纵横比及空隙率三个相对独立的影响因子来分析气泡羽流的运动规律、影响及其摆动机理和运动特性，摆动频谱的程序流程如图 5.18 所示。

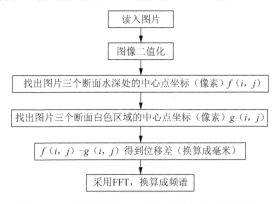

图 5.18　气泡羽流中心摆动频谱的程序流程图

1. 纵横比对气泡羽流频谱的影响

在压强为 25kPa 时，三种不同纵横比条件下，时间连续羽流的运动形态也有所变化，如图 5.19 所示。纵横比为 1.0 时，气泡沿曝气池中心线上升，气泡羽流形态是高度对称的。纵横比为 1.5 时，气泡羽流运动不稳定，中部和低段出现了曲折运动，顶部的气泡出现了再循环，时间连续的气泡羽流图片在中部和低段是曲折循环的结构，顶部的气泡羽流宽度有微小的扩张。纵横比为 2.0 时，气泡羽流的摆动增强，时间连续图片在顶部因为涡旋结构，气泡占满了容器，中部和低段的气泡羽流曲折地沿着容器中心上升，主要是受到自由表面形成的涡旋结构的影响。

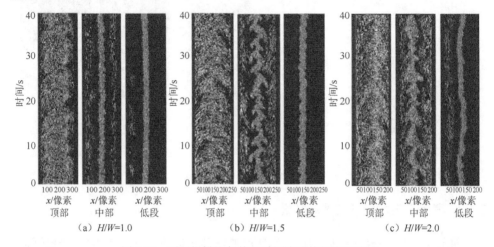

图 5.19　不同纵横比条件下时间连续的气泡羽流图

三种纵横比下气泡羽流的中心在不同水深处的频谱和速度波动强度有明显的改变，如图 5.20 和图 5.21 所示。图 5.20 图例和图 5.21 中①②③④表示不同位置处的频谱结果，具体位置见图 5.22，其中 44、31 和 19 分别表示压强 25kPa 时纵横比为 1.0、1.5 和 2.0 时的结果。纵横比为 1.0 时，气泡羽流在不同水深处的中心摆动频谱的峰值都较大，气泡羽流在低段的摆动频率为 0.02Hz，比其他水深处的大；气泡速度在①处的波动峰值较大，不同位置的波动频率在 0.02～0.04Hz，此时羽流整体结构稳定。纵横比为 1.5 时，气泡羽流在顶部（35mm）和中部（202mm）水深处的频谱振幅较大，且羽流中部摆动频率较大在 0.01Hz 左右，气泡羽流中的气泡速度的波动强度在①处的波动峰值较大，②④处的峰值也变大，③处的减小，波动频率为 0.01Hz，羽流在中部的摆动加快，羽流结构在中部不稳定。当纵横比为 2.0 时，气泡羽流中心在中部（293mm）水深处的摆动峰值和频率较羽流顶部和低段小，顶部的频率和峰值较大为 0.016Hz。此时气泡羽流的顶部和低段的摆动较为明显。气泡速度的波动强度在①②④处的峰值较大，波动频率为 0.04Hz，羽流中心在顶部的运动变快，羽流中心处的气泡波动明显，羽流在顶部的结构不稳定，易溢出装置。

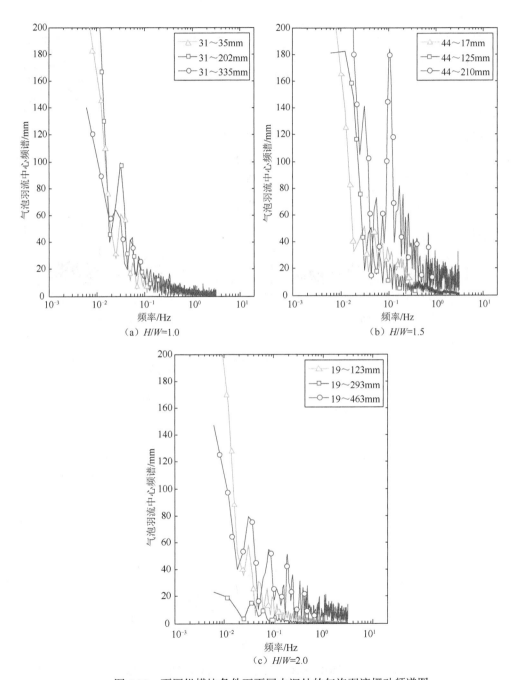

图 5.20　不同纵横比条件下不同水深处的气泡羽流摆动频谱图

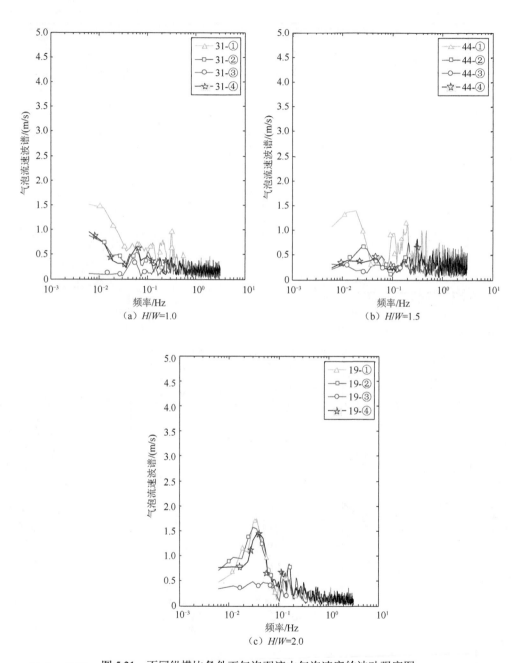

图 5.21　不同纵横比条件下气泡羽流中气泡速度的波动强度图

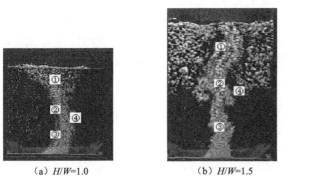

|（a）H/W=1.0|（b）H/W=1.5|（c）H/W=2.0|

图 5.22　不同纵横比条件下气泡波动频谱的选取

2. 压强对气泡羽流频谱的影响

从图 5.23 看到，在纵横比为 1.0 时，随着压强的增大，顶部的气泡逐渐增多，占满容器，气泡羽流中部和低段时间连续的图像是沿曝气池中心线上升，气泡分布均匀；当压强为 30kPa 时，气泡羽流中部的时间连续的图像两侧出现气泡，沿容器壁均匀上升，出现经典的"冷却塔"结构，此时的气泡羽流图片顶部充满气泡，不断产生的气泡进入曝气池两侧循环运动着。

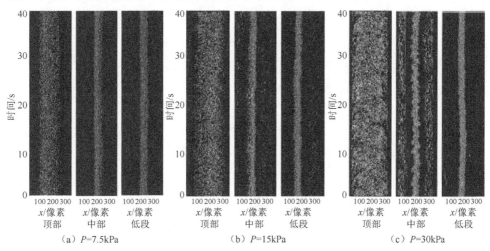

|（a）P=7.5kPa|（b）P=15kPa|（c）P=30kPa|

图 5.23　不同压强条件下时间连续的气泡羽流图

从图 5.24 和图 5.25 可以发现，气泡羽流频谱变化随着压强增大，羽流频谱变化也各不相同。图 5.24 图例和图 5.25 中①②③④位置如图 5.22 所示。压强较小时，羽流中心不同水深处的中心运动频率为 0.005～0.02Hz，气泡速度的波动强度变化不明显，气流量小，气泡运动速度也较小，频谱梯度不明显，波动频率为

0.01Hz。随着压强的增大，羽流中心不同水深处的频谱峰值变大，但顶部的羽流中心频谱峰值较中部和低段水深处的要小，运动频率为 0.006～0.01Hz；气泡速度波动强度变化明显，气泡的波动峰值变大，波动频率为 0.04Hz，位置①处的气泡波动峰值较其他位置大，但波动频率接近，该处气泡运动对于气泡羽流的结构影响较小。在该纵横比下，气泡羽流的结构较为稳定，顶部的气泡也不易溢出装置。

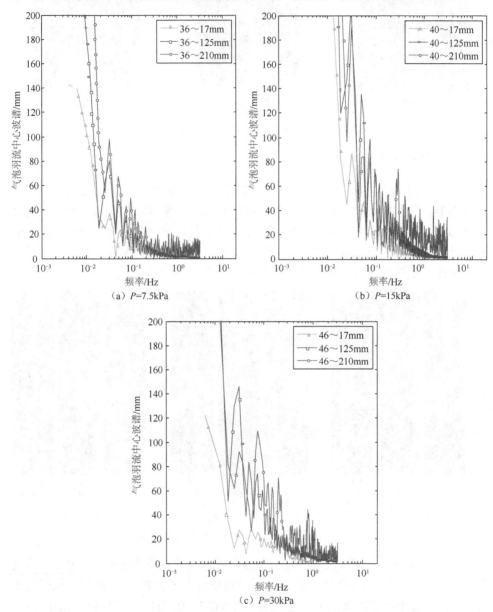

图 5.24　不同压强条件下气泡羽流的摆动频谱图

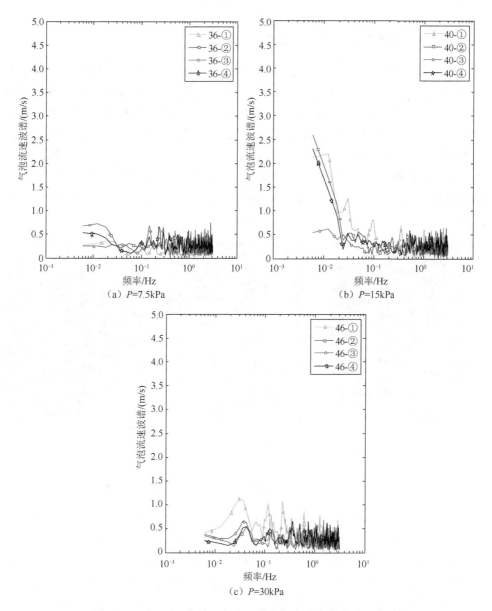

图 5.25　不同压强条件下气泡羽流中气泡速度的波动强度图

综上所述，压强对气泡羽流的结构有影响。气泡羽流在纵横比为 1.0 时，随着压强的增大，气泡羽流中心的摆动频率减小，尤其是在其顶部（17mm）水深处的峰值和频率都较小，而气泡的波动频率变大，主要是气流量增大引起的，但对气泡羽流的结构影响不大，气泡羽流的结构形态保持稳定。

3. 空隙率对气泡羽流频谱的影响

在纵横比为 1.0 时，不同空隙率对气泡羽流的影响如图 5.26 所示。在空隙率为 8%时，时间连续的气泡羽流的气泡沿着中心线均匀上升，到达顶部，图中连续时间的羽流有向两侧扩散的趋势。当空隙率增大到 12%，压强也随之增大，随着时间的增加，气泡羽流沿曝气池的中心线上升，其宽度随气泡的上升扩张，到达顶部的时候，羽流宽度最大。当空隙率增大到 16%，气流量增大，气泡的速度变大，进入羽流两侧气泡增多，此时羽流运动形态是经典的"冷却塔"结构，时间连续的羽流是对称的结构，羽流形态较为稳定，分布形态与空隙率为 12%分布类似。

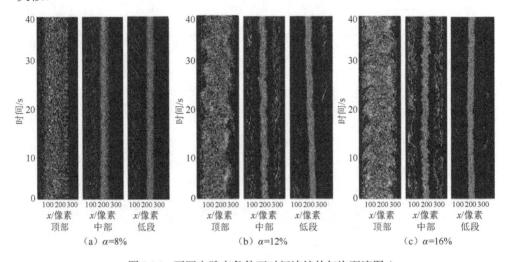

图 5.26　不同空隙率条件下时间连续的气泡羽流图·

图 5.27 和图 5.28 分别为不同空隙率条件下气泡羽流的摆动频谱和气泡速度的波动频谱。当空隙率为 8%时，气泡羽流在低段（210mm）水深处中心频谱的峰值比顶部（17mm）和中部（125mm）水深处的大，摆动频率为 0.01Hz，气泡羽流低段受气流的影响，摆动较其他水深处明显；气泡羽流中不同位置气泡的波动频谱变化不大，羽流整体形态结构较为稳定。当空隙率为 12%时，气泡羽流中心在低段（210mm）水深处的中心频谱峰值比顶部（17mm）和中部（125mm）水深处的大，摆动频率为 0.03Hz，顶部的摆动频率最小为 0.012Hz；气泡羽流中气泡速度的波动峰值变化不大，在①处的波动峰值较大，波动频率为 0.015Hz，羽流结构较为稳定。当空隙率增加至 16%时，羽流中心在不同水深处的峰值较大，低段的摆动频率最大为 0.03Hz，顶部的摆动频率最小；气泡羽流不同位置的气泡波动频谱变化不大，波动峰值都较小，波动频率为 0.04Hz；气泡羽流结构较为稳定。

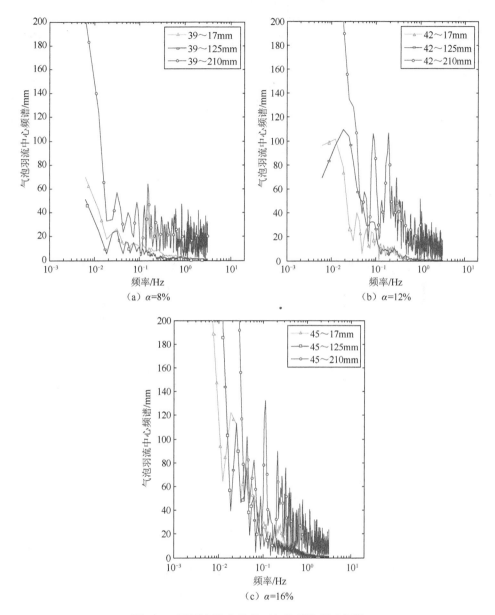

图 5.27　不同空隙率条件下气泡羽流摆动频谱

在空隙率较小时，气泡羽流在低段的摆动峰值较中部和顶部的峰值大，气泡羽流在低段受到气相体积的影响使得其摆动幅度较大；气泡的波动峰值随着纵横比的增大在气泡羽流的顶部波动峰值变大，波动频率有所减小，气泡的运动较为剧烈。随着空隙率的变大，气泡羽流的顶部频谱变化较为明显，气泡羽流低段的峰值和频率逐渐减小，而顶部的气泡的波动峰值和频率随之变大。当空隙率达到 16%时，气

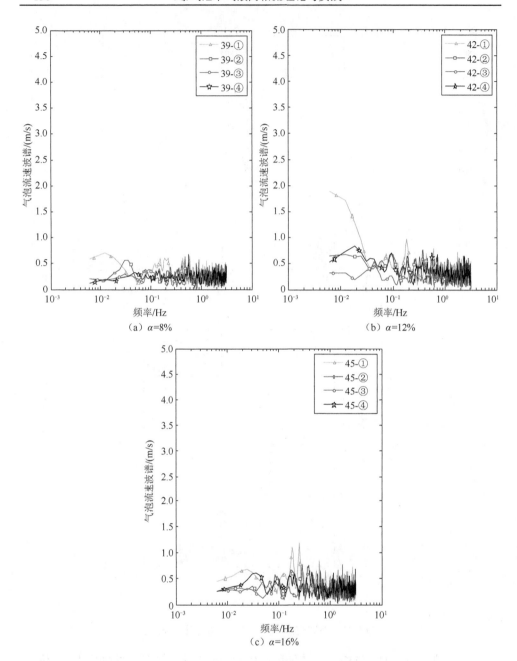

图 5.28　不同空隙率条件下气泡羽流中气泡速度的波动强度

39、42 和 45 分别为不同空隙率条件下的编号；①②③④为纵横比 1.0 时的位置，见图 5.22 (a)

泡的运动速度则加快，尤其是气泡羽流的顶部，因此在空隙率较小时，气泡羽流的结构形态在低段受到气相体积的影响较大，但气泡羽流的整体结构较为稳定。

5.5　曝气池中气泡羽流运动规律

影响曝气装置中气泡羽流的形态变化的因素较多。实验中考虑了气流速度、气泡大小、压强、空隙率及纵横比等因素。气流速度是影响气泡羽流运动的因素之一，它对压强、气泡直径以及空隙率的大小也产生影响，为了更加明确影响气泡羽流不稳定结构的主要因素，主要选取纵横比、压强和空隙率这三个相对独立的影响因子来分析不同实验条件下气泡羽流运动的规律。

5.5.1　纵横比对气泡羽流运动的影响

为了研究纵横比对气泡羽流的影响，实验中选取纵横比分别为 1.0、1.5 和 2.0时，分析 25kPa 压强下气泡羽流的瞬时流场和时均流场的分布情况。

1. 纵横比对瞬时流场的影响

不同纵横比条件下，t 分别为 0s、20s 和 40s 时的瞬时流场如图 5.29 所示。纵横比为 1.0 时，气泡沿着中心线上升，羽流的内部和表面振动频率更高，由于气泡速度增大，气泡的速度也随着增大，且有部分气泡进入两侧；在纵横比为 1.5时，气泡羽流不稳定，在底部伴随着曲折运动，在上部许多气泡开始出现再循环；纵横比为 2.0 时，气泡羽流的摆动增强，且两侧有不对称的涡旋结构产生。随着时间的变化，气泡羽流的瞬时流场有所不同，在高纵横比条件下，气泡羽流的运动稳定性较差，可能不利于氧传质的进行。

2. 纵横比对时均流场的影响

三种纵横比下气泡羽流的形态结构有显著改变，图 5.30、图 5.31、彩图 5.32和彩图 5.33 分别为三种纵横比下的时均流线图、时均速度场图、总紊动强度图及时均涡量图。纵横比为 1.0 时，时均流线图中出现了比较对称的涡旋结构，总紊动强度最大值出现在羽流两侧，气泡开始进入两侧稳定的涡旋结构中，增大了氧与水的接触时间和接触面积；纵横比为 1.5 时，流线分布均匀，同时也出现了对称的涡旋结构，但是顺时针方向旋转的涡旋与容器壁接触，气泡进入右侧涡旋结构时，容易与容器壁接触，气泡羽流容易遭到破坏，且此时总紊动强度最大值出现在中上部，气泡更容易溢出装置；纵横比为 2.0 时，速度旋度不明显，且以顺时针方向旋转为主，摆动频率较大，总紊动强度最大值出现在中部偏上，气泡在水中的有效接触时间缩短，有效接触面积减小。

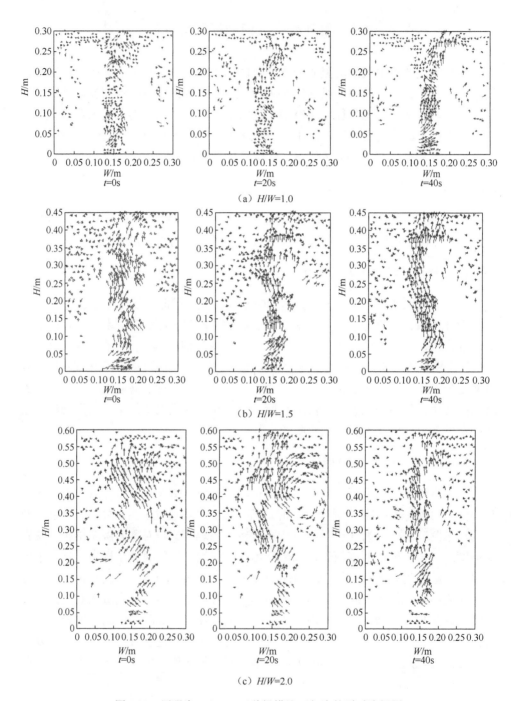

（a）H/W=1.0

（b）H/W=1.5

（c）H/W=2.0

图 5.29　压强为 25kPa，三种纵横比下气泡的瞬时流场图

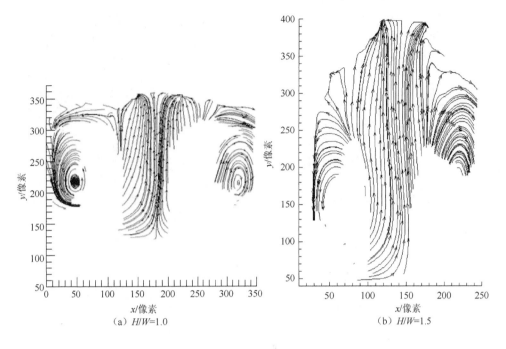

（a）*H/W*=1.0　　　　　　　　　（b）*H/W*=1.5

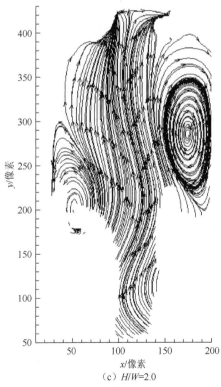

（c）*H/W*=2.0

图 5.30　不同纵横比条件下的时均流线图

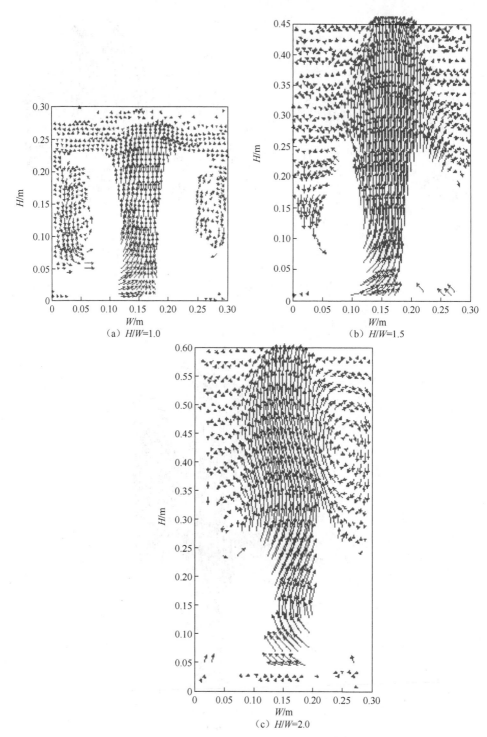

（a）$H/W=1.0$　　　　　　　　　（b）$H/W=1.5$

（c）$H/W=2.0$

图 5.31　不同纵横比条件下的时均速度场图

3. 纵横比对气泡羽流运动规律的影响

同一纵横比下，空隙率对气泡运动产生较大的影响；不同纵横比，气泡羽流的运动形态也各不相同，如图 5.34 所示。当纵横比为 1.0，空隙率为较大值时，气泡羽流呈现较为对称的涡旋结构，此时由于气泡向两侧分散，气泡速度减小，总紊动强度较小，对气泡进入两侧的涡旋结构有较大的促进作用，在这种情况下，气泡在水中的实际有效接触时间最长，对于氧气在水体中的传质效率有显著提高。

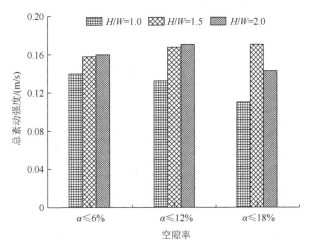

图 5.34　纵横比对气泡羽流运动规律的影响

5.5.2　压强对气泡羽流运动的影响

由于实验条件的限制，本小节主要对比分析了压强为 5kPa、15kPa 和 30kPa 情况下，纵横比为 1.0 的气泡羽流运动状态。

1. 压强对瞬时流场的影响

当纵横比为 1.0 时，气泡羽流的瞬时流场也有较大变化，如图 5.35 所示。羽流沿着中心线上升，随着空隙率的增大，气泡羽流振动幅度也随之增大，气泡羽流瞬时流场由较为稀疏的速度场逐渐变得密集，且当气泡羽流上升至顶部时，气泡开始向两侧散落，逐渐形成较为稳定的"冷却塔"结构，进入两侧的气泡数量增多。不同压强对瞬时流场的分布有显著影响，在较低压强时，气泡的瞬时流场在不同时间基本相同；在压强为 15kPa 时，不同时间气泡羽流运动较不稳定；在较高压强下，不同瞬时流场分布基本相同。说明存在一个较为合适的压强，可有效地提高气泡的紊动程度，增加氧传质效率。

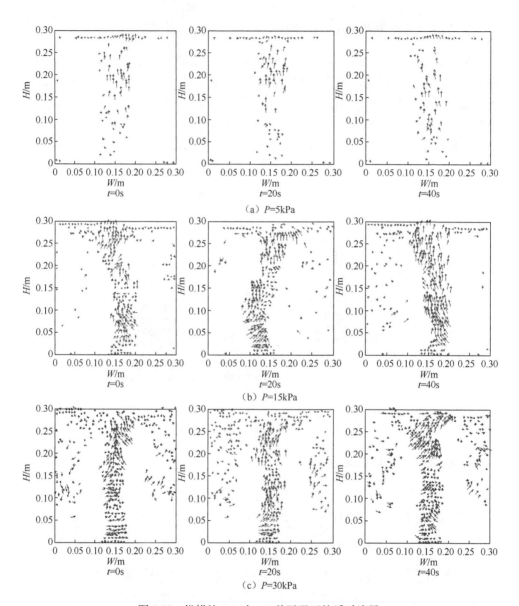

图 5.35 纵横比 1.0 时，三种压强下的瞬时流场

2. 压强对时均流场的影响

在同一的纵横比下，当其他条件发生改变时，气泡羽流时均流场变化显著。图 5.36、图 5.37、彩图 5.38 和彩图 5.39 分别为不同压强下的时均流线、时均速度、总紊动强度及时均涡量图。在压强较小时，气泡羽流沿着中心线上升，速度较小，

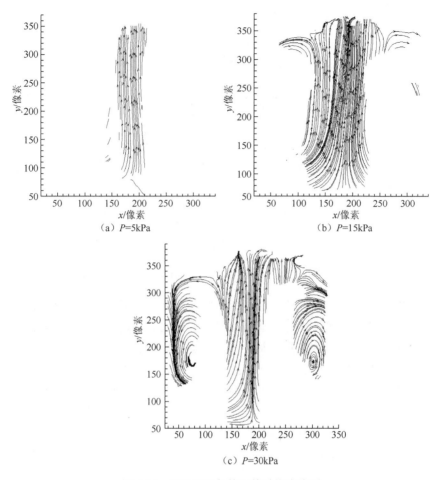

（a）P=5kPa　　　　　　　　　　　（b）P=15kPa

（c）P=30kPa

图 5.36　不同压强条件下的时均流线图

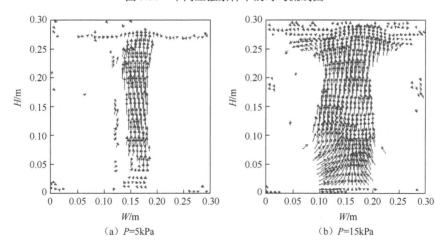

（a）P=5kPa　　　　　　　　　　　（b）P=15kPa

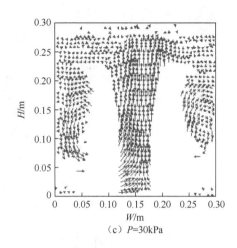

（c）P=30kPa

图 5.37　不同压强条件下的时均速度图

总紊动强度最大值出现在中部，涡旋结构较为对称，但旋度不大；随着压强的增大，气泡羽流的宽度增大，总紊动强度最大值出现的位置逐渐向两侧扩张，且涡旋角度也随之增大；压强的进一步增大，气泡羽流出现了经典的"冷却塔"结构，总紊动强度最大值出现在羽流两侧，紊动强度最大值减小，说明在这种状态下，各点速度的变化与其时均速度的差值最小，其速度变化较均匀，且出现了较为对称的涡旋结构，两个方向的涡旋角度较大。同时紊动强度的降低，气泡的增多，使气泡在水中的有效接触时间延长，气泡与水的接触面积和接触时间有所增大，有利于提高氧在水中的传质效率。

3. 压强对气泡羽流运动规律的影响

由于较低压强条件下气泡运动的形态较差，根据已有的研究结果，选择压强为 5kPa、15kPa 和 30kPa 条件下，研究压强对气泡羽流在曝气装置中运动规律的影响，结果如图 5.40 所示。主要以各状态的总紊动强度来进行对比分析。压强对气泡羽流的运动有较大影响，随着压强的增大，气泡羽流的涡旋结构也越来越明显，气流速度增大，气泡空隙率增大。在相同压强下，纵横比对气泡的影响也较为明显。当纵横比为 1.5 时，虽然在压强为 30kPa 时也出现了比较对称的涡旋结构，但从图 5.40 中可以看出，其速度变化幅度较大；当纵横比为 1.0 时，从流场图可以得出，气泡羽流在各压强下的涡旋相对比较明显和对称，且气泡进入两侧稳定的涡旋结构中，其有效接触时间较长；气泡羽流运动总紊动强度随压强的增大递减，说明速度变化越来越均匀。

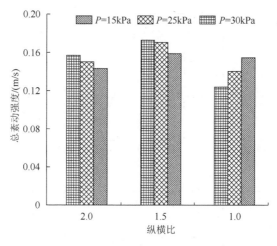

图 5.40　压强对气泡羽流运动规律的影响

5.5.3　空隙率对气泡羽流运动的影响

空隙率是影响气泡羽流运动的一个重要因素。本小节主要通过在空隙率分别为 8%、12% 和 16% 条件下，分析纵横比为 1.0 时的不同流场形态，探究空隙率对气泡羽流运动规律的影响。

1. 空隙率对瞬时流场的影响

空隙率的增大，对气泡羽流产生了较大的影响，三种空隙率条件下气泡羽流的瞬时流场如图 5.41 所示。在较低空隙率条件下，气泡沿着羽流中心线向上运动；随着空隙率的增大，气泡仍沿着羽流中心线向上运动，由于速度的增大、气泡数量的增多，到达顶部的气泡有散落两侧的趋势；当空隙率为 16% 时，气泡沿曝气中心线向上运动，到达顶部的气泡有散落两侧的趋势，且趋势与空隙率为 12% 时相比有较小的变化，说明空隙率增加对气泡羽流运动有利，当其值超过某一限值时，增加的空隙率对气泡羽流几乎无影响，这样将会造成曝气成本的增加，反而不利于反应器的长期高效运行。

2. 空隙率对时均流场的影响

图 5.42、图 5.43、彩图 5.44 和彩图 5.45 为不同空隙率条件下的时均流线、时均速度、总紊动强度及时均涡量图。在较低空隙率条件下，流线分布较为均匀，有沿着中心线向两边扩散的趋势；总紊动强度最大值出现在下部；涡量有出现对称结构的趋势，向顺时针方向旋转的涡旋为主。当空隙率增大至 12% 时，气泡仍是沿着中心线上升，且开始出现"冷却塔"结构的流体形态，同时涡旋结构有了明显

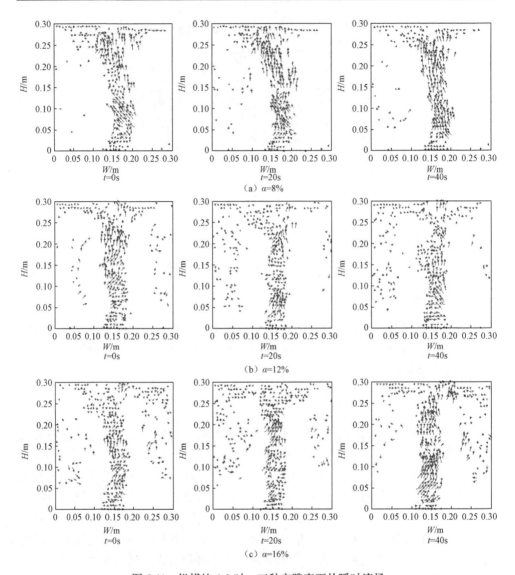

图 5.41　纵横比 1.0 时，三种空隙率下的瞬时流场

的对称趋势，总紊动强度最大值出现在对称的两侧顶端，其强度方向为水平方向，有利于越来越多的气泡进入两侧"冷却塔"的结构中，使气泡与水的接触时间延长。随着空隙率进一步增大，各状态下气泡时均流场变化显著，气泡羽流沿着中心线上升，出现较为明显的"冷却塔"结构，两侧出现对称且均匀稳定的涡旋环流，总紊动强度最大值出现在两侧，加剧了气泡进入两侧稳定涡旋环流的速度，致使越来越多的气泡聚集在水中，气泡的有效接触时间增长，氧与水体的接触面积增大，有利于氧的传质。

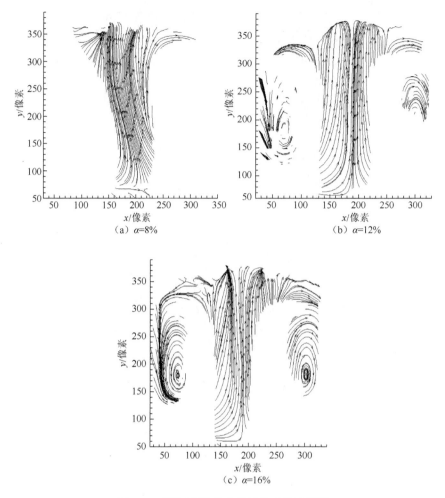

图 5.42　不同空隙率条件下的时均流线图

3. 空隙率对气泡羽流运动规律的影响

空隙率对气泡羽流的运动有较为明显的影响,如图 5.46 所示。同一空隙率下,气泡羽流的变化形态在不同纵横比时也发生较为明显的改变;当纵横比为 1.0 时,气泡羽流运动较稳定,总紊动强度最大值出现在气泡羽流两侧,气泡有效接触时间最长;当纵横比为 1.5 时,气泡羽流的紊动强度最大,最容易溢出装置。空隙率的改变对气泡羽流的结构形态影响较大。随着空隙率的增大,装置中气泡数量增多,气泡紊动强度加剧。

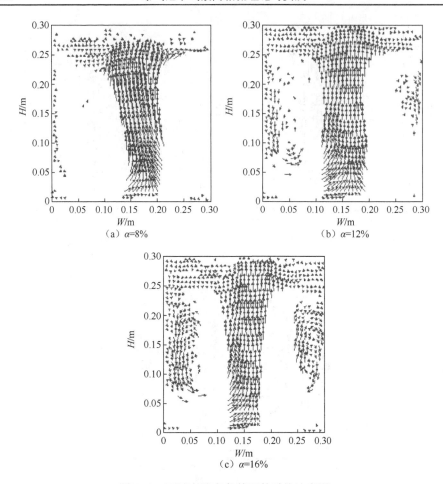

(a) α=8%

(b) α=12%

(c) α=16%

图 5.43　不同空隙率条件下的时均速度图

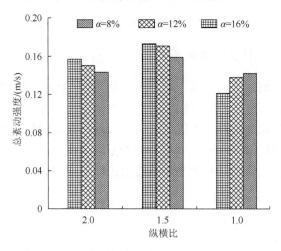

图 5.46　空隙率对气泡羽流运动规律的影响

　　综上所述，气泡羽流的结构形态受压强、空隙率及纵横比的影响较大，其中空隙率和纵横比的影响最为显著。在纵横比不变时，气泡的运动由空隙率主导，随着空隙率的增大，气泡在水体中的扩散、搅动加剧；在空隙率不变时，气泡羽流的结构形态受纵横比的影响极为明显，当纵横比为 1.0 时，气泡羽流呈现"冷却塔"结构，涡旋结构对称稳定，旋度较大。综合考虑在曝气实验装置中，当设计纵横比为 1.0 时，在空隙率较大时，气泡在运动的过程中进入两侧稳定的环流中，气泡在装置中有最大的有效接触时间，由于气泡密度的增加，氧气与水有较大的接触面积，能有效提高氧传质效率。这一结论为实际中曝气系统的设计和优化提供理论数据。

参 考 文 献

刘磊, 廖红伟, 史宇慧, 等, 2006. 空隙率波的波速与气相漂移特性研究[J]. 工程热物理学报, 27(3): 448-450.

宋策, 程文, 胡保卫, 等, 2011. 气泡羽流空隙率的计算及其不稳定规律的研究[J]. 水利学报, 42(4): 419-424.

王双峰, 李炜, 槐文信, 1999. 均匀环境中气泡羽流的数值模拟[J]. 武汉水利电力大学学报, 32(3): 1-8.

吴凤林, TSANG A, 1989. 关于气泡羽流的研究[J]. 水动力研究与进展, 4(1): 104-111.

肖柏青, 张法星, 刘春艳, 等, 2012. 曝气池内气泡羽流附壁效应的试验研究[J]. 水力发电学报, 31(4): 105-112.

肖柏青, 张法星, 戎贵文, 2014. 曝气池气泡羽流数值模拟及其氧转移影响[J]. 环境工程学报, 8(11): 4582-4585.

徐婷婷, 2009. 气泡羽流流型试验研究[D]. 成都: 西南交通大学.

FAYOLLE Y, GILLOT S, COCKX A, et al., 2010. In situ characterization of local hydrodynamic parameters in closed-loop aeration tanks[J]. Chemical engineering journal, 158(2): 207-212.

HECTOR R B, JOHN S G, MIKI H, 2007. Development of a commercial code-based two-fluid model for bubble plumes[J]. Environmental modeling & software, 22(4): 536-547.

MURAI Y, MATSUMOTO Y, YAMAMOTO F, 2000. Qualitative and quantitative flow visualization of bubble motions in a plane bubble plume[J]. Journal of visualization, 3(1) :27-35.

第6章　曝气池中气液两相流数值模拟

　　数值模拟研究是一种利用计算机获取两相流流动规律的流场可视化手段，因精度较高，且节约成本与时间，目前已在流体力学方面得到了广泛的应用与认可。该方法实际上是应用流体力学三大方程及相关流体特性处理模型理论，计算获取流场分布规律数值方法，因其应用往往受到实际流场复杂性的影响，导致计算的流场准确性得到质疑。随着计算机技术的不断发展，计算流体力学（CFD）模型也得到飞速的发展，主要的模拟工具可分为 Fluent 软件、CFX 软件（Flow-3D）和 Openform 软件三大类，Fluent 软件和 CFX 软件是目前最成熟的流体力学计算商业软件，Openform 软件是一款开源的数值模拟工具，允许研究者对其进行修改与增添计算模型，而 Fluent 软件是由美国公司推出的商业软件，是继 CFX 软件之后第二个投放市场的基于有限体积法的软件，也是目前功能最全面、适用性最广、国内外使用最广泛的软件之一，计算结果的准确性已在多相流研究方面得到广泛认可（Utyuzhnikov，2014）。

　　本章主要以 Fluent 软件模型为基础，应用多相流模型、湍流模型、相间作用力模型及气泡群平衡模型，对方形和圆形曝气池中气液两相流的流场分布进行计算模拟，分析纵横比、曝气孔径以及曝气间距等参数对流场分布的影响，阐述数值模拟在气液两相流实践方面具有重要指导意义。

6.1　CFD 模型理论基础

　　计算流体力学模型对流体运动计算的过程主要包括前处理（物理模型构建）、求解（中心环节）及后处理（结果处理）三个过程。前处理一般由物理模型简化、网格划分和边界条件的制定三步构成，目的是将具体问题转化为求解器可接受的形式，生成计算域和网格，即前处理要建立计算域并划分网格；求解其实就是利用各种模型和参数，对前处理生成的文件进行计算，得到所需要的结果；后处理的实质是将计算结果进行处理，得到所需要的实验结果，使得结果更加可视化（Ahsan，2014）。本章主要从数值模拟的前处理和数值方法进行介绍，重点介绍流场模拟中网格划分、边界条件及数值方法的各种类型，从基本理论上掌握数值模拟的基本知识，为数值模拟研究提供基础。

6.1.1　基本理论方程

建立反映工程问题或物理问题本质的数学模型，具体地说就是要建立反映问题各个量之间关系的微分方程及相应的定解条件，这是数值模拟的出发点。没有正确完善的数学模型，数值模拟就毫无意义。对于活性污泥处理工艺，它遵守质量守恒定律，许多学者都从平衡角度建立数学模型，本章主要是从计算流体的角度选择流场流动的数学模型。

计算流体动力学数值模拟通常包括建立数学模型、计算域及控制方程的离散化、求解代数方程组、输出计算结果。数学模型的建立主要是建立关于基本守恒定律的数学表达式-偏微分方程，即控制方程，并确定针对实际问题的单值性条件。离散化是将描述流动和传热的偏微分方程转化为各个节点的代数方程组。求解过程是对物理过程数值模拟最重要的环节，利用各种迭代解法求解代数方程组。结果的输出是通过图表、曲线等方式将计算结果显示，通过对图表曲线的分析、验证，可以得出相应结论。同时通过某些曲线可以判断和检查数值实验的质量，对实验结论有重要意义。

无论流体的流动多么复杂，都要遵循物理守恒定律，这些定律包括质量守恒定律、动量守恒定律以及能量守恒定律。无论何种形式的计算流体动力学，都是建立在流体力学的基本控制方程：连续性方程、动量方程和能量方程之上（Ahsan，2014；Wilcox，1988）。

（1）连续性方程。连续性方程推导的出发点是物质的质量守恒。通过控制面流出控制体的质量流量等于控制体内质量减少的时间变化率。基于空间位置固定的有限控制体推导出来的连续性方程的积分形式为

$$\frac{\partial}{\partial t}\iiint_V \rho \mathrm{d}V + \iint_S \rho \vec{v} \cdot \mathrm{d}S = 0 \tag{6.1}$$

式中，t 为时间；ρ 为当地密度；V 为体积；$\vec{v}$ 为相速度矢量；S 为截面积。

这个由空间位置固定的流动模型直接导出的控制方程就定义为守恒型方程。考虑有限控制体内以无穷小体积微元 $\mathrm{d}V$，该微元的质量为 $\rho \mathrm{d}V$。那么，有限控制体的总质量 m 为

$$m = \frac{\partial}{\partial t}\iiint_V \rho \mathrm{d}V \tag{6.2}$$

有限控制体是由无数个无穷小的流体微团组成，并具有固定不变的总质量，那么这些不变质量总的物质导数等于零，由式（6.2）可以对整个控制体写出：

$$\frac{\mathrm{d}}{\mathrm{d}t}\iiint_V \rho \mathrm{d}V = 0 \tag{6.3}$$

式（6.3）也是连续方程的一种积分形式，它是基于随流体运动的有限控制体

推导出来的，被称为非守恒型方程。

基于空间位置固定的无穷小微团模型推导出的连续性方程的偏微分方程守恒形式为

$$\frac{\partial \rho}{\partial t} + \nabla \cdot (\rho V) = 0 \tag{6.4}$$

非守恒型偏微分方程形式为

$$\frac{\mathrm{d}\rho}{\mathrm{d}t} + \rho \nabla V = 0 \tag{6.5}$$

（2）动量方程。动量守恒定律可以表述为：微元体中流体的动量对时间的变化率等于外界作用在该微元上的各种力之和。动量方程实际上是将基本物理学原理牛顿第二定律 $F=ma$ 应用于流动模型而推导出的方程：

$$\frac{\partial(\rho u)}{\partial t} + \nabla \cdot (\rho u V) = -\frac{\partial p}{\partial x} + \frac{\partial \tau_{xx}}{\partial x} + \frac{\partial \tau_{yx}}{\partial y} + \frac{\partial \tau_{zx}}{\partial z} + \rho f_x \tag{6.6}$$

$$\frac{\partial(\rho v)}{\partial t} + \nabla \cdot (\rho v V) = -\frac{\partial p}{\partial y} + \frac{\partial \tau_{xy}}{\partial x} + \frac{\partial \tau_{yy}}{\partial y} + \frac{\partial \tau_{zy}}{\partial z} + \rho f_y \tag{6.7}$$

$$\frac{\partial(\rho w)}{\partial t} + \nabla \cdot (\rho w V) = -\frac{\partial p}{\partial z} + \frac{\partial \tau_{xz}}{\partial x} + \frac{\partial \tau_{yz}}{\partial y} + \frac{\partial \tau_{zz}}{\partial z} + \rho f_z \tag{6.8}$$

式中，u 为 x 轴方向的速度；v 为 y 轴方向的速度；w 为 z 轴方向的速度；p 为压强；τ_{xy}、τ_{yx}、τ_{xz}、τ_{zx}、τ_{zy}、τ_{yz} 为各向切应力；τ_{xx}、τ_{yy}、τ_{zz} 为各向正应力；f_x、f_y、f_z 为作用在单位质量流体微团上的体积力在 x、y、z 方向的分量。

对于牛顿流体，流体的切应力与速度梯度成正比，有

$$\tau_{xy} = \tau_{yx} = \mu \left(\frac{\partial v}{\partial x} + \frac{\partial u}{\partial y} \right), \qquad \tau_{xx} = \lambda \nabla V + 2\mu \frac{\partial u}{\partial x} \tag{6.9}$$

$$\tau_{xz} = \tau_{zx} = \mu \left(\frac{\partial u}{\partial z} + \frac{\partial w}{\partial x} \right), \qquad \tau_{yy} = \lambda \nabla V + 2\mu \frac{\partial v}{\partial y} \tag{6.10}$$

$$\tau_{yz} = \tau_{zy} = \mu \left(\frac{\partial w}{\partial y} + \frac{\partial v}{\partial z} \right), \qquad \tau_{zz} = \lambda \nabla V + 2\mu \frac{\partial w}{\partial z} \tag{6.11}$$

式中，μ 为分子黏性系数；λ 为分子第二黏性系数，根据斯托克斯的假设，$\lambda = -\frac{2}{3}\mu$；$\nabla V$ 为体积梯度。

将式（6.9）～式（6.11）代入式（6.6）～式（6.8）中，得到完整的纳维-斯托克斯方程的守恒形式。

$$\frac{\partial(\rho u)}{\partial t}+\frac{\partial(\rho u^2)}{\partial x}+\frac{\partial(\rho uv)}{\partial y}+\frac{\partial(\rho uw)}{\partial z}$$

$$=-\frac{\partial p}{\partial x}+\frac{\partial}{\partial t}\left(\lambda\nabla V+2\mu\frac{\partial u}{\partial x}\right)+\frac{\partial}{\partial y}\left[\mu\left(\frac{\partial v}{\partial x}+\frac{\partial u}{\partial y}\right)\right]+\frac{\partial}{\partial z}\left[\mu\left(\frac{\partial u}{\partial z}+\frac{\partial w}{\partial x}\right)\right]+\rho f_x \qquad (6.12)$$

$$\frac{\partial(\rho v)}{\partial t}+\frac{\partial(\rho uv)}{\partial x}+\frac{\partial(\rho v^2)}{\partial y}+\frac{\partial(\rho vw)}{\partial z}$$

$$=-\frac{\partial p}{\partial y}+\frac{\partial}{\partial x}\left[\mu\left(\frac{\partial v}{\partial x}+\frac{\partial u}{\partial y}\right)\right]+\frac{\partial}{\partial y}\left(\lambda\nabla V+2\mu\frac{\partial v}{\partial y}\right)+\frac{\partial}{\partial z}\left[\mu\left(\frac{\partial w}{\partial y}+\frac{\partial v}{\partial z}\right)\right]+\rho f_y \qquad (6.13)$$

$$\frac{\partial(\rho w)}{\partial t}+\frac{\partial(\rho uw)}{\partial x}+\frac{\partial(\rho vw)}{\partial y}+\frac{\partial(\rho w^2)}{\partial z}$$

$$=-\frac{\partial p}{\partial z}+\frac{\partial}{\partial x}\left[\mu\left(\frac{\partial u}{\partial z}+\frac{\partial w}{\partial x}\right)\right]+\frac{\partial}{\partial y}\left[\mu\left(\frac{\partial w}{\partial y}+\frac{\partial v}{\partial z}\right)\right]+\frac{\partial}{\partial z}\left(\lambda\nabla V+2\mu\frac{\partial w}{\partial z}\right)+\rho f_z \qquad (6.14)$$

（3）能量方程。能量守恒定律可以表述为：微元体中能量的增加率=进入微元体的净热流量+体积力与表面力对微元体做的功。引入导热傅里叶定律可得

$$\frac{\partial(\rho h)}{\partial t}+\frac{\partial(\rho uh)}{\partial x}+\frac{\partial(\rho vh)}{\partial y}+\frac{\partial(\rho wh)}{\partial z}=-p\nabla\cdot U+\nabla\cdot(\lambda\nabla T)+\Phi+S_h \qquad (6.15)$$

式中，h 为流体的比焓；S_h 为流体的内热源；Φ 为由于黏性作用机械能转化为热能的部分，即耗散函数 U 为相平均速度；λ 为第二黏性系数；T 为温度。

6.1.2　多相流模型

气液两相掺混流动是一种比较复杂的运动，由于气体与液体的两相运动不再是独立的运动，两相间存在着动量传递、物质传递及能量的传递等相互影响作用。且由于两者掺混比例的不同及各相所处的边界条件和初始条件的不同，流动状况千变万化，各不相同，并没有一个统一的模型将诸多流动状况概括在内，因此选择一个合适的模型对提高计算的合理性、精确度，减小工作量有着重要意义（蔡晓伟等；2014；Menter，1994）。

在欧拉-欧拉双流体模型中，不同的相被处理成互相贯穿的连续介质，引入相体积率的概念，体积率是时间和空间的连续函数，各相的体积率之和等于 1。随着计算流体力学的飞速发展，商业 CFD 模型中常用的多相流模型主要包括 VOF（volume of fluid）模型、混合（mixture）模型、欧拉模型（李鹏飞等，2011；于勇等，2011）。

1. VOF 模型

VOF 模型是一种在固定网格下模拟互不相容的两相或多相流动界面的追踪

方法，模型中各相流体共用一个方程组，在计算域追踪每一相的体积分数。VOF模型主要应用于分层流、自由表面流、大气泡流动、水坝决堤时的水流以及液-气流动分界面的追踪等方面。

VOF 模型依靠的是两种或多种流体（或相）没有互相穿插这一事实，对拟增加到模型里的每一附加相，就引进一个变量，即计算单元里的相的容积比率（the volume fraction of the phase）。在每个控制容积内，所有相的容积比率和为 1。所有变量及其属性的区域被各相共享并且代表了容积平均值（volume-averaged values），只要每一相的容积比率在每一位置是可知的。这样，在任何给定单元内的变量及其属性或者纯粹代表了一相，或者代表了相的混合，这取决于容积比率值。即在单元中，如果第 q 相流体的容积比率记为 α_q，那么以下三个条件是可能的：①$\alpha_q=0$：第 q 相流体在单元中是空的；②$\alpha_q=1$：第 q 相流体在单元中是充满的；③$0<\alpha_q<1$：单元中包含了第 q 相流体和一相或者其他多相流体的界面。

基于 α_q 的局部值，适当的属性和变量在一定范围内分配给每一控制容积。

1）容积比率方程

跟踪相之间的界面是通过求解一相或多相的容积比率的连续方程来完成的。对第 q 相，方程为

$$\frac{\partial \alpha_q}{\partial t} + \vec{v} \cdot \nabla \cdot \alpha_q = \frac{S_{\alpha_q}}{\rho_q} \tag{6.16}$$

式中，$\vec{v}$ 为相速度矢量；ρ_q 为 q 相的密度；S_{α_q} 为源项，默认情形为零。

默认情形，式（6.16）右端的源项 S_{α_q} 为零，但除了给每一相指定常数或用户定义的质量源。容积比率方程不是为主相求解的，主相容积比率的计算基于式（6.17）的约束：

$$\sum_{q=1}^{n} \alpha_q = 1 \tag{6.17}$$

2）属性

出现在输运方程中的属性是由存在于每一控制容积中的分相决定的。例如，在两相流系统中，如果相用下标 1 和 2 表示，第二相的容积比率被跟踪，那么每一单元中的密度由式（6.18）给出：

$$\rho = \alpha_2 \rho_2 + (1-\alpha_2)\rho_1 \tag{6.18}$$

通常，对 n 相系统，容积比率平均密度采用如下形式：

$$\rho = \sum \alpha_q \rho_q \tag{6.19}$$

3）动量方程

通过求解整个区域内单一的动量方程，作为结果的速度场是由各相共享的。

动量方程取决于通过属性 ρ 和 μ 的所有相的容积比率:

$$\frac{\partial}{\partial t}(\rho \vec{v}) + \nabla \cdot (\rho \vec{v} \vec{v}) = -\nabla p + \nabla \cdot \left[\mu(\nabla \cdot \vec{v} + \nabla \cdot \vec{v}^{\mathrm{T}}) \right] + \rho \vec{g} + \vec{F} \qquad (6.20)$$

式中, $\vec{g}$ 为重力加速度; $\vec{F}$ 为作用力。

近似共享区域的一个局限是这种情形时,各相之间存在大的速度差异,靠近界面的速度的精确计算被影响。

4)能量方程

能量方程,也就是在相中共享的,可表示为

$$\frac{\partial}{\partial t}(\rho E) + \nabla \cdot (\vec{v}(\rho E + p)) = \nabla \cdot (k_{\mathrm{eff}} \nabla T) + S_h \qquad (6.21)$$

VOF 模型处理能量 E 和温度 T,作为质量平均变量:

$$E = \frac{\sum\limits_{q=1}^{n} \alpha_q \rho_q E_q}{\sum\limits_{q=1}^{n} \alpha_q \rho_q} \qquad (6.22)$$

这里对每一相的 E_q 是基于该相的比热和共享温度。

属性 ρ 和 k_{eff}(有效热传导)是被各相共享的,源项 S_h 包含辐射的贡献,也有其他容积热源。

2. 混合模型

混合模型用于模拟两相流或多相流,相可以是流体,也可以是颗粒,各相被看作为互相穿插的连续统一体。模型求解的是混合物的动量方程,并通过相对速度(相间滑移速度)描述离散相。目前主要应用于粒子负载流、气泡流、沉降和旋风除尘器,也可应用于没有离散相相对速度的均匀多相流。

1)混合模型的连续方程

连续性方程是流体运动学的基本方程,质量守恒原理的流体力学表达式为

$$\frac{\partial}{\partial t}(\rho_{\mathrm{m}}) + \nabla \cdot (\rho_{\mathrm{m}} \vec{v}_{\mathrm{m}}) = \dot{m} \qquad (6.23)$$

式中, $\dot{m}$ 为描述了由于气穴或用户定义的质量源的质量传递。 $\vec{v}_{\mathrm{m}}$ 是质量平均速度,可表示为

$$\vec{v}_{\mathrm{m}} = \frac{\sum\limits_{k=1}^{n} \alpha_k \rho_k \vec{v}_k}{\rho_{\mathrm{m}}} \qquad (6.24)$$

ρ_{m} 是混合密度,可表示为

$$\rho_{\mathrm{m}} = \sum\limits_{k=1}^{n} \alpha_k \rho_k \qquad (6.25)$$

式中，α_k 为第 k 相的体积分数。

2）混合模型的动量方程

动量方程可以通过对所有相各自的动量方程求和来获得。它可表示为

$$\frac{\partial}{\partial t}(\rho_m \vec{v}_m) + \nabla \cdot (\rho_m \vec{v}_m \vec{v}_m) = -\nabla p + \nabla \cdot [\mu_m(\nabla \cdot \vec{v}_m + \nabla \cdot \vec{v}_m^T)]$$
$$+ \rho_m \vec{g} + \vec{F} + \nabla \cdot (\sum_{k=1}^{n} \alpha_k \rho_k \vec{v}_{dr,k} \vec{v}_{dr,k}) \quad （6.26）$$

式中，n 为相数；$\vec{F}$ 为作用力；μ_m 为混合黏度。

$$\mu_m = \sum_{k=1}^{n} \alpha_k \mu_k \quad （6.27）$$

式中，α_k 为第 k 相流体的容积比率；μ_k 为第 k 相的湍流黏度。

$\vec{v}_{dr,k}$ 是第二相 k 的飘移速度，可表示为

$$\vec{v}_{dr,k} = \vec{v}_k - \vec{v}_m \quad （6.28）$$

3）混合模型的能量方程

混合模型的能量方程为

$$\frac{\partial}{\partial t}\sum_{k=1}^{n}(\alpha_k \rho_k E_k) + \nabla \cdot \sum_{k=1}^{n}(\alpha_k \vec{v}_k(\rho_k E_k + p)) = \nabla \cdot (k_{eff}\nabla T) + S_E \quad （6.29）$$

式中，k_{eff} 是有效热传导率（$k+k_t$，这里 k_t 是紊流热传导率，根据使用的紊流模型定义）。

式（6.29）等号右边的第一项代表由于传导造成的能量传递，S_E 包含了所有的体积热源，E_k 为

$$E_k = h_k - \frac{p}{\rho_k} + \frac{v_k^2}{2} \quad （6.30）$$

式中，ρ_k 为第 k 相的密度；v_k 为第 k 相的速度；$E_k = h_k$ 是对不可压缩相的，h_k 是第 k 相的敏感焓。

3. 欧拉模型

欧拉模型是多相流中最为复杂的多相流模型，将各相处理为互相贯通的连续体，对每一相求解连续性方程和动量方程。各压力相和各界面交换系数相互耦合，耦合方式取决于相间的差异，如液-固（颗粒流）和液-液（非颗粒流）之间流动存在差异，其中液-固流动主要采用分子运动理论来求粒子间的流动特性。与 VOF 模型和混合模型相比，欧拉模型考虑的因素较多，更加接近实际状况，但计算量大大增加，结果收敛性往往不理想。适用于模拟气泡流、上浮、颗粒悬浮、流化床和固定床等方面，往往根据计算需求，用户可以通过编写用户自定义函数（UDF）自定义动量交换的计算类型。单相模型中，只求解一套动量和连续性的守恒方程，

为了实现从单相模型到多相模型的改变，必须引入附加的守恒方程。在引入附加的守恒方程的过程中，必须修改原始的设置。这个修改涉及多相容积比率 $\alpha_1, \alpha_2, \cdots, \alpha_n$ 的引入和相之间动量交换的机理。

1）体积分数

作为互相贯穿连续的多相流动的描述组成了相位体积分数的概念，这里表示为 α_q。体积分数代表了每相所占据的空间，并且每相独自地满足质量和动量守恒定律。守恒方程的获得可以使用全体平均每一相的局部瞬态平衡或者使用混合理论方法。

q 相的体积 V_q 定义为

$$V_q = \int_V \alpha_q \mathrm{d}V \tag{6.31}$$

其中，

$$\sum_{q=1}^n \alpha_q = 1 \tag{6.32}$$

q 相的有效密度 $\hat{\rho}_q$ 为

$$\hat{\rho}_q = \alpha_q \rho_q \tag{6.33}$$

式中，ρ_q 为 q 相的物理密度。

2）守恒方程

由 CFD 求解的通用的守恒方程包括质量守恒和能量守恒方程，下面为两个方程的通用形式。

（1）质量守恒方程。q 相的连续方程为

$$\frac{\partial}{\partial t}(\alpha_q \rho_q) + \nabla \cdot (\alpha_q \rho_q \vec{v}_q) = \sum_{p=1}^n \dot{m}_{pq} \tag{6.34}$$

式中，$\vec{v}_q$ 为 q 相的速度；$\dot{m}_{pq}$ 为表示了从第 p 相到 q 相的质量传递。

从质量守恒方程可得

$$\dot{m}_{pq} = -\dot{m}_{qp} \tag{6.35}$$

$$\dot{m}_{pp} = 0 \tag{6.36}$$

（2）动量守恒方程。q 相的动量平衡方程为

$$\frac{\partial}{\partial t}(\alpha_q \rho_q \vec{v}_q) + \nabla \cdot (\alpha_q \rho_q \vec{v}_q \vec{v}_q) = -\alpha_q \nabla p + \nabla \cdot \overline{\overline{\tau}}_q + \sum_{p=1}^n (\vec{R}_{pq} + \dot{m}_{pq} \vec{v}_{pq})$$
$$+ \alpha_q \rho_q (\vec{F} + \vec{F}_{\text{lift},q} + \vec{F}_{V\text{m},q}) \tag{6.37}$$

其中，$\overline{\overline{\tau}}_p$ 是第 q 相的压力应变张量（stress-strain tensor），表达式为

$$\overline{\overline{\tau}}_p = \alpha_q \mu_q (\nabla \vec{v}_q + \nabla \vec{v}_q^T) + \alpha_q \left(\lambda_q - \frac{2}{3}\mu_q\right) \nabla \cdot \vec{v}_q \overline{\overline{I}} \tag{6.38}$$

式中，μ_q 为 q 相的剪切黏度；λ_q 为 q 相的体积黏度；$\vec{F}_q$ 为外部体积力；$\vec{F}_{\text{lift},q}$ 为升力；$\vec{F}_{V_{\text{m},q}}$ 为虚拟重力；$\vec{R}_{pq}$ 为相之间的相互作用力；P_{m} 为所有相共享的压力；$\overline{\overline{I}}$ 为单位矢量。

$\vec{v}_{pq}$ 是相间的速度，定义如下。如果 $m_{pq} > 0$（即相 p 的质量传递到相 q），$\vec{v}_{pq} = \vec{v}_p$；如果 $m_{pq} < 0$（即相 q 的质量传递到相 p），$\vec{v}_{pq} = \vec{v}_q$ 和 $\vec{v}_{pq} = \vec{v}_{qp}$。方程必须有合适的表达为相间作用力 $\vec{R}_{pq}$ 封闭。这个力依赖于摩擦、压力、内聚力和其他影响，并服从条件 $\vec{R}_{pq} = -\vec{R}_{qp}$ 和 $\vec{R}_{pq} = 0$。

Fluent 使用如下形式的相互作用项：

$$\sum_{p=1}^{n} \vec{R}_{pq} = \sum_{p=1}^{n} K_{pq}(\vec{v}_p - \vec{v}_q) \tag{6.39}$$

式中，$K_{pq} = K_{qp}$ 是相间动量交换系数。

3）相间交换系数

从式（6.39）可以看出相之间的动量交换是以液-液交换系数 K_{pq} 为基础的，对颗粒流动，液-固和固-固交换系数为 K_{ls}。

（1）液-液交换系数。对液-液流动，每个第二相被假定为液滴或气泡的形式。如何把流体中的一相指定为颗粒相有着重要的影响。例如，流动中有不同数量的两种流体，起支配作用的流体应作为主要流体，由于稀少的流体更可能形成液滴或气泡。这些气泡，液-液或气-液混合类型的交换系数可以写成通用形式：

$$K_{pq} = \frac{\alpha_p \rho_p f}{\tau_p} \tag{6.40}$$

式中，曳力函数 f 对不同的交换系数模型定义不同（如下面的描述），颗粒弛豫时间 τ_p 定义为

$$\tau_p = \frac{\rho_p d_p^2}{18\mu_q} \tag{6.41}$$

式中，d_p 为 p 相液滴或气泡的直径。

几乎所有 f 的定义都包含一个基于相对雷诺数（Re）的曳力系数（C_D），这个曳力函数在不同的交换系数模型中是不同的，下面主要介绍三个模型。

① Schiller-Naumann 模型：

$$f = \frac{C_D \text{Re}}{24} \tag{6.42}$$

其中，

$$C_D = \begin{cases} 24(1 + 0.15\text{Re}^{0.687})/\text{Re}, & \text{Re} \leqslant 1000 \\ 0.44, & \text{Re} > 1000 \end{cases} \tag{6.43}$$

主相 q 和第二相 p 的相对雷诺数从式（6.44）获得：

$$\text{Re} = \frac{\rho_q \left| \vec{v}_q - \vec{v}_p \right| d_p}{\mu_q} \tag{6.44}$$

第二相 p 和 r 的相对雷诺数从式（6.45）获得：

$$\text{Re} = \frac{\rho_{rp} \left| \vec{v}_r - \vec{v}_p \right| d_{rp}}{\mu_{rp}} \tag{6.45}$$

其中，$\mu_{rp} = \alpha_p \mu_p + \alpha_r \mu_r$ 是相 p 和相 r 的混合速度。

② Morsi-Alexander 模型：

$$f = \frac{C_D \text{Re}}{24} \tag{6.46}$$

其中，C_D 为

$$C_D = a_1 + \frac{a_2}{\text{Re}} + \frac{a_3}{\text{Re}^2} \tag{6.47}$$

相对雷诺数 Re 由式（6.46）和式（6.47）定义。

a_1, a_2, a_3 定义如下：

$$a_1, a_2, a_3 = \begin{cases} 0,18,0, & 0 \leqslant \text{Re} < 0.1 \\ 3.680, 22.73, 0.0903, & 0.1 \leqslant \text{Re} < 1 \\ 1.222, 29.1667, -3.8889, & 1 \leqslant \text{Re} < 10 \\ 0.6167, 46.50, -116.67, & 10 \leqslant \text{Re} < 100 \\ 0.3644, 98.33, -2778, & 100 \leqslant \text{Re} < 1000 \\ 0.357, 148.62, -47500, & 1000 \leqslant \text{Re} < 5000 \\ 0.46, -490.546, 578700, & 5000 \leqslant \text{Re} < 10000 \\ 0.5191, -1662.5, 5416700, & \text{Re} \geqslant 10000 \end{cases} \tag{6.48}$$

Morsi-Alexander 模型是最完善的，频繁地在雷诺数的大范围内调整函数定义，但是采用这个模型比其他模型更不稳定。

③ 对称模型：

$$K_{pq} = \frac{\alpha_p (\alpha_p \rho_p + \alpha_q \rho_q) f}{\tau_{pq}} \tag{6.49}$$

其中，

$$\tau_{pq} = \frac{(\alpha_p \rho_p + \alpha_q \rho_q) \left(\dfrac{d_p + d_q}{2} \right)^2}{18 (\alpha_p \mu_p + \alpha_q \mu_q)} \tag{6.50}$$

f 和 C_D 方程与 Schiller-Naumann 模型一致，Re 方程由 Schiller-Naumann 模型中雷诺数方程计算求得。

在流动中，区域内的某个地方的第二相（分散相）变成主相（连续相）在另一个区域。例如，如果空气注入充满一半水的容器底部，在容器的底半部空气是分散相，在容器的顶半部，空气是连续相。这个模型也用于两相之间的相互作用。

（2）液-固交换系数。液-固的交换系数 K_{ls} 通用形式为

$$K_{ls} = \frac{\alpha_s \rho_s f}{\tau_s} \tag{6.51}$$

其中，f 对不同的交换系数模型（如下描述）定义不同，颗粒的弛豫时间 τ_s 定义为

$$\tau_s = \frac{\rho_s d_s^2}{18\mu_l} \tag{6.52}$$

式中，ρ_s 为固相密度；d_s 为固相颗粒的直径；μ_l 为液相的黏度。

所有 f 的定义都包含基于相对雷诺数的曳力函数。这个曳力函数在不同的交换系数模型中是不同的，主要包括 Syamlal-O'Brien 模型、Wen-Yu 模型、Gidaspow 模型，具体如下：

① Syamlal-O'Brien 模型：

$$f = \frac{C_D \operatorname{Re}_s \alpha_l}{24 v_{r,s}^2} \tag{6.53}$$

式中，C_D 为曳力系数；Re_s 为固相的雷诺数。

这里曳力函数采用由 Dalla Valle 给出的形式：

$$C_D = \left(0.63 + \frac{4.8}{\sqrt{\operatorname{Re}_s/v_{r,s}}} \right)^2 \tag{6.54}$$

这个模型是基于流化床或沉淀床颗粒的末端速度的测量，并使用了体积分数和相对雷诺数的函数关系式：

$$\operatorname{Re}_s = \frac{\rho_l d_s |\vec{v}_s - \vec{v}_l|}{\mu_l} \tag{6.55}$$

式中，l 表示液相；s 表示固相；d_s 为固相颗粒的直径。

液-固交换系数表达式为

$$K_{ls} = \frac{3\alpha_s \alpha_l \rho_l}{4 v_{r,s}^2 d_s} C_D \left(\frac{\operatorname{Re}_s}{v_{r,s}} \right) |\vec{v}_s - \vec{v}_l| \tag{6.56}$$

式中，$\vec{v}_s$ 为固相的速度矢量；$\vec{v}_l$ 为液相的速度矢量。$v_{r,s}$ 是与固相相关的末端速度：

$$v_{r,s} = 0.5(A - 0.06\operatorname{Re}_s + \sqrt{(0.06\operatorname{Re}_s)^2 + 0.12\operatorname{Re}_s(2B-A) + A^2}) \tag{6.57}$$

式中，$A = \alpha_l^{4.14}$。当 $\alpha_l \leqslant 0.85$ 时，$B=0.8\alpha_l^{1.28}$；当 $\alpha_l > 0.85$ 时，$B=\alpha_l^{2.65}$。

② Wen-Yu 模型：

该模型适合于稀释系统，液-固交换系数表达式为

$$K_{ls} = \frac{3}{4} C_D \frac{\alpha_s \alpha_l \rho_l |\vec{v}_s - \vec{v}_l|}{d_s} \alpha_l^{-2.65} \tag{6.58}$$

其中，

$$C_D = \frac{24}{\alpha_l \text{Re}_s} \left[1 + 0.15(\alpha_l \text{Re}_s)^{0.687} \right] \tag{6.59}$$

③ Gidaspow 模型：

该模型是 Wen-Yu 模型和 Ergun 方程的联合，适用于密集的流化床。

当 $\alpha_l > 0.8$ 时，液体-固体交换系数 K_{ls} 表达式为式（6.78）。

当 $\alpha_l \leqslant 0.8$ 时，

$$K_{ls} = 150 \frac{\alpha_s (1 - \alpha_l) \mu_l}{\alpha_l d_s^2} + 1.75 \frac{\rho_l \alpha_l |\vec{v}_s - \vec{v}_l|}{d_s} \tag{6.60}$$

（3）液体-固体交换系数。液体-固体交换系数 K_{ls} 可表达为

$$K_{ls} = \frac{3(1 + e_{ls}) \left(\frac{\pi}{2} + C_{fr,ls} \frac{\pi^2}{8} \right) \alpha_s \rho_s \alpha_l \rho_l (d_l + d_s)^2 g_{0,ls}}{2\pi(\rho_l d_l^3 + \rho_s d_s^3)} |\vec{v}_l - \vec{v}_s| \tag{6.61}$$

式中，e_{ls} 为归还系数；$C_{fr,ls}$ 为液相和固相之间的摩擦系数，对于固体相颗粒，$C_{fr,ls}=0$；d_l 为液相颗粒直径；d_s 为固相颗粒直径；$g_{0,ls}$ 为径向分布系数。

欧拉模型是 Fluent 软件中最复杂的多相流模型。它对每一相求解动量方程和连续性方程。通过压力和相见交换系数实现耦合，耦合的方式取决于相的类型；其中对粒子流（流-固）的处理方式与非离子流不同。该模型是利用平均化技术，在单向流 N-S 方程的基础上推导出的两相流基本控制方程，该模型的基本思路是认为将气液流场看作两种相各自运动和相互作用的整体，各自遵循各自的控制方程组。在粒子流中，采用运动学理论获得系统的特性。相间的动量交换也取决于混合物类型。

气液两相流使用何种模型，主要取决于流场中气相的流型、气体体积分数、气相在液体中的分布状况。例如，空气从曝气器进入液相后形成气泡群上升，是一种多气源点的气泡羽流。对于气泡流，除对大型气泡的运动模拟使用 VOF 模型外，在气泡为小气泡（群）或微气泡（群）且作为离散相的气泡体积分数大于 10% 的情况大都使用混合模型或欧拉模型。

6.1.3 网格划分与边界条件

1. 网格划分

网格划分是计算流体力学分析的基础，直接关系着流场计算的准确性，本质是由有限个离散点来替代原来的连续空间，可实现计算区域的离散化，即将空间上连续的计算区域划分成许多个子区域，并确定每个区域中的节点。对计算区域离散化后，即将连续的控制方程进行离散化，将描写流动与传热的偏微分方程转化为各个节点上的代数方程组（李鹏飞等，2011）。

1）网格形状

网格形状的选择直接影响整体的网格质量，二维网格形状主要可使用三角形、四边形及两者混合单元，三维网格形状主要可使用四面体、六面体、棱锥及楔形单元网格，网格形状结构形式见图 6.1 所示。对于不同的物理结构，选择合适的网格形状有助于得到更加精确的计算结果，因此在对模型结构简化过程中，应首先考虑选用哪种网格形状，也可以按系统默认值进行网格划分（于勇等，2011）。

在求解许多工程实际问题或研究中，三维结构常常需要划分高质量的网格，而对结构简单直接可划分网格，对结构不规则或复杂的结构，往往需要对整体结构进行区域划分，在此基础上划分网格，提高网格划分的精度。

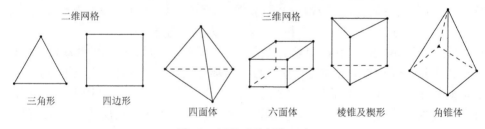

图 6.1　网格形状结构形式

2）网格类型

Fluent 软件可以在很多种网格上解决问题。图 6.2 所示为 Fluent 软件的有效网格。O 型网格、零厚度壁面网格、C 型网格、一致块结构网格、多块结构网格、非一致网格、非结构三角形、四边形和六边形网格等都是有效的。

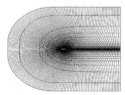

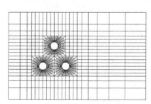

（a）机翼的四边形结构网格　　　（b）非结构四边形网格　　　（c）多块结构四边形网格

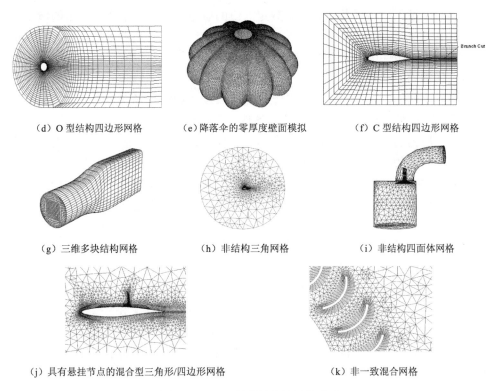

(d) O 型结构四边形网格　　　　(e) 降落伞的零厚度壁面模拟　　　　(f) C 型结构四边形网格

(g) 三维多块结构网格　　　　　　(h) 非结构三角网格　　　　　　　(i) 非结构四面体网格

(j) 具有悬挂节点的混合型三角形/四边形网格　　　　　　　　　(k) 非一致混合网格

图 6.2　Fluent 软件的有效网格类型

2. 边界条件

边界条件主要可分为进出口边界条件、壁面边界条件和内部表面边界条件三大类。其中进出口边界条件包括压力进出口边界、速度边界、进风口边界、质量进出口边界以及进气扇边界等，壁面边界条件包括壁面边界、对称边界、周期边界和轴边界，内部表面边界条件包括风扇边界、散热器边界、多空跳跃边界以及内部面边界等。在气液两相流数值模拟中，常使用的边界条件主要有以下七类。

（1）压力入口边界条件。用于定义流动入口的压力以及其他标量属性，它既可以适用于可压流，也可以用于不可压流。压力入口边界条件可用于压力已知但是流动速度或速率未知的情况。这一情况可用于很多实际问题，如浮力驱动的流动。压力入口边界条件也可用来定义外部或无约束流的自由边界。

（2）速度入口边界条件。用于定义流动速度以及流动入口的流动属性相关标量，在这个边界条件中，流动总的（驻点）的属性不是固定的，无论什么时候提供流动速度描述，它们都会增加。这一边界条件适用于不可压流，如果用于可压流会导致非物理结果，这是因为它允许驻点条件浮动。

　　（3）质量入口边界条件。用于规定入口的质量流量，为了实现规定的质量流量中需要的速度，就要调节当地入口总压。这和压力入口边界条件是不同的，在压力入口边界条件中，规定的是流入驻点的属性，质量流量的变化依赖于内部解。当匹配规定的质量和能量流速而不是匹配流入的总压时，通常就会使用质量入口边界条件。例如，一个小的冷却喷流流入主流场并和主流场混合时，主流的流速主要由（不同的）压力入口/出口边界条件对其控制。

　　（4）压力出口边界条件。需要在出口边界处指定静压，静压值的指定只用于压声速流动。如果当地流动变为超声速，就不再使用指定压力了，此时压力要从内部流动中推断。所有其他的流动属性都从内部推出。在解算过程中，如果压力出口边界处的流动是反向的，回流条件也需要指定。如果对于回流问题指定了比较符合实际的值，收敛性困难就会被减到最小。

　　（5）壁面边界条件。应用于限制流体和固体区域，在黏性流动中，壁面处默认为非滑移边界条件，但是也可以根据壁面边界区域的平动或者转动来指定切向速度分量，或者通过指定剪切来模拟滑移壁面。

　　（6）流体条件。流体区域是一组所有现行的方程都被解出的单元，对于流体区域只需要输入流体材料类型，必须指明流体区域内包含哪种材料，以便于使用适当的材料属性。如果模拟组分输运或者燃烧，你就不必在这里选择材料属性，当你激活模型时，组分模型面板中会指定混合材料。

　　（7）多孔介质条件。可应用于很多问题，如通过充满介质的流动、通过过滤纸、穿孔圆盘、流量分配器以及管道堆的流动。当使用这一模型时，就定义了一个具有多孔介质的单元区域，而且流动的压力损失由多孔介质的动量方程中所输入的内容来决定。通过介质的热传导问题也可以得到描述，它服从介质和流体流动之间的热平衡假设，具体内容可以参考多孔介质中的能量方程。

　　多孔介质的一维化简模型，被称为多孔跳跃，可用于模拟具有已知速度/压降特征的薄膜。多孔跳跃模型应用于表面区域而不是单元区域，并且在尽可能的情况下被使用（而不是完全的多孔介质模型），这是因为它具有更好的适用性，并具有更好的收敛性。

6.2　方形曝气池中气液两相流数值模拟

　　方形曝气池在污水处理工程中应用最为广泛，如曝气沉砂池、A^2/O 处理单元以及 A/O 处理单元等方面。在对方形曝气池中气液两相流动特性实验测定的基础上，利用 Fluent 软件对曝气池中的气液两相流动特性进行计算求解，对比发现数值模拟研究结果与实验研究结果基本吻合，验证了数值模拟在气液两相流研究中的准确性与可靠性，参见 4.1.4 小节。因此，在实验测定的基础上，采用数值模拟对方形曝气池的不同纵横比、曝气孔径进行分析，装置结构和网格类型分别见图 4.3 和图 4.4。

6.2.1　纵横比对两相速度场分布的影响

考虑纵横比、曝气孔径及曝气流速对气液两相运动的影响，主要工况条件见表 6.1。

表 6.1　方形曝气池模拟条件设置

纵横比 H/W	曝气流速 v/(m/s)	曝气孔径 D/mm
2.0	0.3	4
1.5	0.3	4
1.0	0.3	4
2.0	0.2	4
2.0	0.2	2

纵横比作为影响曝气池气液两相运动的主要参数之一，其值越大，气体在液体中停留时间越长，而气相带动液相运动的程度降低，曝气池中紊动程度大大降低；而纵横比较小时，大量曝气量未充分利用便进入大气，对整体的效能不利。因此，合适的纵横比不仅可以充分利用曝气的效率，同时有助于系统内流体的充分流动，可有效地提高曝气池对污水的处理效能。然而，曝气池的纵横比在哪种条件下最优，仍没有研究出准确参数。彩图 6.3 和彩图 6.4 分别为不同纵横比条件下气相和液相运动规律，图 6.5 为水深 h=0.15m 断面条件下气相和液相的速度大小分布图。

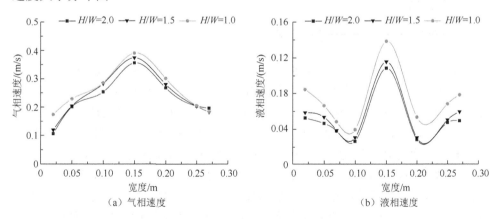

（a）气相速度　　　　　　　　　　　（b）液相速度

图 6.5　不同纵横比条件下气液两相垂向速度分布（h=0.15m）

气相在经过曝气孔进入曝气池内，在曝气孔附近流速较其他区域高；气体整体具有向上运动的趋势，曝气池中间区域气相的速度高于其他区域；随着纵横比增大，曝气池中气相速度大小随之降低，如彩图 6.3 所示。主要由于气体进入液相中，受到自身密度较小的限制，导致气相具有向上运动的趋势；气相进入曝气池后向上运动，纵横比越大，气相受到的阻力越大，导致其运动速度降低，气相紊动强度也随之降低。

液相的运动是在气相的带动下才具有运动的能量，气相的运动直接影响液相整体的湍流程度，从而影响曝气池的处理效率。液相运动在曝气池汇总形成两个很大的涡流，如彩图 6.4 所示。主要由于气相向上运动收到的阻力具有差异性，导致液相运动过程运动轨迹发生改变，而曝气池中间区域气相流速较高，使得液相具有向两侧运动的规律，从而在曝气两侧形成了两个涡流。在较低的纵横比条件下，液相在气相的影响下运动的速度相对纵横比大的条件高，且液相回流的周期较短，有利于液相的充分混合。

气相速度的最大值出现在曝气池的中间区域，且纵横比越大，同一位置气相速度越小，速度从中间向两侧逐渐递减，在边壁位置达到最低值，如图 6.5（a）所示。而液相速度大小分布与气相速度显著不同，同一位置速度大小明显低于气相流速，流速在中间区域达到最大值，从中心到两侧流速先降低后升高，如图 6.5（b）。主要由于液相在曝气池中形成的两个涡流分布有关，在涡流的中部流速较低，而靠近边壁液相流速又增加。

综上所述，纵横比越小，液相流动的速度越大，紊动程度越明显，有利于液相充分混合。而纵横比较低时，单位液相体积所占曝气总体积的增加，使得整体曝气的能耗增加，处理成本增加。因此，为了确定最佳纵横比，必须根据在不同纵横比条件下污废水的处理效果来确定最佳纵横比，而仅通过流场图不能得出最佳流场分布。

6.2.2 曝气量对两相速度场分布的影响

在曝气孔径和纵横比一定的条件下，曝气量的差异主要影响气相进入曝气池的流速，而气相流速与液相的流动密切相关。图 6.6 为 h=0.15m 断面条件下纵横比为 2.0 和曝气孔径为 4mm 时，不同曝气量条件下气相和液相垂向速度分布状况。

曝气量越小，气相进入曝气池的流速越小，导致曝气池中气相的流速降低，而液相的运动也随着减缓。在进口流速为 0.2m/s，气相流速明显低于进口流速 0.3m/s，如图 6.6 所示，而液相流速在该条件下也降低，且液相整体流速波动不显著，主要与进口气相速度相关。最佳曝气量的确定，需要根据氧传质效率、微生物生长状况及污染物的去除效率来确定，以便于优化曝气池中曝气量参数。

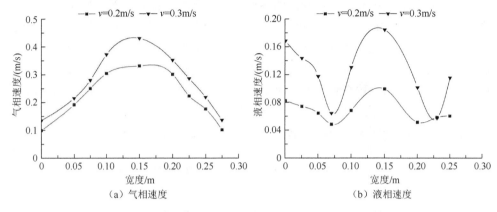

图 6.6　不同曝气量条件下气液两相垂向速度分布（h=0.15m）

v 是将曝气量 Q 换算成曝气孔的进气速度，即为曝气流速

6.2.3　曝气孔径对两相速度场分布的影响

曝气孔径的大小是曝气池运行的一个基本参数，直接关系曝气的效率及氧转移速率。曝气孔径越大，进入曝气池中气相的气泡增大，气泡运动过程中表面受到的阻力增加，导致液相速度降低，且大气泡与液相接触面积变小，不利于氧传质的进行；而曝气孔径较小时，尽管氧传质效率可能较高，但对液相的紊动程度影响可能有所降低。因此，曝气孔径越大或越小，均不利于曝气池的长期稳定、高效的运行。本小节在已有的研究基础上，选择几种合适的曝气孔径，分析曝气孔径对气液两相流动的影响。图 6.7 为纵横比为 2.0 和曝气流速为 0.2m/s 时，不同曝气孔径 D 条件下气液两相流速分布规律。

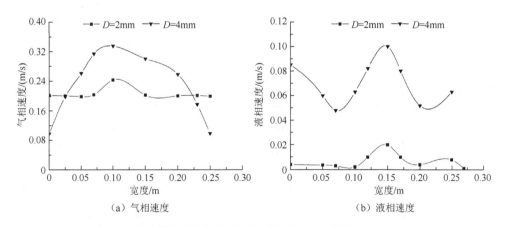

图 6.7　不同曝气孔径条件下气液两相垂向速度分布（h=0.15m）

曝气孔径的大小对气液两相流的各项流速分布影响较为显著，如图 6.7 所示。当曝气孔径 D 为 2mm 时，气相流速沿垂向的分布基本相同，曝气池中间区域仅略高于其他区域，而液相在气相流速的影响下，流速大小分布也基本相同，主要由于曝气孔径较小，气泡运动特征不显著。从曝气孔径 2mm 和 4mm 流速分布可以发现，当曝气孔径较小时，液相速度明显降低，不利于液体充分混合；而 4mm 曝气孔径条件下液相的脉动程度，明显优于小孔径条件。因此，曝气孔径越小，气液两相流流动程度反而越不显著，对曝气池的处理效率越不利。

6.3　圆形曝气池中气液两相流数值模拟

圆形曝气池是曝气池在实际工程中应用的另一种形式，在污废水处理中也应用较为广泛，如膜生物反应器（membrane bio-reactor，MBR）、曝气生物滤池（biological aerated filter，BAF）、移动床生物膜反应器（moving bed biofilm reactor，MBBR）等构筑物。在该项研究中采用了气泡群平衡模型与 CFD 模型耦合，进一步考虑气泡在运动过程中聚并与破碎过程，使得研究成果更加接近于实际状况。

计算区域的网格划分是计算流体力学研究中较为关键的一环，会直接影响后续数值模拟的准确性和计算量。案例中的计算区域比较规则，主要将计算区域分为两部分：一部分是圆柱管主体，一部分是圆柱管底部的曝气孔。但该模型涉及极小的曝气孔（2mm）与较大的反应器（250mm）间的衔接问题，过密的网格会导致网格数量过多，计算机无法运算；过稀的网格又会使网格连接的扭曲率过大，无法迭代求解。

装置结构示意图见图 4.11 和图 4.12，由于进气尺寸相对于圆柱管主体比例过小，采用局部分块加密法方法，在得到精确的模拟效果的同时减少计算量，考察多种网格划分方案与网格密度，最终经过比较选定划分方案如下：对反应器底部及曝气出口处进行分区划分，采用 Tri/Pave 网格单元，底面网格划分完成后，再由底面网格沿垂直方向进行横扫（Hex/Wedge 网格 Cooper 方式），进行圆柱体网格划分。由于不同工况下，模型高径比不同，建模过程中采用了三种高径比模型，直径均为 250mm，高度分别为 400mm、550mm 和 700mm，以节约计算资源和时间，三种模型的总网格数分别为 446661、613311 和 779961。反应器底部空气入口为速度进口边界条件，顶部出口为压力出口边界条件，底部曝气孔外及反应器壁面为非滑移壁面边界条件，网格结构见图 4.13。

利用 Fluent 软件对圆形曝气池中的高径比、曝气量及曝气孔布置条件开展数值模拟研究，模拟方法参照 4.3.3 小节，基本工况设置如表 6.2 所示。

表 6.2　圆形曝气池数值模拟基本工况设置

曝气量 Q/ ($\times 10^{-3} m^3/s$)	曝气孔间距 R/cm	高径比
2.08	6.25	1.0
2.08	6.25	1.5
2.08	6.25	2.0
1.39	6.25	1.5
2.78	6.25	1.5
2.08	4.17	1.5
2.08	8.33	1.5

6.3.1　高径比对两相速度场分布的影响

高径比作为曝气池设计及运行的重要参数，与方形滤池的纵横比相对应，直接影响曝气池的处理效率，彩图 6.8 和彩图 6.9 分别为三种高径比条件下气相和液相速度场分布。在曝气量和曝气孔间距一定时，随着高径比的增大，气相速度场的分布基本未发生变化，而液相速度场呈现出较明显的差异性。

气相经过曝气孔进入曝气池，气泡在液相的作用下具有向上运动速度，所形成的气柱受到相间作用力的影响，呈螺旋状上升，在二维空间表现出周期性摆动；在流场中上部受到气柱间吸引的作用向流场中心集中，并在流场顶部产生气泡堆积；随着高径比的增加，部分气泡开始游离出主气柱，但在适中的高径比下，气柱仍能保持稳定的结构，同时推动液相的流动和循环。液相在气相的带动下，整体具有运动的动能，在气相较高流速区域，液相的流速相对较高；在气相的作用下，液相整体均有一定的速度，在整个曝气池中液相速度分布的均匀性优于气相，有利于液相之间的充分混合，对曝气池的运行较为有利。

图 6.10 为在不同高径比条件下气液两相流的速度分布图，该数据展示了曝气池中间曝气孔断面的速度分布。随着高径比的增大，气相速度分布基本未发生变化，而液相的速度分布存在较为明显差异。气相的速度主要集中在曝气孔附近，且三种高径比条件下最大流速基本相同；而液相速度在较低高径比时，整个断面的流速分布较均匀；随着高径比的增大（高径比为 1.5），在两个曝气孔之间形成较为规律的流速分布；随着高径比持续增大，流场的速度分布规律基本类似。

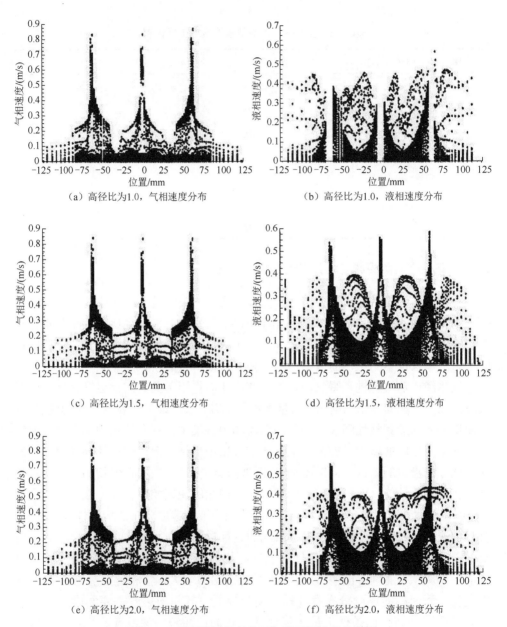

（a）高径比为1.0，气相速度分布　　　　　（b）高径比为1.0，液相速度分布

（c）高径比为1.5，气相速度分布　　　　　（d）高径比为1.5，液相速度分布

（e）高径比为2.0，气相速度分布　　　　　（f）高径比为2.0，液相速度分布

图 6.10　不同纵横比条件下气液两相速度分布图

6.3.2　曝气量对两相速度场分布的影响

曝气量是曝气池运行过程中重要的参数指标，直接或间接影响曝气池的运行效率，同时与污废水的处理成本密切相关。彩图 6.11 和彩图 6.12 分别为三种曝气量条件下，气相和液相速度场分布图。随着曝气量的增加，气泡在流场顶部的堆

积作用越来越明显，液相速度场的整体流速逐渐增高。曝气量的增加导致气泡在流场顶部堆积，所形成的"气泡幕"有利于气柱在向流场中心聚集后，受到阻挡并向两侧壁面发展，形成循环；同时随着曝气量的增加，气柱径向尺寸增加的同时，越来越多的气泡开始游离出主气柱，但主气柱的结构依然稳定，离散气泡在推动液相流动的同时，并未影响气柱的稳定性，稳定的气相结构可以带来更好的液相流动和循环。

图 6.13 为气液两相在不同曝气量条件下速度大小分布图，该数据为曝气池中

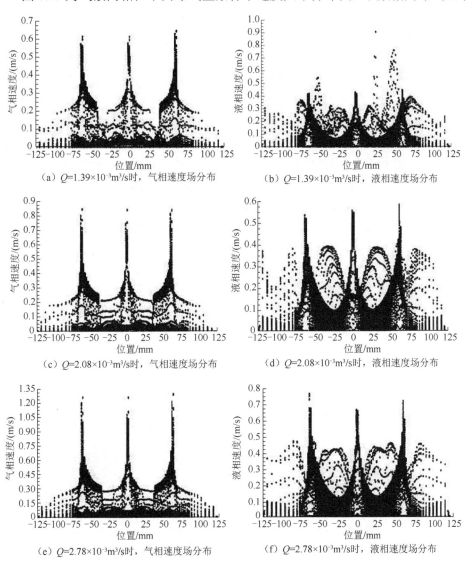

（a）$Q=1.39\times10^{-3}\text{m}^3/\text{s}$ 时，气相速度场分布　　　（b）$Q=1.39\times10^{-3}\text{m}^3/\text{s}$ 时，液相速度场分布

（c）$Q=2.08\times10^{-3}\text{m}^3/\text{s}$ 时，气相速度场分布　　　（d）$Q=2.08\times10^{-3}\text{m}^3/\text{s}$ 时，液相速度场分布

（e）$Q=2.78\times10^{-3}\text{m}^3/\text{s}$ 时，气相速度场分布　　　（f）$Q=2.78\times10^{-3}\text{m}^3/\text{s}$ 时，液相速度场分布

图 6.13　不同曝气量条件下气液两相速度分布图

间断面的模拟结果。随着曝气量的增加，气相的速度大小逐渐增加；在较低曝气量条件下，液相整体的脉动速度较低，对液相的整体混合较为不利；当曝气量为 2.08×10^{-3} m³/s 时，液相流场的整体脉动程度明显改善，液相速度分布均匀程度较好，有利于液相之间的循环与混合；而随着曝气量持续增加，液相速度分布基本类似，未发生明显变化。

6.3.3　曝气孔间距对两相速度场分布的影响

曝气孔间距的布置直接决定曝气池内水力的分布状况，是曝气池设计过程中应该首要考虑的因素。当曝气孔间距过大或过小时，由于气柱与气柱以及气柱与边壁间的吸引作用，气柱不再呈稳定的周期性摆动，同时大量气泡因吸引作用离散出主气柱，导致不稳定的气相结构。而当曝气孔间距位置适中时，气相结构相对稳定，这样的气相分布规律更有利于气相与液相接触，提高传质效率。彩图 6.14 和彩图 6.15 分别为三种曝气孔间距条件下气相和液相速度场分布图。

较为集中的曝气孔分布带来的液相流动有所增强，水力死区减少，但液相的速度梯度仍然是由上升的气相运动带来，并未形成液相循环；较为分散的曝气孔布置方式下，增大的曝气量为各流动区域间带来了一定的速度梯度，此时的流场开始形成速度分区，流场下半部分的液相流动方向与气相上升方向相同，流场上半部分由于气相到达自由液面后形成了向下的速度，这样的气相流场速度场无法带来适当的液相循环。

当曝气孔间距较小时，在气相和液相流场中，流场形成的速度峰值很集中，导致速度场在曝气孔间距的区域形成了峰值区，峰值区与流场其他区域的速度分布差异很大；当曝气孔间距较大时，流场形成的速度峰值距离较远，在各峰值间形成了明显的峰谷，峰谷流速低于 0.05m/s，流场速度分布极不均匀，如图 6.16所示。

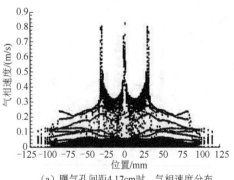

（a）曝气孔间距4.17cm时，气相速度分布

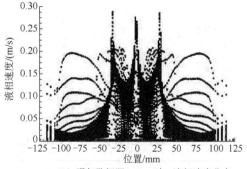

（b）曝气孔间距4.17cm时，液相速度分布

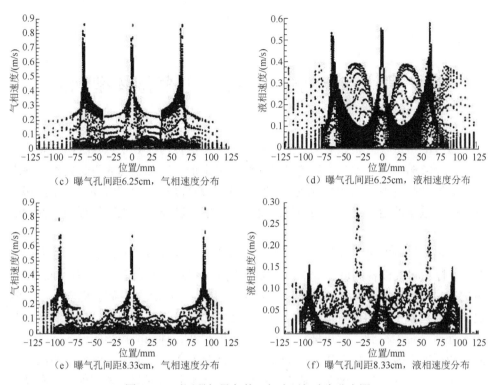

（c）曝气孔间距6.25cm，气相速度分布　　　　　（d）曝气孔间距6.25cm，液相速度分布

（e）曝气孔间距8.33cm，气相速度分布　　　　　（f）曝气孔间距8.33cm，液相速度分布

图 6.16　不同曝气量条件下气液两相速度分布图

参 考 文 献

蔡晓伟, 谭俊杰, 王园丁, 等, 2014. 两种 k-ω 型湍流模型在无网格方法中的应用研究[J]. 空气动力学学报, 32(5): 654-659.

李鹏飞, 徐敏义, 王飞飞, 2011. 精通 CFD 工程仿真与案例实战[M]. 北京: 人民邮电出版社.

于勇, 张俊明, 姜连田, 2011. Fluent 入门与进阶教程[M]. 北京: 北京理工大学出版社.

AHSAN M, 2014. Numerical analysis of friction factor for a fully developed turbulent flow using k-ω turbulent model with enhanced wall treatment[J]. Beni-Suef University journal of basic and applied sciences, 3(4): 269-277.

MENTER F R, 1994. Two-equation eddy-viscosity turbulence models for engineering applications[J]. AIAA journal, 32(8): 1598-1605.

UTYUZHNIKOV S V, 2014. Towards development of unsteady near-wall interface boundary conditions for turbulence modeling[J]. Computer physics communications, 185(11): 2879-2884.

WILCOX D C, 1988. Reassessment of the scale-determining equation for advanced turbulence models[J]. AIAA journal, 26(11): 1299-1310.

第7章 基于气液两相流的曝气池体型优化

曝气池中进行人工充氧的目的在于，一是使活性污泥处于悬浮状态，充分与废水混合接触；二是保持良好的溶氧环境，以保证好氧微生物的生长繁殖，促进氧化分解（张自杰，2000）。在曝气池中，曝气系统是曝气池设计及运行的关键。优化曝气系统的运行是实现城市污水处理厂节能降耗及优化生物处理系统性能的重要手段。

国内外学者对提升曝气效能进行了大量研究，并取得了一定成果，主要体现在：①提高曝气设备的供氧效率。在曝气器类型、曝气器布置形式、氧传质效率、布气均匀性和使用寿命等方面进行了研究与优化。②曝气量控制。随着在线检测仪器功能和稳定性的进一步完善，基于在线检测、分析和控制的自动控制系统在污水处理系统中得到了大量推广应用。学者们也在各种调节控制的设备、技术、方法和原理上做了大量工作。Jonathan 等（2015）评估了活性污泥系统侧流反应器的潜力，尤其研究了侧流反应器中曝气对于污泥整体降解的影响程度，有助于更好地了解系统长期运行时曝气降解的机制，从而提高曝气的精确度；Marina 等（2014）研究了一种降低系统曝气需求的方法，提高了 20%的氧传质效率；De Temmerman 等（2015）针对微孔曝气的强度对膜生物反应器污泥的影响进行了研究，用于优化曝气系统精确性与进水动力学；Cruz 等（2013）提出一种快速、精确的优化框架来计算 SBR 工艺的最优曝气处理模式，实现了快速、准确地计算最优曝气过程；张晓燕（2013）针对 MSBR 的流程及工艺特性，通过简化模型、改变控制模式等，设计了基于 PLC 的 AVS 精确曝气系统；冯立杰等（2016）将大数据分析技术应用于污水处理的曝气控制过程中，提出了曝气调控实践路径，并结合实际污水厂曝气过程进行实证研究，经多维数据统计、多维数控图，为污水处理厂曝气调控要过程的优化提供了参考；杨淑霞等（2003）提出在生物反应池中改变曝气器的布置方式及水平流速，可提高曝气池中央氧气利用能力；杨岸明（2012）关注了曝气系统中曝气器的充氧性能，并通过中试系统研究了影响曝气器性能的主要因素，为城市污水处理厂曝气器的选择、更换提供技术支持。同时，对曝气智能控制技术方法、原理等进行研究，基于 ASM2d 模型建立了曝气动力学模型并进行优化求解。

实际上，曝气是促进液体与气体之间物质交换的一种手段，通过曝气能量的消耗将氧气传递到水中，氧气从气相向液相转移的过程是一种传质过程，该过程可用刘易斯和惠特曼提出的双膜理论进行解释。双膜理论认为，在气-液界面上存在着气膜和液膜，气膜外空气的流动和液膜外空气的流动均属紊流状态；气膜和液膜间为层流状态，不存在对流，在一定条件下会出现气压梯度和浓度梯度。如果液膜中氧浓度低于水中氧的饱和浓度，空气中的氧向内扩散，透过液膜进入水体，液膜和气膜是氧传递的关键步骤。克服液膜障碍有效的方法是快速变换气-液界面，具体的做法为：减少气泡的大小，增加气泡的数量，提高液体的紊流程度，延长气泡与液体的接触时间。

第 5 章和第 6 章的叙述表明，流场结构与气相气泡羽流分布规律皆有利于气液两相之间发生氧传质，从而提高氧气利用率，并减少能耗。曝气过程气泡羽流的运动形态、规律，则与曝气量大小、曝气方式、空隙率、曝气孔间距和气泡大小等有关。因此，本章介绍曝气过程的流场分布对优化曝气池曝气方式及体型结构的影响，旨在为实际运行和优化设计提供理论指导。

7.1　曝气池体型优化——以曝气反应器为例

由于曝气池实际体积庞大，测量气液两相流场分布受到污水和水面泡沫干扰，使得原型观测十分不便，而物理模型试验中曝气池结构大小较为适合曝气池气液两相流的研究，不仅可以反映出原型结构的流场分布，而且易于改变曝气池的曝气方式、主体结构等参数，可实现对曝气池中气液两相流的全面探究。近年来，随着计算流体力学的飞速发展，国外一些学者尝试利用计算流体力学方法模拟曝气池中的气液两相流，该手段不仅可实现流场的可视化，而且可大大节约研究的成本。由于数值计算中采用了一些经验公式或半经验公式，往往导致计算结果与实际有一定的偏差。因此，关于曝气池中气液两相流的研究，大多采用实验测量和数值模拟结合的方式进行研究，确保研究成果的可靠性与准确性。

樊杰等（2013）通过现场试验方式研究了阶式曝气池的水力特性，发现每一阶池内的流态都趋近推流，并且随着级数的增加池内流态越接近理想推流。肖柏青等（2012）通过试验证实了曝气池边壁可以对气泡羽流产生明显的附壁效应，且气泡羽流倾斜角度受控于盘壁距离和通气量；一般来说，盘壁距离越小，通气量越大，倾斜角度越大，说明受到的附壁效应影响越强烈。Gillot 等（2005）对 12 个不同圆柱体曝气池内微曝气系统的标准氧化反应进行了测量分析，确定了各圆柱体曝气池内微气泡曝气系统和氧转移特性的关系。高杨（2011）就曝气深度和池体深度对池内流场的影响进行了数值模拟，得出池体深度对湍动动能和含气率的影响很小，减小曝气深度可使曝气能耗有所减低。何群彪等（2003）以某地废水为试验研究对象，选取三种型号不同的微孔曝气装置，比较了各自在不同运行工况的氧气供应能力、氧气利用率及需气量，并根据试验结果综合分析了该废水处理厂的供氧系统。Amiri 等（2011）通过研究发现了射流混合器的速度、孔径和搅拌强度对气液混合时间有较大的影响，该射流混合器内的气液混合流动与曝气池气液流动情况类似，对曝气孔孔径、布置位置以及速度的设定具有一定的参考价值。Gillot 等（2000）在配有微气泡膜扩散装置和大型搅拌叶片的曝气池中，研究了纯水条件下空气流量对氧转移效率的影响，发现氧转移效率会随空气流量的增加而下降。合理的曝气管布置方式对提高曝气效率影响显著，推流式曝气池中曝气器的布局一般有单旋流式、双旋流式、中心式、交叉式以及均匀布置等，采用单旋流的布置方式，即曝气器沿曝气池的一侧布置，认为比均匀布置方式的气液接触时间长，有利于氧气传质。刘玉玲等（2016）分别对曝气管布置在曝气池一侧和曝气池中间两种情况下的曝气池进行数值模拟研究，通过分析曝气管分别布置在曝气池一侧和曝气池中间时池内的流速分布规律，比较各特征断面的流速不均匀系数和气液两相之间的速度差，发现当曝气管布置在一侧时池内流速更加均匀，气液两相之间的速度差值更小，有利于曝气池内气液两相的稳定混掺；通过分析比较不同时刻曝气管中心纵向断面的气相体积分数分布图，得出当曝气管布置在一侧时气相体积分数分布均匀。

为了改善曝气池内流场结构以达到节能降耗的目的，本节以曝气反应器为例，利用 Fluent 商业软件分别模拟得出长方体装置和圆柱体装置中气液两相流速度矢量场，确定最佳曝气的曝气池装置主体形状；在此基础上，采用粒子图像测速（PIV）技术对圆柱体曝气池中曝气方式进行优化研究，确定曝气池最佳的运行条件；通过对比不同曝气方式条件下污水的处理效果，进一步优化曝气池的体型，实现曝气池对污废水的高效处理。

7.1.1　曝气池主体结构形式的优化

实验装置总体由空气压缩机、控制阀门、压力表、流量计、气泡发生装置、实验测量段以及泄水阀组成，其连接情况图 7.1（a）所示。

气泡发生装置：气泡在直径为 350mm 的有机玻璃装置中产生气泡羽流。压缩空气由通气管道进入气室，在气室中均匀分布，再通过曝气针孔（与水平方向垂直）形成气泡喷射到装置主体段的底部（底部结构如图 7.2 所示），曝气孔分 5 排呈正方形布置[图 7.1（b）]，曝气孔径分为 0.6mm、0.8mm、1.2mm、1.6mm、2.0mm五种（其中产生的空气泡大小主要由曝气针孔直径、进口速度和进口压力决定），孔间距为 4.6cm。在气泡发生段与实验装置主体段之间为防止漏水加一层有机玻璃板和两层橡胶垫，以增加其密闭性。

为了确定最优的反应器主体形式，分别对不同主体结构的内部流场形态进行模拟计算。以规则的长方体和圆柱体主体为例比较两种内部流场，曝气孔径 $D=2.0mm$，气流速度 $v=0.3m/s$。利用 Gambit 软件和 Fluent 软件对长方体和圆柱体

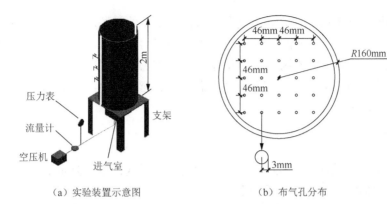

（a）实验装置示意图　　　　　　　　（b）布气孔分布

图 7.1　实验装置

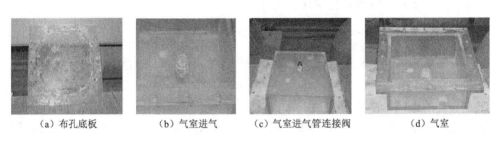

（a）布孔底板　　　（b）气室进气　　（c）气室进气管连接阀　　　（d）气室

图 7.2　实验装置底部结构

主体在不同纵横比条件下的流场分布进行探究，通过流场的模拟为设计最优实验装置提供理论依据。

彩图 7.3 和彩图 7.4 为长方体和圆柱体曝气装置中气相流场的矢量分布图，主要模拟了纵横比分别为 1.0、1.5 和 2.0 条件下的气相流场分布。

纵横比为 1.0 时，长方体和圆柱体装置的流场分布如彩图 7.3（a）和彩图 7.4（a）所示，两种结构形式的流场分布具有明显差异。圆柱体装置中的立场形状优于长方体装置，涡旋结构得到充分发展，且呈对称分布，气液两相得到充分混合。

纵横比为 1.5 时，长方体和圆柱体装置的气相流场分布如彩图 7.3（b）和彩图 7.4（b）所示。长方体装置中涡只出现在上部，只有少量气泡进入涡旋结构，紊动强度较小，气泡停留时间短，大部分气泡快速溢出。

纵横比为 2.0 时，长方体和圆柱体装置的气相流场分布如彩图 7.3（c）和彩图 7.4（c）所示。随着装置中水深的增大，长方体装置中的涡旋结构也相应变的明显，但由于圆柱体装置中气液两相流动不受阻碍，更多气泡能顺利进入涡旋结构，从而使得气泡在水中的停留时间变长。

由模拟的三种纵横比的结果可以看出，在长方体装置中由于装置形状的影响，气相速度矢量场的形状发生变化，气泡进入涡旋结构的现象不明显，涡旋没有得到充分发展，气液两相混合不够均匀，气泡在水中的停留时间相应较短；在圆柱体装置中，由于装置内壁面光滑，对气液两相流的发展不会造成影响，在三种纵横比下，两相流动形成的涡状结构都得到了充分发展，且气相速度矢量分布均匀，涡旋状结构成对称分布，气液两相随着涡的发展充分混合，气泡在水中的停留时间明显增长。

7.1.2　曝气池曝气方式的优化

根据 7.1.1 小节中的结论，圆柱体结构的反应器气相流场分布形态有利于气泡的停留，结构类型优于方形反应器。因此，在圆柱体结构的曝气反应器中，通过数值模拟，考虑曝气量、曝气孔间距以及纵横比对流场的影响来获取最优的曝气方式，进一步对曝气池进行优化。

1. 曝气量对曝气池中气相速度场的影响

曝气量是影响气泡羽流运动分布规律的主要因素，同时也是好氧生化处理中工艺控制的主要指标，它对气泡羽流的气相速度、气泡大小及运动分布规律都会产生一定的影响。本小节主要针对在相同纵横比（$H/W=1.5$）和曝气孔布置间距为 6.25cm 条件下，考察不同曝气量（分别为 $1.39\times10^{-3}m^3/s$、$2.08\times10^{-3}m^3/s$ 和 $2.78\times10^{-3}m^3/s$）对气泡羽流运动分布规律的影响。

1）不同曝气量下气泡羽流形态分析

当纵横比为 1.5，曝气间距为 6.25cm 时，不同曝气量所产生的气泡羽流形态如图 7.5 所示。当曝气量为 $1.39\times10^{-3}m^3/s$ 时，气泡羽流在液相中的分布较为稀疏，所形成的螺旋状结构的摆动周期较大，但摆动幅度较小。由于曝气量较小，气泡群脱离曝气器时的初始速度较小，气泡羽流在流场底部运动形态稳定，未受各羽流柱间的吸引作用影响，在上升过程中有轻微弥散，形成倒锥状的螺旋体结构，并从中部开始向羽流中心区集中，整个羽流结构较为稳定，但由于曝气量较小，液相紊动不明显。当曝气量为 $2.08\times10^{-3}m^3/s$ 时，气泡羽流中的气泡密度开始增大，气泡群脱离曝气器后受压力与液相剪切的共同作用，在流场底部呈稳定的周期性摆动，并沿中心线螺旋上升，气泡羽流上升到流场中上部时开始向羽流中心区集中，在靠近液相表面部分有轻微弥散，这样有利于在增加液相紊动的同时提高气相与液相的接触面积与时间。当曝气量为 $2.78\times10^{-3}m^3/s$ 时，气泡羽流在液相中的分布明显稠密，但各气泡羽流柱在整个流场中相互影响较小，各自沿中心线成螺旋状上升，无明显周期性摆动，由于曝气量较大，气泡羽流在上升过程中弥散作用比较明显，靠近液相表面部分的螺旋体直径明显大于靠近曝气器部分的螺旋体直径，气泡羽流结构不稳定，未能使液相形成稳定的环流，不利于液相的循环以及与气相之间的液面更新。

（a）$Q=1.39\times10^{-3}m^3/s$　　　　（b）$Q=2.08\times10^{-3}m^3/s$　　　　（c）$Q=2.78\times10^{-3}m^3/s$

图 7.5　不同曝气量下气泡羽流形态

2）不同曝气量下气泡羽流瞬时速度场分析

当纵横比为 1.5，曝气间距为 6.25cm 时，不同曝气量所产生的气泡羽流瞬时速度场如彩图 7.6 所示。当曝气量为 $1.39\times10^{-3}m^3/s$ 时，整个气泡羽流流场稍显收缩，气泡羽流在流场底部运动稳定，在流场中上部开始向四周扩散；在方向上，气泡羽流在流场中上部摆动明显，由于曝气量较小，流场底部曝气器出口气相速度略高于中上部，随着气泡群受液相阻滞与浮力等的共同作用，气泡羽流在上升过程中气相速度逐渐呈均匀分布。当曝气量为 $2.08\times10^{-3}m^3/s$ 时，整个气泡羽流流场分布较为均匀，气泡羽流在流场底部稳定上升，从中上部开始各羽流柱开始向羽流中心区集中，接近液相表面时向四周逸散；在方向上，气泡羽流在上升过程中有轻微摆动，气泡羽流速度场分布均匀，所形成的气泡羽流形态易于在顶部液相区形成稳定的环流，提高液面更新效率。当曝气量为 $2.78\times10^{-3}m^3/s$ 时，整个气泡羽流流场稍显分散，气泡羽流在流场底部摆动明显，在中上部开始向四周扩散；在方向上，气泡羽流在上升过程中摆动较为明显，整个气泡羽流流场气相速度分布不均，流场中下部的气相速度明显偏大，这是由于气泡群初速较大而液相阻滞作用不明显造成的，由于曝气量较大，气泡羽流在上升过程中弥散作用比较明显，带来的液相紊动较强。

在纵横比和曝气孔间距相同条件下，气泡羽流的运动结构及流场分布会随曝气量的变化而变化，但曝气量的增加对各流场气相速度的影响较小。当曝气量为 $2.08\times10^{-3}m^3/s$ 时，气泡羽流流场的分布收缩适中，各羽流间所形成的吸引结构有利于带来稳定的液相循环及紊动，整个流场气相速度分布均匀。由此证明，曝气量在中纵横比下，对气泡羽流的运动形态有着一定的影响，当曝气量较低时，气泡羽流结构收缩，各羽流柱间相互吸引较弱，气相速度较低，液相紊动较弱；当曝气量较高时，气泡羽流结构分散，运动形态不稳定，气相速度较高，带来的液相紊动过强。因此，在适当的曝气强度下，有利于在得到均匀的气泡羽流流场的同时得到稳定的液相循环。

2. 纵横比对曝气池中气相速度场的影响

纵横比是指实验装置的有效宽度与水深的比值，通过改变水深，可以改变纵横比。改变纵横比会改变曝气器的埋深位置，由于液相阻力和压力的作用，纵横比会对气泡羽流运动分布规律及稳定结构带来一定的影响。本小节主要针对在相同曝气量（$Q=2.08\times10^{-3}\mathrm{m}^3/\mathrm{s}$）和曝气孔间距为 6.25cm 条件下，考察纵横比（分别为 1.0、1.5 和 2.0）对气泡羽流运动分布规律的影响。

1）不同纵横比下气泡羽流形态的分析

当曝气量为 $2.08\times10^{-3}\mathrm{m}^3/\mathrm{s}$，曝气间距为 6.25cm 时，不同纵横比下所产生的气泡羽流形态如图 7.7 所示。当纵横比为 1.0 时，气泡羽流在流场底部呈螺旋状上升，未出现明显的周期性摆动，气泡羽流在流场上部靠近液相表面部分有轻微弥散，由于液相深度较浅，气泡羽流受液相阻滞不明显，主要受各羽流柱之间的吸引作用，运动形态较为稳定。当纵横比为 1.5 时，气泡羽流在螺旋状上升过程中的摆动周期增大，各羽流柱在流场底部之间的相互吸引作用不强，气泡羽流上升到中上部时开始向羽流中心区集中，由于液相深度增加，气泡羽流在上升过程中有轻微的弥散，但仍能保持完整的气泡羽流运动结构以及适当的液相紊动。当纵横比为 2.0 时，气泡羽流在液相中仍有明显摆动，并呈规律的周期性，在流场中上部有向羽流中心区集中的趋势，在靠近液相表面部分稍显收缩，由于液相深度较深，气泡羽流在上升过程中运动形态稳定，但带来的液相紊动很小，不利于加快液相的循环及表面更新。

（a）H/W=1.0　　　　　　（b）H/W=1.5　　　　　　（c）H/W=2.0

图 7.7　不同纵横比下气泡羽流形态

2）不同纵横比下气泡羽流瞬时速度场的分析

当曝气量为 $2.08 \times 10^{-3} m^3/s$，曝气间距为 6.25cm 时，不同纵横比下所产生的气泡羽流瞬时速度场如彩图 7.8 所示。当纵横比为 1.0 时，整个气泡羽流流场稍显收缩，气泡羽流在中下部上升过程中运动轨迹稳定，运动到靠近液相表面部分时才开始向四周扩散，由于液相深度较浅，液相阻滞作用不明显，流场底部曝气器出口气相速度略高于中上部，带来的液相紊动较强。当纵横比为 1.5 时，整个气泡羽流流场各部分速度分布较为均匀，气泡羽流在流场底部稳定上升，从中上部开始各羽流柱开始向羽流中心区集中，接近液相表面时开始向四周逸散，由于液相深度增加，液相阻滞作用增强，气泡羽流在上升过程中气相速度逐渐趋于均匀，气泡羽流运动轨迹稳定且具有周期性，易于在顶部液相区形成稳定的环流，提高液面更新效率。当纵横比为 2.0 时，气泡羽流流场各部分速度分布较为均匀，由于液相深度较深，液相阻滞作用比较明显，气泡羽流在上升过程中几乎近似于竖直上升，运动形态收缩，结构稳定，但带来的液相紊动较小，不利于液相形成稳定的循环。

当曝气量为 $2.08 \times 10^{-3} m^3/s$，曝气间距为 6.25cm 时，气泡羽流的运动形态及结构稳定性会随纵横比的变化而变化，各流场气相速度随着纵横比的增加有所提高，但各纵横比下气相速度在流场中呈现均匀分布。当纵横比为 1.5 时，气泡羽流速度场分布均匀，各羽流柱之间的吸引作用与液相阻滞有利于液相的紊动并形成稳定的环流，提高液面更新速率。由此说明纵横比对气泡羽流的气相速度及形态分布有着一定的影响，当纵横比较低时，气泡羽流结构收缩，气相速度较低，不利于带来适当的液相紊动；当纵横比较高时，气泡羽流结构分散，相互作用较小，气相速度较高，但气泡羽流摆动较小，不利于液相形成稳定的循环。因此，适当的纵横比有利于得到适当的气相速度，同时提供适当的液相紊动和循环，可以提高氧传质速率。

3. 曝气孔间距对曝气池中气相速度场分布的影响

曝气孔布置方式是指在好氧曝气装置中，多个曝气器在曝气装置中的位置分布，如环形布置、十字形布置和单侧布置等，以及各个曝气器之间的相隔距离。研究表明，曝气器布置方式会对气泡羽流运动及分布形态产生影响。本小节主要针对在相同曝气量（$2.08 \times 10^{-3} m^3/s$）和纵横比（$H/W=1.5$）条件下，曝气孔间距（分别为 4.17cm、6.25cm 和 8.33cm）对气泡羽流运动规律的影响。

1）不同曝气孔间距下气泡羽流形态分析

当纵横比为 1.5，曝气量为 $2.08 \times 10^{-3} m^3/s$ 时，三种曝气孔间距所产生的气泡羽流形态如图 7.9 所示。当曝气孔间距为 4.17cm 时，曝气孔较为集中，气泡羽流收缩在曝气容器中部，产生的气泡羽流在底部沿中心线上升，形成螺旋体，在底部区域向内收缩，并伴随羽流表面和内部的轻微摆动，当气泡羽流升至中部时，开始向四周扩散，形成下部收缩上部扩散并伴随摆动的不稳定结构，靠近液相表面部分的螺旋体直径明显大于靠近曝气器部分的螺旋体直径，羽流周期性变化不明显，这是由于多股羽流之间距离过近导致相互吸引并伴随振动造成的。当曝气孔间距为 6.25cm 时，曝气孔位置居中，气泡羽流均匀分布于整个流场，流场底部气泡羽流较为稳定，运动变化主要集中在中上部，羽流从中部开始出现摆动，并向上部羽流中心区靠拢，这样有利于在液相顶部区域形成环流，增加气泡与液相的接触时间和面积。当曝气孔间距为 8.33cm 时，曝气孔较为分散，各股气泡羽流在整个流场中分布较为孤立，互相影响较小，各自沿中心线呈螺旋状上升，曲折摆动不明显，对液相紊动影响不大。

（a）曝气孔间距为 4.17cm　　　　（b）曝气孔间距为 6.25cm　　　　（c）曝气孔间距为 8.33cm

图 7.9　不同曝气孔间距下气泡羽流形态

2）不同曝气孔间距下气泡羽流瞬时速度场

当纵横比为 1.5，曝气量为 $2.08×10^{-3}m^3/s$ 时，三种曝气孔间距所产生的气泡羽流瞬时速度场如彩图 7.10 所示。当曝气孔间距为 4.17cm 时，整个气泡羽流流场过于收缩，速度场分布不均匀，底部气相速度略高于中上部；在方向上，可以看到气泡沿羽流中心线曲折上升的过程，气泡在容器底部的运动比较集中，上升到中部时开始向四周扩散，直至溢出容器，导致气泡羽流顶端结构不稳定，且未能使液相形成稳定的环流，不利于氧传质速率提高。当曝气孔间距为 6.25cm 时，气泡羽流流场各部分速度分布较为均匀，在方向上，气泡羽流在上升过程中，从中部开始向羽流中心区集中，这样容易在顶部液相区域形成稳定的环流，有利于增加气泡与液相的接触面积和时间。当曝气孔间距为 8.33cm 时，整个气泡羽流速度场呈均匀分散分布，气泡羽流底部速度略高于中上部速度，各股羽流运动相对孤立，互相影响较小，在方向上，气泡羽流在上升过程中几乎近似于竖直上升，不利于气泡与液相的接触面积和时间的增加。

　　当纵横比为 1.5，曝气量为 $2.08 \times 10^{-3} \mathrm{m}^3/\mathrm{s}$ 时，不同曝气孔间距对气泡羽流运动结构及气相速度分布有显著影响。曝气孔间距为 6.25cm 时，整个流场气相速度场分布较为均匀，平均速度也小于曝气孔间距为 4.17cm 和 8.33cm 时的两种工况，气泡羽流结构相对稳定，这样的气泡羽流运动分布规律更有利于气泡与液相接触面积和时间的增加，提高氧在液相中的传质速率。

7.1.3　曝气方式对污水处理效果的优化

　　结合测试和模拟优化的结果，采用圆柱体曝气池，基于模拟和实验结果，进行污水处理，观察不同纵横比、不同曝气孔径以及不同曝气速度下污水处理效果，探讨和验证优化结果。

1. 纵横比对 COD 去除效果的影响

　　由图 7.11 可知曝气孔径及曝气速度一定，纵横比 $H/W=1.0$ 时气液两相流场的紊动轻度最大，涡旋结构最明显，气液两相混合最充分，相同时间内化学需氧量（chemical oxygen demand，COD）指标降解的效果最好。

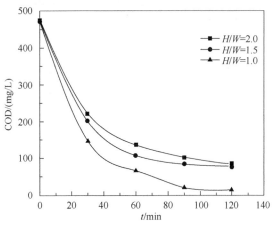

图 7.11　不同纵横比下 COD 的去除效果

2. 曝气孔径对 COD 去除效果的影响

　　图 7.12 为不同曝气孔径下 COD 的去除效果。在气流速度及纵横比一定时，随着曝气孔径的增大，单个气泡体积增大，总的气泡数量减少，气泡与液体接触面积减小，从而对水质的改善不明显。当曝气孔径达到最小时聚集在水中的气泡数量增多，气体在水中的停留时间变长，在气液混合均匀的情况下，微生物的活性最好，因此 COD 降解最快。

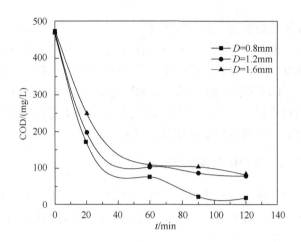

图 7.12　不同曝气孔径下 COD 的去除效果

3. 曝气速度对 COD 去除效果的影响

图 7.13 为不同曝气速度下 COD 的去除效果。曝气速度的增大使得气液两相流场的紊动强度变大,气泡在混合液中受到强烈扩散、搅动,使气液两相流处于剧烈混合、搅拌的状态,水中溶解氧量增加,有利于水质的改善,COD 得到去除。当高径比为 1.0 时,随着曝气孔径的减小,气流速度的增加,曝气效果越来越好。

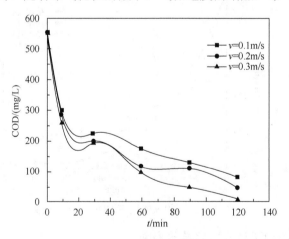

图 7.13　不同曝气速度下 COD 的降解

综上所述,曝气池在使用过程中设计的影响因素包含有效水深、曝气器布置位置、曝气器参数(曝气孔径、有效曝气效率等),这些因素会影响曝气过程反应器中的流体形态,从而影响曝气过程中氧与污染物的接触时间,进而影响污水处理效率。因此,有必要对曝气池进行体型优化,以提高其处理效率,节省能耗。

7.2　曝气池体型优化——以氧化沟为例

曝气池广泛应用于污水处理的活性污泥法中，主要的工艺形式有：传统活性污泥法、氧化沟工艺系列、A^2/O 法、吸附-生物降解（adsorption biodegradation，AB）法、SBR 工艺系列等。传统活性污泥法处理废水存在以下问题：①难以适用于水质、水量剧烈变化，如游览地的生活污水，运动场的废水，时间或季节性作业的工厂废水，极小规模的家庭污水等水质，水量变动显著；②氮和磷等去除率非常低。例如，在生活污水的活性污泥法处理中，氮和磷的去除率多数都在 20%～40%，处理水中所含总氮 20～30mg/L，总磷 2～5mg/L 的情况居多；③由于产生大量污泥，污泥的处理和处置需要很高的费用，在去除的 BOD 中，大约 50%被变换为污泥，由于剩余污泥的浓缩性较差，固体部分浓缩到 2%以上是困难的，通常多为 1%左右；④活性污泥的固液分离不好，作为混合培养系中相互作用的结果，妨碍固液分离的微生物异常增殖，活性污泥难于沉淀，或往往出现上浮的现象。

为解决传统活性污泥法存在的问题，氧化沟工艺应运而生。氧化沟又名连续循环曝气池（continuous loop reactor），是活性污泥法的一种变形，相对于传统活性污泥法具有造价低、易维护、出水水质好、运行稳定和管理方便等特点，在近几十年得到迅猛发展，已被广泛应用于城市污水及工业废水处理中。

7.2.1　氧化沟的运行现状

氧化沟一般由沟体、曝气设备、进水区、出水区和自动控制设备等部分组成，沟体的平面形状多呈环状，也可以是长方形、L 形、马蹄形、圆形或其他形状，沟断面形状多为矩形或梯形。按氧化沟的构造特征和运行方式的不同，氧化沟有多种类型，如按进水及运行方式的不同有另设沉淀池的连续流系统和不另设沉淀池的间歇交替运行系统，按曝气设备及其设置的不同有帕斯韦尔（Pasveer）型、卡鲁塞尔（Carrousel）型、奥贝尔（Orbal）型、导管曝气型、射流曝气型以及联合曝气型等。

氧化沟的工作原理是通过曝气设备驱动沟渠中的活性污泥和污水混合循环流动，以起到曝气充氧、推流和混合等作用。因此，曝气过程是氧化沟效能最重要的环节之一，对氧化沟的处理能耗、稳定性及效率有非常大的影响。然而，在工艺运行的过程中，由于氧化沟实际沟道流场复杂，流速不均，导致污泥沉积并且占地面积大，运行能耗大。实际运行氧化沟中存在污泥沉积和能耗较大的问题，与曝气过程沟道水力特性密切相关：流速过大，造成大量的能耗浪费，且混合液与活性污泥无法充分接触，生物凝聚受到影响，进而影响出水水质；流速过小，大量污泥沉积沟底，有效容积降低，不利于活性污泥与污水的充分混合，出水水质不达标。

总的来说，结构合理、曝气效果良好的氧化沟应满足的条件为：能够确保必要的流速；能够有效供给氧；混合搅拌能力充分；装置的维护管理容易；对周围环境影响易解决。

氧化沟的标准设计各参数如表 7.1 所示。

表 7.1　氧化沟设计参数表

参数	数值
BOD～SS 负荷	0.03～0.05 kg BOD/d(kg MLSS/d)
BOD～容积负荷	0.1～0.2 kg BOD/($m^3 \cdot$ d)
MLSS 浓度	3000～4000mg/L
回流污泥比	50%～150%
曝气时间	20～28h
污泥龄	15～30d
底部流速	30 cm/s 以上

注：SS 为悬浮物（suspended solids）；MLSS 为混合液悬浮固体（mixed liquor suspended solids）。

氧化沟是长水路型构筑物，曝气装置只设置在局部，如果曝气强度弱，污泥就可能沉降，因此设定污泥不沉降的速度很必要。为了设定恰当流速，实验用的氧化沟如图 7.14 所示，水深 1.15m，水路宽 7m，容积 12000m^3，设置横轴型机机械曝气装置 2 台。选择不同地点测定氧化沟的流速，见表 7.2。

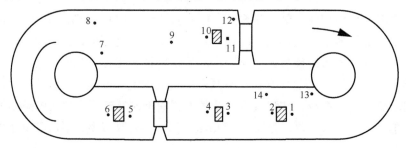

▨：接触材料　　▢：曝气装置

图 7.14　调查流速分布的氧化沟

表 7.2　氧化沟流速分布

参数	编号													
	1	2	3	4	5	6	7	8	9	10	11	12	13	14
流速/（cm/s）	6	4	0	0	8	10	40	16	28	9	12	30	4	0
堆积物厚度/cm	0	0	15	12	0	0	0	0	—	0	0	10	45	33

氧化沟内的流速分布为 0～40 cm/s，除编号 12 之外，各点在确保 6cm/s 以上的流速情况下，可认为污泥不能沉降。再者，编号 12 瞬间流速虽达 30cm/s 以上，由于水流在急收缩部发生涡流，从而使污泥产生堆积。在编号 13 和编号 14 处于拐角处，是流动的死角，可以观察到硫化氢臭味的黑泥大量堆积。在氧化沟进行间歇曝气时，应把一时沉降下来的污泥再卷起来。关于卷起来所需流速的研究也已进行，在 20cm/s 的流速下经 60min 后没有发现污泥堆积。根据上述分析，虽然氧化沟内的平均流速认为是 30cm/s，为了使沉降压实的污泥悬浮，就必须保证流速有一定的增加。

现有的氧化沟为防止污泥沉降，就必须保证沟内的流速达到一定的要求，一般解决的方法是增加一台曝气装置，这样做无形中增加了污泥处理的成本，很不经济。因此，综合考虑沟内的流速及流动状态，对氧化沟进行体型优化设计是必要的。

7.2.2　氧化沟内水力流动状况

氧化沟内液流的流体力学特性参数是其设计的主要参数之一，这些参数与氧化沟运行效能相关（Mueller et al.，2002）。

在氧化沟内污水的流动主要依靠转碟转动产生的水头升高，形成一定的水位差，实现水体的循环流动。在转碟和推动器的联合带动下，在水位降低过程中流速迅速增加，在液流向前推进过程中将势能转化为动能，并进行流速的均布。当沟深较大时，需较长的直段来完成流速均布过程。因此，在转碟后的一段直沟道底部将成为积泥的危险地带。目前在实际工程中，常在转碟上下游设挡流板，目的是将经过充氧并受到转碟推动的表面高速水流快速地传向中下层，促进沟中上下层水流的垂直混合，从而降低沟内表面和底部的流速梯度，提高充氧效率。在转碟不工作的情况下，直沟道中由于黏滞力的作用，液流仍会不断地进行流速的均布。同时，由于向前推进的液流刚经过转碟上下游的挡流板，紊动较为剧烈，有利于促进液流在整个横断面内的流速均布，而后液流在流动过程中逐渐趋于均匀稳定。同一横断面的液流在不同深处流速逐渐趋于一致，左右侧之间的流速梯度越来越小，但根据直沟道长度及两运行转碟的距离长短不同，流速均布程度也不同。一般受到氧化沟长度及后续运行转碟距离条件的限制，流速难以达到完全均衡，在不同水深处依然存在一定的流速梯度，但其值相对前端来说已只在较小的范围内变动。

水流由直道段进入弯道后，水流形态及结构都发生了调整和变化。在弯道区，受到转碟带动的高速液流在转弯过程中，与弯道发生强烈冲撞，弯道凹壁使水流方向改变，迫使水流沿边墙转变方向，产生动量变化，使水流速度获得重新分布。在弯道内，大部分的高速液流会在惯性力、离心力和导流墙的引导作用下沿弯道外壁向内壁底层扩散，水流同时受重力和离心力的作用，流动方向急剧变化，致使在弯道断面出现横向环流。横向环流与纵向的水流一起构成弯道上的螺旋流，其结果是表面混合液流流速明显减小，使得越靠外壁流速越高而越靠内壁流速越低，易在内壁出现停滞区，导致污泥沉积。受离心力的作用，外侧沟段的流速高于内侧，并且凸壁处的污泥浓度高于凹壁处。经弯道后流场重新分布，使得下层水体获得较大的动能，垂向上的速度梯度不大，流速分布较均匀。当表面液流流速较高而底部液流流速较低的混合液进入弯道后，由于液流流动方向发生急剧变化，此时液流除会产生分离作用外，还产生与主流正交的流动称为二次流，其表现为外侧液流由水面流向内侧底部、内侧液流由底部流向外侧表面，在沟内横断面上形成环流，断面环流和液流纵向运动的结果即形成了螺旋流，因此流动造成对弯道后端外侧的强烈冲刷和内侧的污泥沉积。为减少能量损失，降低污泥沉积的可能性，实际工程中常在氧化沟转折处设置一道或多道导流墙，使水流平稳转弯，维持一定的流速。一般来说，导流墙应设于偏向弯道的内侧，避免弯道出口靠中心隔墙一侧流速过低，造成回水，引起污泥下沉，尤其当沟宽较大时，内外壁流速梯度加大，会造成停滞区加大，有可能导致出现严重的积泥。

曹刚（2016）模拟了 Orbal 氧化沟不同水深的流体速度分布，发现直道上层（水深 0.5m，z=4.2m，z 指沿水流方向的距离）第二直道上层转盘上游流体越靠近转盘流速越高；中层（水深 1.7m，z=3.0m，z 指沿水流方向的距离）流体流速外侧高内侧低，上层和下层（水深 3.2m，z=1.5m，z 指沿水流方向的距离）流体直道中间内侧流速也比较低，容易形成污泥沉积。

氧化沟水流特性对污泥沉积、氧化沟处理效果影响较大，国内外学者在氧化沟流场方面进行了大量研究（曹刚，2016；Yang et al.，2010；Stamou，2008；Stamou et al.，1999）。最初，学者们对氧化沟流场进行简单模拟渐发展为复杂准确的三维模拟，探究了氧化沟内流场基本规律，验证了数值模拟各种方法的可行性及准确性；进而，又比较了不同湍流模型对氧化沟模拟的影响，研究了构筑物参数（如曝气机形状、安装位置、功率大小、使用数量、导流墙位置、长短宽窄以及安装数量等）不同时氧化沟内流速场的变化，模拟并比较了曝气机、推流器和导流墙等作用时的氧化沟流场，为流场的最优化提供了重要依据。

7.2.3　导流墙设置方式对水流流动特性的影响

由于氧化沟特殊的构造形式，当水流流进弯道时，会同时受到重力和离心力的双重作用，使得沟内水流方向发生急剧变化，从而导致了氧化沟弯道横断面上的环流，表现为弯道外侧的水流由水体表面流向内侧底部，而内侧水流流动方向则由底部流向表面，这就导致了沟内底部污泥从沟底外侧向内侧流动，当沟底流速较小时造成弯道内侧污泥的沉积，大大降低了氧化沟污水处理系统的效率

（图 7.15）。因此，探讨氧化沟导流墙设置方式对水流特性的影响，可为氧化沟优化设计提供一定的理论支撑。

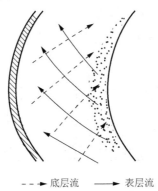

- - - ▶ 底层流   ——— 表层流

图 7.15　氧化沟弯道环流示意图（赵贺芳，2011）

通过数值模拟，可研究加入导流墙前后氧化沟弯道流场特性的改变情况，并可调整导流墙的位置及形式，以得到流场最佳优化方案。段莉（2016）比较单侧设置/不设置导流墙时氧化沟内的流场，发现在不设置半圆形导流墙时，当曝气机端未设置半圆形导流墙时，水流进入表面曝气机前，在水流进入弯道附近形成低速区，并出现返混，使污泥浓度偏高。同时曝气机出口靠外墙处由于没有导流墙的导流作用水流向下游的速度较低，曝气区入口和出口处均容易产生污泥沉积。当曝气机端设置半圆形导流墙时，氧化沟曝气机端下游水流在导流墙的作用下增速比较明显，但是半圆形导流墙背后区域水流在导流墙的阻挡下循环作用小使得水流速度低。直线导流墙两侧水流速度低于 0.1m/s 的区域更大，容易发生污泥沉积的范围更大。

当设置半圆形导流墙时，发生污泥沉积的区域更大，氧化沟池体的有效体积减小。当不设置半圆形导流墙的时候，污泥沉积相对减少，但是曝气机对水流的推流作用相对弱一些，水流经曝气机后增速相对较小，因此建议根据流道宽度的情况将导流墙位置设于流道中间或者不设置导流墙。

此外，导流墙的偏置距设置对改善隔墙背后的水流低速区和消除污泥沉积有促进作用，但当导流墙的偏置距增加到一定值时，在隔墙背后径向半宽处会形成第二个水流低速区。导流墙的张角越大，其引导弯道水流作用越强。

在导流墙体型设计中，非等厚度导流墙能够更好地改善弯道水流的流态，增加弯道处水流的流速，改善弯道出口断面水流流态；同时采用非等厚度导流墙也能有效地减少导墙末端回流区域的大小，提高整个沟道内流速大于 0.3m/s 区域的占比，在氧化沟内水力特性方面改善优于等厚度导流墙（刘玉玲等，2012）。

7.2.4　氧化沟设计断面优化

在氧化沟的优化设计中，曝气池的断面形状及尺寸是非常重要的影响因素。以往氧化沟的设计断面沿用我国过去的渠槽设计思想采用矩形或梯形，如图 7.16 所示。

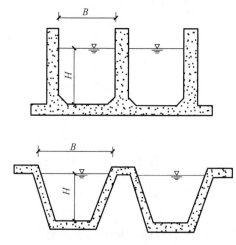

图 7.16　矩形或梯形槽断面氧化沟

B 表示氧化沟的池宽；H 为有效水深

Yang 等（2010）用最小耗能率理论连用 Yang 的污泥输移公式和曼宁公式导出了梯形断面的最佳形态尺寸，将此理论分析 U 型断面氧化沟。图 7.17 为 U 型槽断面氧化沟。

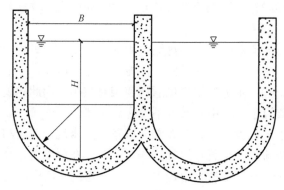

图 7.17　U 型槽断面氧化沟

当有效水深为 H，半圆部分半径为 r_0 时，其过水断面面积 A 和水力半径 R 分别为

$$A = B\left(H - r_0\right) + \frac{1}{2}\pi r_0^2 \qquad\qquad (7.1)$$

$$R = \frac{A(H - r_0) + \frac{1}{2}\pi r_0^2}{2(H - r_0) + \pi r_0} \tag{7.2}$$

根据曼宁公式:

$$Q_w = \frac{1}{n}\left[\frac{B(H - r_0) + \frac{1}{2}\pi r_0^2}{2(H - r_0) + \pi r_0}\right]^{2/3}\left[B(H - r_0) + \frac{1}{2}\pi r_0^2\right]J^{1/2} \tag{7.3}$$

式中, Q_w 为污水流量 (m³/s); n 为氧化沟糙率系数; J 为水力坡度。

由式 (7.3) 得水力坡度 J:

$$J = n^2 Q_w^2 \frac{\left[2(H - r_0) + \pi r_0\right]^{4/3}}{\left[B(H - r_0) + \pi r_0^2\right]^{10/3}} \tag{7.4}$$

在含泥量较低时, Yang 等 (2010) 的基于水流功率的无量纲污泥输移方程为

$$\begin{cases} Q_s / Q_w = I_1(P - P_c)^{I_2}, & P > P_c \\ Q_s / Q_w = 0, & P \leqslant P_c \end{cases} \tag{7.5}$$

式中, Q_s 为污泥与污水混合液的流量; I_1、I_2 为两个参数; $P = \upsilon J / \omega$ 为无量纲单位水流功率, υ 为水流速度, ω 为污泥沉速; P_c 为常量。

在单位长度内, 由于水流和污泥的输移, 能量耗散率 Φ 为

$$\Phi = (\gamma Q_w + \gamma_s Q_s)J \tag{7.6}$$

式中, γ 和 γ_s 均为系数。

若已知 Q_w 和 Q_s, 要求 U 型氧化沟的最佳形态, 则相当于式 (7.6) 在式 (7.3) 和式 (7.4) 支配下求 Φ 的极值, 由式 (7.4) 和式 (7.6) 得

$$\Phi = n^2 Q_w^2 (\gamma Q_w + \gamma_s Q_s)\frac{(2H + 1.416 r_0)^{4/3}}{(2r_0 H - 0.429 r_0^2)^{10/3}} \tag{7.7}$$

由式 (7.4) 和式 (7.5) 得

$$P_c + \left(\frac{Q_s}{I_1 Q_w}\right)^{1/I_2} = P = \frac{\upsilon J}{\omega} = \frac{Q_w J}{A\omega} = \frac{n^2 Q_w^3}{\omega}\frac{(2H + 1.416 r_0)^{4/3}}{(2r_0 H - 0.429 r_0^2)^{13/3}} \tag{7.8}$$

令 $\beta = \dfrac{2r_0}{H}$ 为宽深比, 代入式 (7.7) 和式 (7.8) 得

$$\Phi = n^2 Q_w^2 (\gamma Q_w + \gamma_s Q_s)\frac{\left(\dfrac{4r_0}{\beta} + 1.416 r_0\right)^{4/3}}{\left(\dfrac{4r_0^2}{\beta} - 0.429 r_0^2\right)^{10/3}} \tag{7.9}$$

$$P_{c} + \left(\frac{Q_{s}}{I_{1}Q_{w}} \right)^{1/I_{2}} = \frac{n^{2}Q_{w}^{3}}{\omega} \frac{\left(\dfrac{4r_{0}}{\beta} + 1.416r_{0} \right)^{4/3}}{\left(\dfrac{4r_{0}^{2}}{\beta} - 0.429r_{0}^{2} \right)^{13/3}} \tag{7.10}$$

由式（7.9）和（7.10）消去 r_0 后，就变为求最小值的问题：

$$\Phi = k \frac{\left(\dfrac{4}{\beta} + 1.416 \right)^{4/11}}{\left(\dfrac{4}{\beta} - 0.429 \right)^{2/11}} = 最小 \tag{7.11}$$

式中，k 是综合已知量 n、Q、Q_{s}、γ 和 γ_{s} 的系数，令 $\dfrac{\mathrm{d}\Phi}{\mathrm{d}\beta} = 0$ 求得 $\beta = 2$，这说明 U 型槽断面氧化沟中矩形部分面积为零是最佳的形态尺寸。由于半圆形断面在施工条件和工程经济上都远较 U 型槽断面差，采用 U 型槽断面氧化沟，小流量可处在半圆形断面内，中等以上流量处在整个 U 型槽内，可适应氧化沟引入流量有变幅的现实。

从污泥输移来分析，不同的氧化沟形态有不同的输移能力。污水中黏性颗粒浓度对其水力和流变特性有显著的影响。

根据最小耗能率的原理和含泥水流输送机理，比较矩形、梯形和 U 型槽断面氧化沟，在曝气系统、污泥龄（sludge retention time，SRT）、水温、水量以及水质等相同条件下，U 型槽断面具有更大的优点。曾有学者在不规则阶梯形、矩形、U 型槽断面渠槽中，实测了浑水的表层流速分布。如图 7.18 所示，表明在水深较浅的 I 区，由于 $\gamma_{m}hJ \leqslant \tau_{B}$（其中 γ_{m} 为浑水容重，J 为水力坡度），流动停滞，梯形断面、矩形断面水浅处也有停滞区，而 U 型槽断面则没有停滞区。

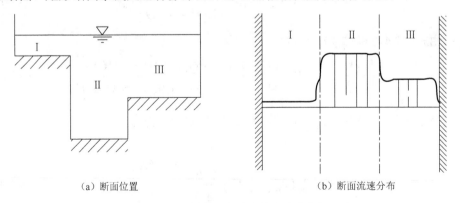

（a）断面位置　　　　　　　　　　　　　（b）断面流速分布

图 7.18　不同槽断面氧化沟的流速分布情况

实测矩形断面氧化沟靠近边壁，活性污泥淤积愈厚，即使不在边壁，在回流区也有时淤积达 45mm，严重影响了污水处理效率。

由于季节不同，降水量不同，污水处理厂在全年工作期间，污水量变化比较大。研究表明，U 型槽氧化沟可适应流量少量变幅，小流量可处在半圆形断面，大、中等以上流量处在整个 U 型槽断面内。U 型槽氧化沟具有稳定的流态，不论是横向，还是纵向，几乎不存在回流区，流速分布很均匀。为保证沟内的设计流速，所需要的能量也较少，便于管理，因此在实际中应推行 U 型槽断面氧化沟。

参 考 文 献

曹刚, 2016. Orbal 氧化沟流场数值模拟与优化[D]. 长沙: 湖南大学.

段莉, 2016. Carrousel 氧化沟流场的数值模拟及断面优化研究[D]. 成都: 西华大学.

樊杰, 陶涛, 游桂林, 2013. 阶式曝气池在城市污水处理厂的应用与特性分析[J]. 给水排水, 39(7): 134-137.

冯立杰, 史玉龙, 史学军, 等, 2016. 基于大数据分析的曝气调控技术实践与研究[J]. 中国给水排水, 32(22): 157-162.

高杨, 2011. 基于数值计算的曝气池运行工况研究[D]. 哈尔滨: 哈尔滨工业大学.

何群彪, 刘坤, 屈计宁, 2003. 三种曝气器在染料化工废水中充氧能力的比较[J]. 同济大学学报(自然科学版), 31(8): 982-985.

刘玉玲, 白戈, 邵世鹏, 等, 2016. 曝气池曝气管布置方式对流速分布影响的数值模拟研究[J]. 水力发电学报, 35(7): 84-90.

刘玉玲, 吕彬, 魏文礼, 2012. 氧化沟导流墙体型研究分析[J]. 西安理工大学学报, 28(2):157-160.

肖柏青, 张法星, 刘春艳, 等, 2012. 曝气池内气泡羽流附壁效应的试验研究[J]. 水力发电学报, 31(4): 104-107.

杨岸明, 2012. 城市污水处理厂曝气节能方法与技术[D]. 北京: 北京工业大学.

杨淑霞, 丁志强, 曹瑞钰, 2003. 曝气池中曝气器布置方式改进的研究[J]. 工业用水与废水, 34(6): 55-57.

张晓燕, 冯国良, 李璐, 等, 2013. 基于 PLC 的精确曝气控制在污水厂的研究与应用[J]. 自动仪表, 34(11) : 71-75.

张自杰, 2000. 排水工程(下册)[M]. 第四版. 北京: 中国建筑工业出版社.

赵贺芳, 2011.氧化沟流动特性的 CFD 模拟[D]. 马鞍山: 安徽工业大学.

AMIRI T Y, MOGHADDAS J S, MOGHADDAS Y, 2011. A jet mixing study in two phase gas-liquid systems[J]. Chemical engineering research and design, 89(3): 352-366.

CRUZ B M N, HOOSHIAR K, ARELLANO GARCIA H, et al., 2013. Model based optimization of the intermittent aeration profile for SBRs under partial nitrification[J]. Water research, 47(10) : 3399-3410.

DE TEMMERMAN L, MAERE T, TEMMINK H, et al., 2015. The effect of fine bubble aeration intensity on membrane bio-reactor sludge characteristics and fouling [J]. Water research, 76: 99-109.

GILLOT S, CAPELA M S, ROUSTAN M, et al., 2005. Predicting oxygen transfer of fine bubble diffused aeration systems—Model issued from dimensional analysis[J]. Water research, 39(7): 1379-1387.

GILLOT S, HEDUIT A, 2000. Effect of air flow rate on oxygen transfer in an oxidation ditch equipped with fine bubble diffusers and slow speed mixers[J]. Water research, 34(5): 1756-1762.

JONATHAN H, ANTONIO D B, NICOLAS D, et al., 2015. The effect of different aeration conditions in activated sludge-side-stream system on sludge production, sludge degradation rates, active bio-mass and extracellular polymeric substances[J]. Water research, 85: 46-56.

MARINA A, KRISHNA R P, 2014. Implementation of a demand-side approach to reduce aeration requirements of activated sludge systems: Directed acclimation of bio-mass and its effect at the process level[J]. Water research, 62: 147-155.

MUELLER J, BOYLE W C, POPEL H J, 2002. Aeration: Principles and Practice[M]. Boca Raton: CRC Press.

STAMOU A, 2008. Improving the hydraulic efficiency of water process tanks using CFD models[J]. Chemical engineering and processing: process intensification, 47(8):1179-1189.

STAMOU A, KATSIRI A, MANTZIARAS I, et al., 1999. Modelling of an alternating oxidation ditch system[J].Water science and technology, 39(4):169-176.

YANG Y, WU Y, YANG X, et al., 2010. Flow field prediction in full-scale carrousel oxidation ditch by using computational fluid dynamics[J]. Water science and technology, 62 (2): 256-265.

彩 图

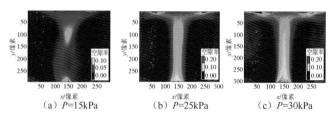

（a）P=15kPa （b）P=25kPa （c）P=30kPa

图 5.7　不同压强条件下的空隙率分布图

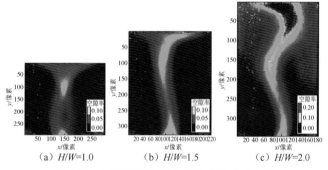

（a）H/W=1.0 （b）H/W=1.5 （c）H/W=2.0

图 5.10　不同纵横比条件下的空隙率分布图

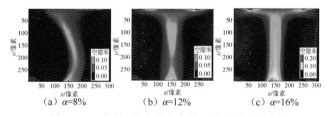

（a）α=8% （b）α=12% （c）α=16%

图 5.13　不同初始空隙率条件下空隙率分布图

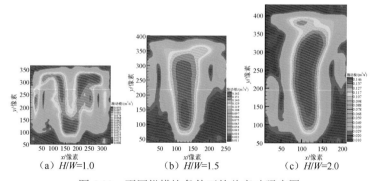

（a）H/W=1.0 （b）H/W=1.5 （c）H/W=2.0

图 5.32　不同纵横比条件下的总紊动强度图

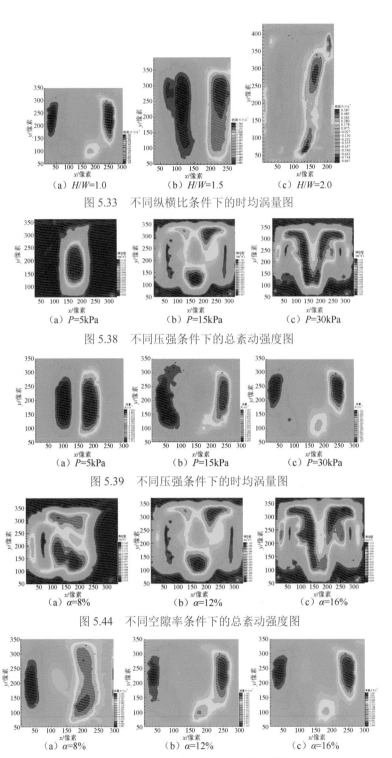

（a）H/W=1.0　　　　　（b）H/W=1.5　　　　　（c）H/W=2.0

图 5.33　不同纵横比条件下的时均涡量图

（a）P=5kPa　　　　　（b）P=15kPa　　　　　（c）P=30kPa

图 5.38　不同压强条件下的总紊动强度图

（a）P=5kPa　　　　　（b）P=15kPa　　　　　（c）P=30kPa

图 5.39　不同压强条件下的时均涡量图

（a）α=8%　　　　　（b）α=12%　　　　　（c）α=16%

图 5.44　不同空隙率条件下的总紊动强度图

（a）α=8%　　　　　（b）α=12%　　　　　（c）α=16%

图 5.45　不同空隙率条件下的时均涡量图

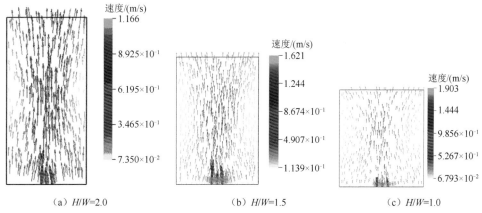

（a）H/W=2.0 （b）H/W=1.5 （c）H/W=1.0

图 6.3　不同纵横比条件下气相速度场分布

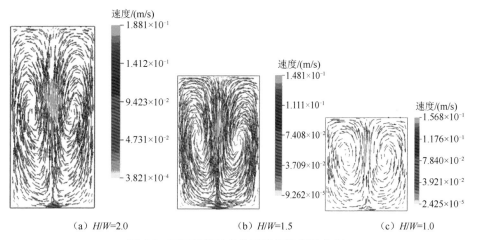

（a）H/W=2.0 （b）H/W=1.5 （c）H/W=1.0

图 6.4　不同纵横比条件下液相速度场分布

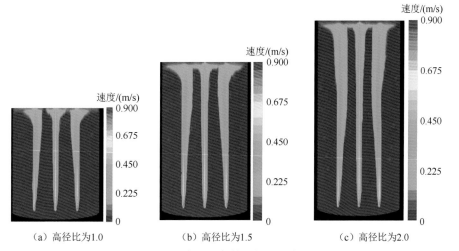

（a）高径比为1.0 （b）高径比为1.5 （c）高径比为2.0

图 6.8　不同高径比条件下气相速度场分布

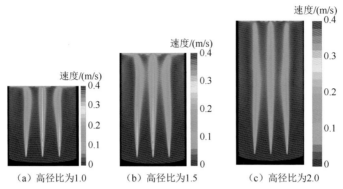

（a）高径比为1.0　　　（b）高径比为1.5　　　（c）高径比为2.0

图6.9　不同高径比条件下液相速度场分布

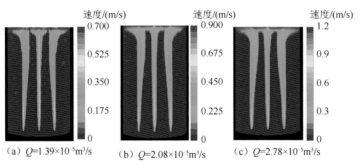

（a）$Q=1.39\times10^{-5}m^3/s$　　（b）$Q=2.08\times10^{-5}m^3/s$　　（c）$Q=2.78\times10^{-5}m^3/s$

图6.11　不同曝气量条件下气相速度场分布

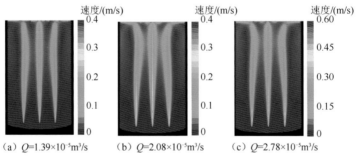

（a）$Q=1.39\times10^{-5}m^3/s$　　（b）$Q=2.08\times10^{-5}m^3/s$　　（c）$Q=2.78\times10^{-5}m^3/s$

图6.12　不同曝气量条件下液相速度场分布

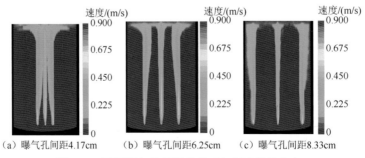

（a）曝气孔间距4.17cm　　（b）曝气孔间距6.25cm　　（c）曝气孔间距8.33cm

图6.14　不同曝气孔间距条件下气相速度场分布

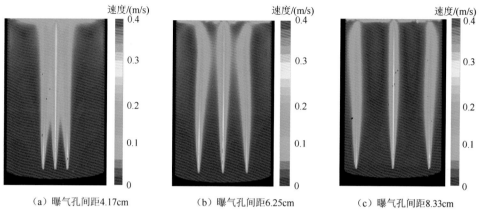

（a）曝气孔间距4.17cm　　　（b）曝气孔间距6.25cm　　　（c）曝气孔间距8.33cm

图 6.15　不同曝气孔间距条件下液相速度场分布

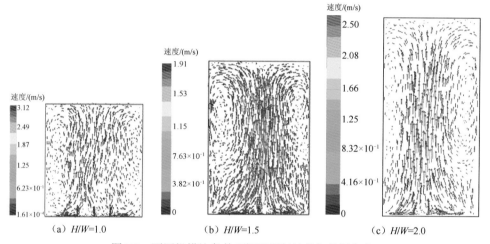

（a）H/W=1.0　　　（b）H/W=1.5　　　（c）H/W=2.0

图 7.3　不同纵横比条件下矩形曝气池的矢量图分布

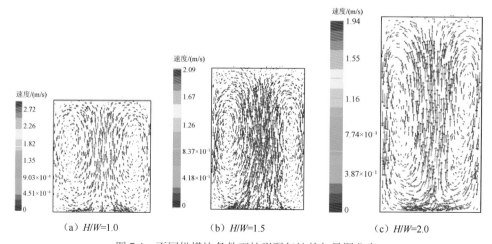

（a）H/W=1.0　　　（b）H/W=1.5　　　（c）H/W=2.0

图 7.4　不同纵横比条件下柱形曝气池的矢量图分布

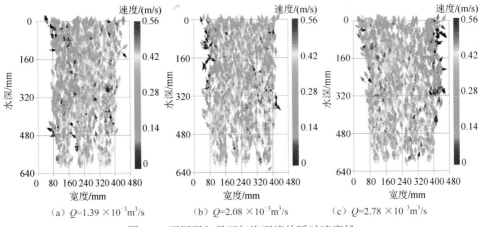

（a）$Q=1.39 \times 10^{-3} \text{m}^3/\text{s}$ （b）$Q=2.08 \times 10^{-3} \text{m}^3/\text{s}$ （c）$Q=2.78 \times 10^{-3} \text{m}^3/\text{s}$

图 7.6   不同曝气量下气泡羽流的瞬时速度场

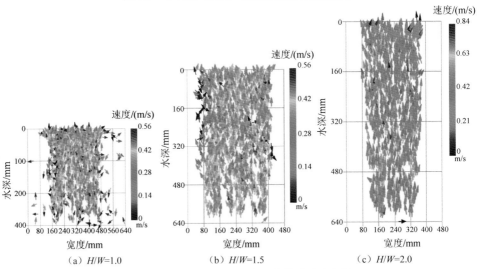

（a）$H/W=1.0$ （b）$H/W=1.5$ （c）$H/W=2.0$

图 7.8   不同纵横比下气泡羽流的瞬时速度场

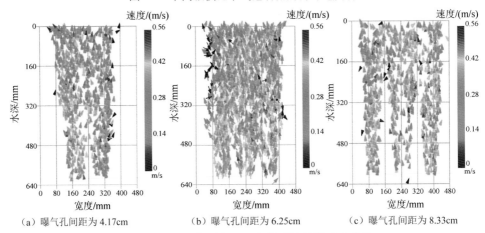

（a）曝气孔间距为 4.17cm   （b）曝气孔间距为 6.25cm   （c）曝气孔间距为 8.33cm

图 7.10   不同曝气孔间距下气泡羽流的瞬时速度场